金属材料工程专业实验实训

杨子润　刘学然　主编

化学工业出版社
·北京·

《金属材料工程专业实验实训》收录了金属材料、材料成形专业本科教学常规实验项目，按照材料制备与加工、组织控制与分析、材料性能以及腐蚀与防护的主线，将金属材料专业整个教学过程的实验实训环节串联汇总，有利于使学生形成系统的金属材料工程观，符合新工科的发展趋势，使学生建立在机械工程技术中应用金属材料学理论知识的概念并学习工程实际技术，对大学生完成金属材料专业本科实践教学环节、参加金相竞赛以及创新创业活动（大学生双创）提供支撑。《金属材料工程专业实验实训》依据多年教学实践和探索编写，内容包括综合性、设计性与创新性实验，融合了金属材料学科发展的最新成果。

《金属材料工程专业实验实训》可供金属材料、材料成形等专业本科教学使用，也可供材料、冶金、机械专业人员参考。

图书在版编目（CIP）数据

金属材料工程专业实验实训/杨子润，刘学然主编. —北京：化学工业出版社，2019.6（2024.9重印）
ISBN 978-7-122-33781-8

Ⅰ.①金… Ⅱ.①杨…②刘… Ⅲ.①金属材料-实验-高等学校-教材 Ⅳ.①TG14-33

中国版本图书馆CIP数据核字（2019）第059487号

责任编辑：李玉晖 杨 菁 韩亚南　　装帧设计：关 飞
责任校对：宋 玮

出版发行：化学工业出版社（北京市东城区青年湖南街13号 邮政编码100011）
印　　装：北京科印技术咨询服务有限公司数码印刷分部
787mm×1092mm 1/16 印张14 字数366千字 2024年9月北京第1版第5次印刷

购书咨询：010-64518888　　售后服务：010-64518899
网　　址：http://www.cip.com.cn
凡购买本书，如有缺损质量问题，本社销售中心负责调换。

定　　价：58.00元

前言

本书是根据材料科学与工程专业培养方案和教学大纲编写的，主要适用于金属材料工程专业。

材料是人类文明发展的重要里程碑，随着科学技术的不断进步，新型的材料不断出现。改进现有材料和有效地使用材料，需要将各种材料制备、表征和测试的先进方法不断地应用到各种材料深层次的研究上，以便对材料的设计和结构进行检测分析，探索材料组成、结构、性能、制备之间的关系，分析影响材料特性的各种因素。因此，先进的制备、表征和测试方法对材料科学发展是非常重要的，材料科学工作者必须了解、掌握这些研究方法。

《金属材料工程专业实验实训》是为适应材料科学进步而开设的一门新的实验实训课程，主要分为金属材料基础实验、金属材料微结构表征、金属材料性能测试、金属材料工程技术实验和金属材料设计性与综合性实验五个部分。在编写过程中，注重各种研究方法的基本原理和各种制备、表征和测试仪器的应用。

本书由杨子润和刘学然主编；蒋穹、孙瑜、宋娟和庞绍平副主编；姜翠凤、苏桂花、张新疆、王洪霞和张从林参编，具体分工如下：杨子润负责整体教材的规划工作；刘学然负责金属材料基础实验和金属材料力学性能测试部分；蒋穹和姜翠凤负责金属材料的表面腐蚀和表面改性部分；孙瑜负责金属材料的熔炼等制备技术实验部分；宋娟负责金属材料的热处理技术实验和物理性能部分；庞绍平负责微观组织与性能关联的实验和综合实验部分；张新疆和苏桂花负责金属材料的工程技术实验部分；感谢王洪霞和张从林为本书提供素材并进行文字修订工作；感谢关庆丰教授为本书编写提出的宝贵指导意见。

限于编者水平与时间，编写中难免不妥之处，敬请各位指正。

同时也感谢江苏高校品牌专业建设工程资助项目（PPZY2015A025）和盐城工学院教材资金的支持。

编者

2019 年 5 月

目录

第五部分　金属材料设计性与综合性实验 197

第一部分

金属材料基础实验

实验一

金相显微镜的原理、构造和使用

一、实验目的

1. 了解金相显微镜的成像原理及基本构造。

2. 掌握金相显微镜的使用方法。

二、实验原理

金相显微镜是研究金属材料内部组织和缺陷的最基本、最重要、应用最广泛的分析工具，可以研究金属组织与其化学成分和性能之间的关系；确定各种金属经不同的加工与热处理后的显微组织；鉴别金属材料质量的优劣，如金属材料中诸如氧化物、硫化物等各种非金属夹杂物在显微组织中的大小、数量、分布情况及晶粒度的大小等。

光学金相显微镜是利用反射光将不透明物体放大后进行观察。

1. 光学金相显微镜的基本原理

光学金相显微镜是依靠光学系统实现放大作用的，其光学放大原理如图 1-1 所示。其由两组透镜组成，对着金相试样的一组透镜称为物镜，对着眼睛的一组透镜称为目镜。借助于物镜与目镜的两次放大，就能把物体放大到很高倍数。现代显微镜的物镜和目镜都是由复杂的透镜系统组成的，其放大倍数可提高到 1600～2000 倍。

当所观察的物体 AB 置于物镜前焦点 F_1 外少许时，物体的反射光线穿过物镜经折射后，得到一个放大的倒立实像 A_1B_1（称为中间像）。若 A_1B_1 处于目镜的焦距以内，则通过目镜放大后，人眼在目镜上观察时，看到一个经再次放大的虚像 $A_1'B_1'$。由图 1-1 可以看出，物镜对物体起着放大作用，而目镜则是放大由物镜所得到的物像。由于正常人眼看物体时，最适宜的距离大约在 250mm，这时人眼可以很好地区分物体的细微部分而不易疲劳，这个距离称为“明视距离”。因此，在显微镜设计上，应让虚像 $A_1'B_1'$ 恰好落在距人眼 250mm 处，以使观察到的物体影像最清晰。

2. 金相显微镜的主要性能

（1）显微镜的放大倍数　显微镜的放大倍数就是物镜和目镜放大倍数的乘积，即

$$M=M_{物}M_{目}=\frac{L}{f_{物}}\times\frac{D}{f_{目}} \tag{1-1}$$

式中 M——显微镜的放大倍数；

$M_{物}$——物镜的放大倍数；

$M_{目}$——目镜的放大倍数；

$f_{物}$——物镜焦距；

$f_{目}$——目镜焦距；

L——显微镜的镜筒长度（物镜底面到目镜顶面的距离）；

D——明视距离（250mm）。

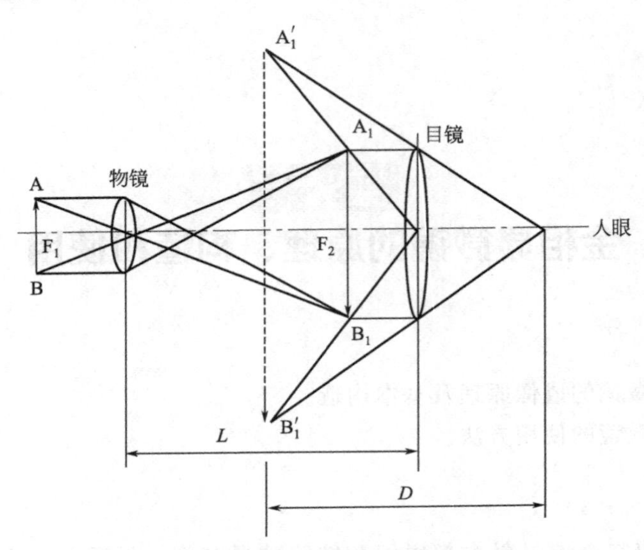

图 1-1 金相显微镜的光学放大原理示意图

由上式可知，$f_{物}$、$f_{目}$ 越短或 L 越长，则显微镜的放大倍数越大。有的小型显微镜的放大倍数需再乘一个镜筒系数，因为它的镜筒长度比一般显微镜短些。

显微镜的放大倍数主要通过物镜来保证。物镜的最高放大倍数可达 100 倍，目镜的放大倍数可达 25 倍。放大倍数的符号用“×”表示，例如物镜的放大倍数为 50×，目镜的放大倍数为 10×，则显微镜的放大倍数为 50×10=500×。放大倍数分别标注在物镜与目镜的镜筒上。

(2) 显微镜的分辨率 显微镜的分辨率是显微镜最重要的性能，它是指能清晰地分辨物体上两点间的最小距离 d 的能力。d 值越小，显微镜的分辨率就越高。在普通光线下，人眼在明视距离处能分辨两点间最小距离为 0.15～0.30mm，即人眼的分辨率 d 为 0.15～0.30mm。而显微镜当其有效放大倍数为 1400×时，其分辨率 d 为 0.21×10^{-3}mm。光学显微镜鉴别能力取决于入射光线的波长和物镜的数值孔径，与目镜无关，它可由下式求得

$$d=\frac{\lambda}{2NA} \tag{1-2}$$

式中 d——物镜的分辨率；

λ——入射光线的波长；

NA——物镜的数值孔径，表示物镜的聚光能力。

可见，波长越短，数值孔径越大，鉴别能力就越高，在显微镜中就能看到更细微的部分。

(3) 物镜的数值孔径　数值孔径表示物镜的聚光能力，是物镜的重要性质之一，通常以NA表示。物镜的数值孔径大小决定了物镜的分辨能力（鉴别）及有效放大倍数。数值孔径大的物镜的聚光能力强，从试样反射进入物镜的光线越多，物像越明显。数值孔径可用下式求得

$$NA=n\sin\phi \tag{1-3}$$

式中　n——物镜与观察物之间介质的折射率；

ϕ——物镜孔径角的一半，或称孔径半角（通过物镜边缘的光线与物镜轴线所成的夹角，如图1-2所示）。

由式可知，当n与ϕ值越大时，则数值孔径值就越大，物镜的分辨能力也就越高。

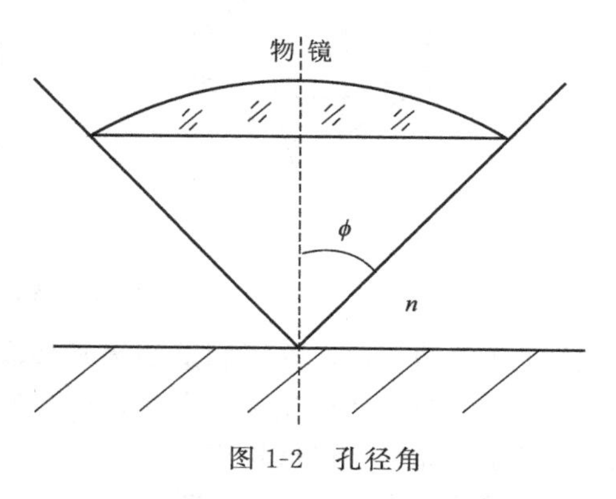

图1-2　孔径角

增大透镜的直径或减小物镜的焦距，可增大孔径半角ϕ。但此法会使球差和色差的校正困难，一般不采用。

增大物镜与观察物之间的折射率n，可提高数值孔径。一般物镜与观察物间的介质是空气，光线在空气中的折射率$n=1$，其数值孔径总是小于1，这类物镜被称为“干系物镜”。当物镜与观察物间以松柏油为介质（$n=1.515$），其数值孔径值最高可达1.4左右，称为“油浸系物镜”（又称为油镜头），用于高倍物镜。因为透过油进入物镜的光线比透过空气进入的多，使物镜的聚光能力增强，从而提高了油物镜的鉴别能力。

物镜的数值孔径与其放大倍数一起刻在镜头外壳上，例如镜头上有25/0.50或65×的下面刻有0.75等数字，这个0.50或0.75即表示物镜的数值孔径。高倍物镜通常都为油浸系，其标记用“油”或oil、öl来表示。

(4) 有效放大倍数　用显微镜观察物体时，不能盲目追求过高的放大倍数，能否看清组织细节，既与物镜的分辨率d有关，又与人眼的实际分辨率d'有关。需要注意的是有效放大倍数问题。有效放大倍数就是人眼分辨率d'与物镜的分辨率d间的比值，即不使人眼看到假像的最小放大倍数：

$$M=d'/d$$

人眼在250mm处的分辨率为0.15～0.30mm，物镜的分辨率为$d=\frac{\lambda}{2NA}$，代入上式，则$M=\frac{(0.3\sim0.6)\ NA}{\lambda}$。

若取绿光，$\lambda=0.55\mu m$，则$M\approx(500\sim1000)NA$。所以，物镜的数值孔径决定了显微镜的有效放大倍数。如果显微镜放大倍数$M<500NA$，则未能充分发挥物镜的分辨率；若$M>1000NA$，则形成“虚伪放大”，细微部分将分辨不清。显微镜的同一放大倍数可由不同倍数的物镜和目镜组合实现。对于同一放大倍数，如何合理选用物镜和目镜呢？首先确定物镜。如选用45×物镜，其数值孔径为0.63，根据显微镜的有效放大倍数的计算式：$M\approx(500\sim1000)NA$。那么显微镜有效放大倍数范围应为315～630倍。再选择目镜的放大倍数，$M_{目镜}=(315/45\sim630/45)$倍$=(7\sim14)$倍。

(5) 透镜成像的质量　单片透镜在成像过程中，由于几何光学条件的限制，以及其他因素的影响，常使影像变得模糊不清或发生变形迹象，这种缺陷称为像差，像差的产生降低了光学仪器的精确性。由于物镜起主要放大作用，所以显微镜成像的质量主要取决于物镜，应

首先对物镜像差进行校正。形成像差的重要原因是由于透镜本身存在球面像差（简称球差）和色像差（简称色差）等缺陷。

① 球面像差（单色像差） 如图 1-3(a) 所示，球面像差的产生是因为透镜的表面呈球形，当来自光轴 A 点的单色光通过透镜后，光轴附近的光线的折射角小，透镜边缘的光线的折射角大，使光线不能交于一点，而分成几个交点前后分布，导致放大后的像模糊不清。

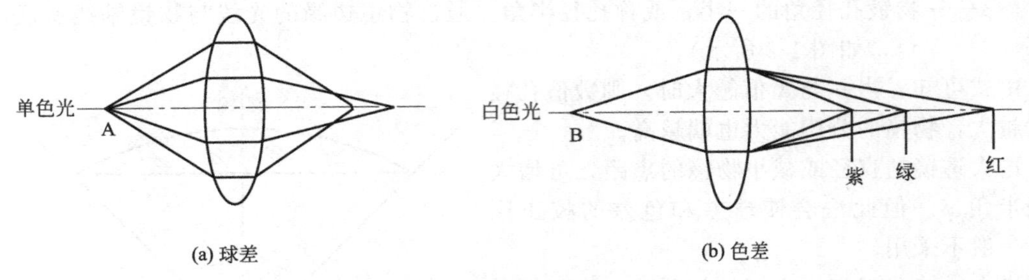

图 1-3 透镜产生像差的示意图

降低球差的办法，除了制造物镜时采取不同透镜的组合进行必要的校正外，在使用显微镜时也可采取调节孔径光阑的方法，适当控制入射光束粗细，让极细的一束光通过透镜中心部位，把球差降低到最低程度。

② 色像差（简称色差） 图 1-3(b) 为色差示意图，当来自 B 点的白色光通过透镜后，由于各单色光的波长不同，折射率不一样，使光线折射后不能交于一点，会形成一系列不同颜色的像。其中紫色光线的波长最短，折射率最大，在离透射镜最近处成像；红色光线的波长最长，其折射率最小，在离透射镜最远处成像。其余的有色光线（如：黄、绿、蓝色）的成像，则在它们之间。色像差的存在会降低透镜成像的清晰度，应予以校正。

消除色像差的方法：一是在制造物镜时进行校正，根据校正的程度，物镜可分为消色差物镜和复消色差物镜。消色差物镜常与普通目镜配合，用于低倍和中倍观察；复消色差物镜与补偿目镜配合，用于高倍观察。二是使用滤色片得到单色光，常用的滤色片有蓝色、绿色或黄色。

3. 光学显微镜的构造

光学金相显微镜的种类很多，常见的有台式、立式和卧式三大类。其构造通常由光学系统、照明系统和机械系统三大部分组成，有的显微镜还附有照相装置和暗场照明系统等。现以国产 4X 型金相显微镜为例说明，结构图如图 1-4 所示。

光学和照明系统：如图 1-4 所示，在底座内装有一个低压（6～8V，15W）灯泡作为光源，由灯泡 1 发出的光线，经过聚光透镜组 2、反光镜 7 被会聚在孔径光阑 8 上，再经聚光透镜组 3、半反射镜 4、辅助透镜 5，将光线聚集到物镜组 6 的后焦面上。最后通过以上一系列透镜及物镜本身的作用，试样表面获得了充分均匀的照明。从试样反射回来的光线复经物镜组 6、辅助透镜 5、半反射镜 4、辅助透镜 10、棱镜 11、棱镜 12 形成一个倒立的放大实像，再经目镜组放大。

显微镜调焦装置：在光学显微镜体的两侧有粗动和微动调焦手轮，两者在同一部位。如图 1-5 所示，随着粗调调焦手轮 5 转动，通过内部齿轮传动，使支承载物台的弯臂作上下运动，在粗调手轮的一侧有制动装置，用以固定调焦正确后载物台的位置。微调调焦手轮 6 传动内部一组齿轮，使其沿着滑轨缓慢移动。在右侧手轮上刻有分度格，每小格表示物镜座上下微动 0.002mm。与刻度盘同侧的齿轮箱上刻有两条白线，用以指示微动升降范围，当旋到极限位置时，微动手轮就被自动限制住，此时，不能再继续旋转而应倒转回来使用。

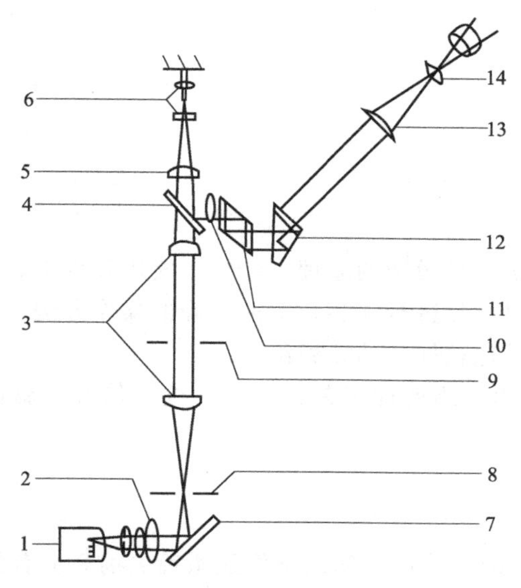

图 1-4　普通金相显微镜的光学和照明系统

1—灯泡；2—聚光透镜组；3—聚光透镜组；4—半反射镜；5—辅助透镜；6—物镜组；7—反光镜；8—孔径光阑；9—视场光阑；10—辅助透镜；11,12—棱镜；13—场镜；14—接目镜

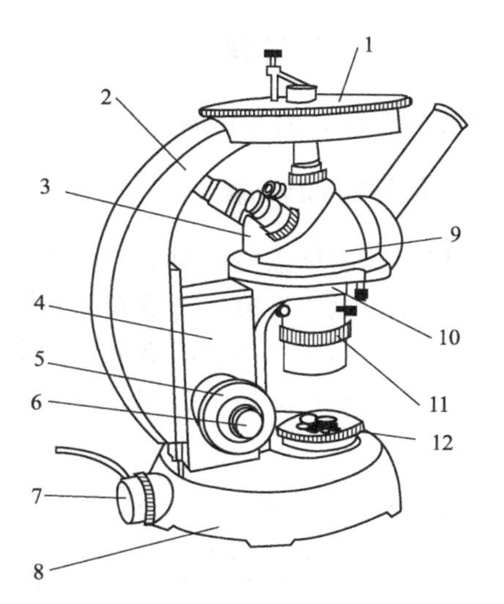

图 1-5　普通金相显微镜的机械系统

1—载物台；2—镜臂；3—物镜转换器；4—微动座；5—粗调调焦手轮；6—微调调焦手轮；7—照明装置；8—底座；9—碗头组；10—平台托架；11—视场光阑；12—孔径光阑

载物台（样品台）：用于放置金相试样，载物台和下面托盘之间有导架，移动结构仍采用油性膜连接，在手推动下，可引导载物台在水平面上作一定范围的移动，以改变试样的观察部位。

孔径光阑和视场光阑：通过这两个孔径可变光阑的调节，可以调节最后影像的质量。调整孔径光阑能够控制入射光束的粗细，以保证物像达到清晰的程度。视场光阑的作用是控制视场范围，使目镜中视场明亮而无阴影。在刻有直纹的套圈上还有两个调节螺钉用来调整光阑中心。

物镜转换器：转换器呈球面，上面有三个螺钉，可安装不同放大倍数的物镜，旋动转换器可使物镜镜头进入光路，并与不同的目镜搭配使用，可获得不同的放大倍数。

目镜筒：呈45°倾斜安装在附有棱镜的半球形座上，还可将目镜转向90°呈水平状态配合照相装置进行金相摄影。

4. 光学显微镜的使用方法

（1）根据放大倍数选用所需的物镜和目镜，分别安装在物镜和目镜筒内，并使转换器转至固定位置（由定位器定位）。

（2）转动载物台，使物镜位于载物台中心孔的中央，然后把金相试样的观察面朝下倒置在载物台上。

（3）接通显微镜的电源，打开电源开关，调整光源强度。

（4）低倍调焦，转动粗调手轮，使镜筒渐渐上升以调节焦距，当视场亮度增强时再改用微调手轮进行调节，直至物像调整到最清晰程度为止。

（5）适当调节孔径光阑和视场光阑，以获得最佳质量的物像。

（6）如果使用油浸系物镜，则可在物镜的前透镜上滴一点松柏油，也可以将松柏油直接滴在试样的表面上。油镜头用完后应立即用棉花蘸取二甲苯溶液擦净，再用镜头纸擦干。

三、实验设备和材料

金相显微镜、金相样品。

四、实验内容和步骤

1. 仔细阅读显微镜说明书，结合实物，熟悉金相显微镜的原理、结构、使用和维护。
2. 装好物镜和目镜，调节光阑，调节焦距，对样品进行观察，掌握正确的操作方法。
3. 更换不同放大倍数的物镜，反复观察，分析比较样品的显微组织。
4. 描绘观察到的显微组织。注意标明材料名称、热处理工艺、组织、放大倍数、腐蚀剂等。

五、实验注意事项

光学显微镜是一种精密的光学仪器，必须细心谨慎使用。初次操作显微镜之前，应首先熟悉其构造特点及主要部件的相互位置和作用，然后按照显微镜的使用规程进行操作。

1. 操作时必须特别细心，不得有粗暴和剧烈的动作，不允许自行拆卸光学系统。
2. 显微镜工作时，试样要干净，试样上的残留液体、油污必须去除干净。
3. 显微镜光学部分严禁用手指去触摸或用手帕等擦拭，必须用镜头纸擦拭。
4. 在更换物镜或调焦时，要防止物镜受碰撞损坏。
5. 在旋转粗调或微调手轮时，动作要缓慢，当碰到某种障碍时应立即停下来，进行检查，不得用力强行转动，以免损坏机件。

六、实验报告

1. 叙述实验目的。
2. 简述金相显微镜的成像原理。
3. 简述金相显微镜的主要操作步骤。
4. 画出所观察样品的组织示意图。

七、思考题

1. 选择数值孔径的实际意义是什么？它与有效放大倍数有什么关系？
2. 光学显微镜质量的优劣取决于哪几点？分析提高显微镜分辨率的途径。

金相样品的制备与组织观察

一、实验目的

1. 掌握金相试样的制备过程。
2. 了解影响制样质量的因素。
3. 掌握金相显微组织的显示方法。
4. 进一步熟悉金相显微镜的操作和使用。

二、实验原理

金相试样制备的质量好坏，直接影响到金属材料内部组织观察与分析的结果。不符合特定要求的制样，可能导致不正确的结论。正确地检验和分析金属显微组织的前提是必须制备合格的金相样品。一个合格的金相试样应该是组织真实、具有代表性；无氧化、无磨痕、无水迹；石墨夹杂不曳尾、不脱落；浸蚀适度，衬度清晰。

金相样品的制备一般包括取样、镶嵌、标号、磨制、抛光、组织显示（浸蚀）等几个步骤。

1. 取样

取样应根据被检零件的检验目的，选择有代表性的部位。同时还应考虑切取方法、观察面的选择及样品是否需要装夹或镶嵌。切取试样时应防止样品过热和变形。

（1）取样部位及磨面（观察面）的选择　根据研究目的选取有代表性的部位和磨面。如：

① 研究零件破裂原因时，应在破裂部位取样，再在离破裂处较远的部位取样，以作比较。

② 研究铸造合金时，由于偏析现象，组织不均匀，必须从铸件表层到中心分别截取几个样品。

③ 研究轧制材料时，如研究夹杂物的形状或类型、材料的变形程度、晶粒拉长的程度、带状组织等，应在平行于轧制方向上截取纵向试样；如研究材料表层的缺陷、非金属夹杂物的分布，应在垂直轧制方向上截取横向试样。

④ 研究热处理后的零件时，因组织较均匀，可任选试样的某一断面。若研究氧化、脱碳、表面处理（如渗碳）的情况，则应在横断面上观察。

（2）试样的切取方法　切取试样的方法较多，原则是切取时避免观察面内部金相组织发生变化。软材料可用手锯或锯床等切取；硬材料可用砂轮切片机、线切割等切取；硬而脆的材料（如白口铸铁），也可用锤击法获取。

（3）试样尺寸　以具体情况而定。一般圆柱形试样取直径为 10～15mm，高为 10～15mm；方形试样边长以 10～15mm 为宜。

2. 镶嵌

一般试样不需要镶嵌，但对于形状特殊或尺寸过于细小的试样，如丝、片、带、管等，以及有特殊需要（观察表层组织）的试样必须进行镶嵌。镶嵌方法很多，如机械夹持、低熔点合金镶嵌、热镶嵌、冷镶嵌等。

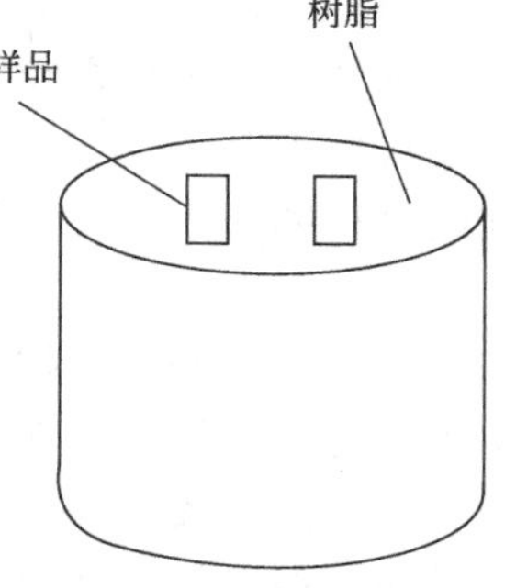

图 2-1　镶嵌试样

（1）热镶嵌　热镶嵌在镶嵌机上进行。将镶嵌料加热至一定温度，并施加一定压力和保温一定时间，使镶嵌材料与试样牢固地粘在一起，如图 2-1 所示。适用于在低温及不大的压力下组织不产生变化的材料。用作镶嵌的塑料有热固性及热塑性两类。前者为胶木粉或电木粉，不透明，有多种颜色（一般是黑色的），这种塑料比较硬，但抗酸、碱等腐蚀性能比较差；后者为半透明或透明，抗酸、碱等腐蚀性能好，但较软。这两种塑料镶嵌试样时，均应放入镶嵌机上的镶压模内加热、加压凝聚成形，其加热温度对热固性塑料为 110～150℃，对热塑性塑料为 140～160℃，其压力均为 200kgf/mm^2（1kgf＝9.80665N），保持一定时间后，去除压力将镶嵌试样从压模中顶出。

由于热镶嵌时要加一定的温度和压力，这会使淬火马氏体回火和软金属产生塑性变形等，可改用冷镶嵌或机械夹持，即用夹具夹持试样。

(2) 冷镶嵌　用树脂加固化剂（如环氧树脂和胺类固化剂等）进行镶嵌试样，不需要设备，在模具里浇铸镶嵌。适应于不能加热及加压的材料。

3. 标号

镶嵌好的试样，应及时标号，以免相互混淆。常用钢码打号进行标号。

4. 磨制

切割后的试样表面粗糙，存在变形区和扰乱层，需要经过磨制逐步消除，得到平整的磨面，为抛光做准备（见图 2-2）。一般磨制过程分为粗磨和细磨两步。

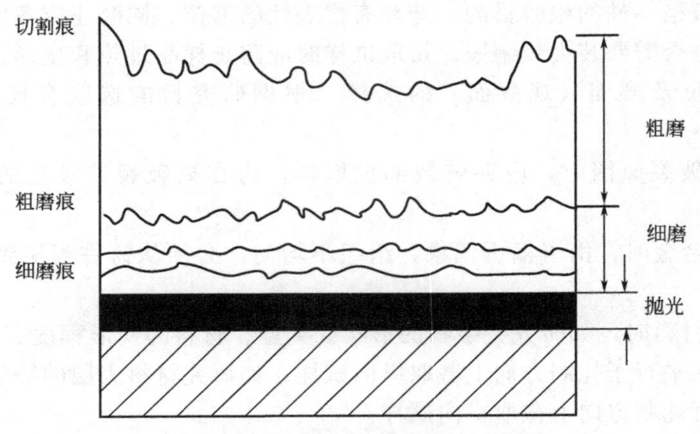

图 2-2　试样表面磨痕变化示意图

(1) 粗磨　是将切割后的试样在砂轮上磨平或用锉刀锉平（有色金属材料），试样磨面一般要倒角（表层组织检测的试样，需保留棱角，如渗碳层、脱碳层等表层检测的试样不能倒角），以免细磨及抛光时撕破砂纸或刮破抛光布料，甚至造成试样从抛光机上飞出伤人。

磨制时，应使试样的磨面与砂轮侧面保持平行，缓缓地与砂轮接触，并均匀地对试样施加适当的压力。在磨制过程中，试样应沿砂轮径向往返缓慢移动，避免在一处磨而使砂轮出现凹槽导致试样不平。此外，还应注意不使试样因磨制而发热，要随时用冷水冷却试样，以免磨面组织因受热而发生变化。当试样表面平整后，粗磨即完成，然后将试样用水冲洗擦干。

(2) 细磨　即消除粗磨时产生的磨痕，获得更为平整光滑的磨面，为试样磨面的抛光做好准备。细磨是把试样在粒度不同的水砂纸或干砂纸上按从粗到细的顺序进行磨制。我国金相干砂纸按粗细分为 01 号、02 号、03 号、04 号、05 号和 06 号等几种。编号越大，表示的砂粒度的直径越细小。一般钢铁试样磨到 04 号砂纸，软材料如铝、镁等合金可磨到 05 号砂纸。

细磨分为手工磨和机械磨两种。

手工磨时将砂纸平铺在玻璃板上，一手按住砂纸，一手轻压试样于砂纸上并向前推磨，用力均匀，方向一致。磨制过程中应使磨面受压均匀，而且压力适中保证试样表面不发热，不出现过深划痕。防止来回和左右磨，以便观察上一道砂纸的磨痕是否全部被磨掉。直至试样磨面仅留一个方向上的均匀磨痕为止，才能更换下一道较细的砂纸。每次更换砂纸时，须将试样清理干净，避免将粗砂粒带到砂纸上，使试样划出较深磨痕，影响磨制质量。每次更换砂纸后，试样的磨制方向调转 90°，与上一号砂纸的磨痕方向相垂直，如此进行下去，以便观察上道较粗磨痕的消失情况。细磨直到磨面上仅有一个方向均匀磨痕为止，磨面达到抛光前的光洁度。

试样经细磨后要用水冲洗干净，除去砂粒或金属屑，即可进行抛光。

由于手工磨制速度慢、效率低、劳动强度比较大，故现在多采用机械磨的方法。机械细磨是用水砂纸在预磨机上进行湿磨。水砂纸按粗细程度有400号、500号、600号、700号、800号、1000号、1200号、1500号等。一般用400号、600号、800号、1000号依次磨制。磨制时，把水砂纸紧固在转盘上，通水润滑冷却，手握试样，平稳轻压在砂纸上，利用旋转的砂纸将试样逐一磨细。每换一道砂纸，需将试样用水冲洗干净，并将磨制方向调换90°。机械磨制速度快，效率高，但要注意安全。先进的自动磨光机装有电子计算机，可对磨光过程进行程序控制。

5. 抛光

抛光的目的是去除细磨留下的磨痕，获得光亮无痕的镜面。抛光后的表面在放大200倍的显微镜下观察应基本上无磨痕和磨坑。金相试样的抛光可分为机械抛光、电解抛光、化学抛光三类。

（1）机械抛光　就是靠极细的抛光粉末与磨面产生相对磨削和滚压作用来消除磨痕。机械抛光是在专用抛光机上进行的。抛光机由一个电动机带动抛光盘逆时针转动。抛光分为粗抛光和细抛光。粗抛光时，在抛光盘上铺上帆布、呢子、绒、丝绸等抛光织物，不断滴注抛光液，抛光液通常采用 Al_2O_3、MgO 或 Cr_2O_3 等磨料（粒度约为0.3～1μm）在水中的悬浮液（每升水中加入5～10g）或采用极细金刚石抛光膏等。

抛光时将试样磨面均匀地压在旋转的抛光盘上（先轻后重），并沿盘的边缘到中心不断作径向往复及旋转移动，抛光后的试样表面应看不出任何磨痕。粗抛光完成后进行细抛光，抛光剂为水，过程同粗抛光，直到试样表面像镜面一样光亮为止。需要指出的是抛光时间不宜过长，一般约3～5min，压力也不可过大，否则将会产生紊乱层而导致组织分析得出错误的结论。

抛光过程中要不断地向抛光盘中心喷洒适量的抛光液，宜少量，勤加。若抛光布上抛光液太多，会使钢中夹杂物及铸铁中的石墨脱落，抛光面质量不佳；若抛光液太少，将使抛光面变得晦暗而有黑斑。织物润湿度一般以试样表面润湿膜从抛光盘上拿开2～5s能干燥为宜。

抛光结束后试样先用水冲洗，再用无水乙醇清洗磨面，然后用吹风机吹干。

（2）电解抛光　是利用阳极腐蚀法使样品表面光滑平整的方法，把磨光的样品浸入电解液中，样品作为阳极，用铝片或不锈钢片等为阴极，并与试样抛光面保持一定的距离（约20～30mm），接通阳极与阴极间的电源，使样品表面凸起部分被溶解而达到抛光目的。抛光完毕后将试样自电解液中取出，切断电源并迅速投入水中冲洗。

电解抛光是靠电化学的作用在试样表面形成一层“薄膜层”而获得光滑平整的磨面，其优点在于它只产生纯化学的溶解作用而无机械力的影响，可避免机械抛光时引起表面层金属的变形或流动，从而能够较正确地显示金相组织的真实性。而且电解抛光速度快且表面光洁，因此目前工厂和研究单位已在广泛应用，特别是对于有色金属及其他硬度低、塑性大的金属，效果较好，如铝合金、高锰钢、不锈钢等。但对于金属基体的非金属夹杂物及化学成分不均匀的偏析组织，用塑料镶嵌样品的试样不适于此法。这种工艺的主要缺点是工艺过程不易控制。

（3）化学抛光和化学机械抛光　将试样放入抛光液中，摆动几秒到几分钟后，即可得到无变形的抛光面。化学抛光的实质与电解抛光相类似，也是一个表层溶解过程，但它纯粹是靠化学腐蚀作用使不均匀表面产生选择性溶解而获得光亮的抛光面。

化学抛光操作简便，不需要专用设备，成本低，有不产生表面扰乱等优点，它的缺点是抛光液易失效，夹杂物易蚀掉，抛光面平整度质量差，只能在低倍数下做常规检验工作。化学抛光兼有化学浸蚀作用，可以立即在金相显微镜下观察。实践证明，软金属如锌、铅等利用化学抛光要比机械抛光和电解抛光效果好。

化学抛光若和机械抛光结合，利用化学抛光剂边腐蚀边机械抛光可以提高抛光效率。

6. 浸蚀

抛光后的试样磨面直接放在金相显微镜下，仅能观察到金属中的各种非金属夹杂物、灰口铸铁中的石墨或粉末冶金制品中的孔隙等，无法辨别出各种组成物及其形态特征。因此，必须使用浸蚀剂对试样表面进行“浸蚀”，才能清楚地显示出显微组织。

最常用的金相组织显示方法是化学浸蚀法。化学浸蚀的主要原理是试样磨面在化学浸蚀剂的作用下经化学溶解或电化学腐蚀的过程。对于纯金属和单相合金，浸蚀是一个纯化学溶解过程，如图 2-3 所示。抛光试样表面存在一层很薄的抛光硬化层，化学浸蚀时，硬化层最先被溶解，露出金属内部组织。由于晶界上原子排列紊乱，具有较高的自由能，故晶界处容易被溶解而呈凹沟，在显微镜下呈现出黑色网络的晶界（因为光线漫反射不能进入目镜，故呈黑色）。若浸蚀深一些，由于每个晶粒原子排列的位向不同，其表面溶解速度也不一样，经浸蚀后会呈现出轻微的凹凸不平，在显微镜下各晶粒的亮度不相同。

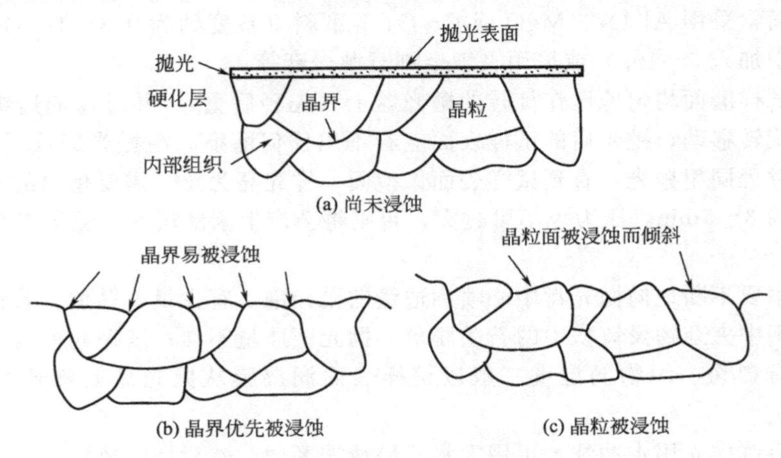

图 2-3　纯金属及单相组织化学浸蚀过程图

对于两相或多相合金，浸蚀主要是一个电化学腐蚀过程。在光学显微镜下观察层片状珠光体（铁素体＋渗碳体）呈现出黑白交替重叠的组织。图 2-4 是共析钢（T8）退火组织（珠光体）的浸蚀过程。在层片状珠光体中，浸蚀剂对铁素体、渗碳体及两者相界面浸蚀速度各不相同，铁素体电位低易被浸蚀形成凹洼，渗碳体电位高不易被浸蚀保持原有平面，渗碳体两侧的相界面在光学显微镜下无法分辨而合为一条黑线，因渗碳体细薄而被黑线所掩盖，故白色片状是铁素体，黑色薄片是渗碳体。

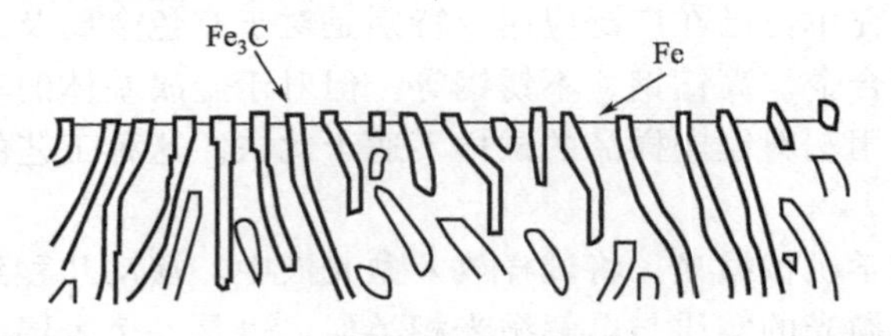

图 2-4　共析钢（T8）退火后的显微组织（$F+Fe_3C$）被浸蚀过程图

对于钢铁材料，最常用的浸蚀剂为4%硝酸乙醇溶液或4%苦味酸乙醇溶液。前者浸蚀热处理后的组织较合适；后者浸蚀缓冷后组织较好。浸蚀的方法可以是“浸入法”和“擦拭法”。浸蚀时间根据要求确定，不能太深也不能太浅，一般使表面由亮变为灰白色即可。浸蚀后应立即用水冲洗，然后用乙醇冲洗，最后用吹风机吹干。在观察的过程中，如果感到浸蚀不足，可重复浸蚀；如果浸蚀过度，试样需要重新抛光，甚至还需在04号砂纸上进行磨光，再去抛光浸蚀。要注意试样表面不能用纸或其他东西去擦，更不能用手去摸，否则表面就会受到损坏，无法观察。

三、实验设备和材料

金相显微镜、抛光机、抛光液、金相砂纸、4%硝酸乙醇溶液、碳钢金相试样。

四、实验内容和步骤

1. 领取已预先经砂轮研磨平整的金相样品一个。
2. 用01～05号砂纸从粗到细磨制。
3. 机械抛光，获得光亮镜面，制备一块无磨痕的试样。
4. 用4%硝酸乙醇溶液浸蚀试样磨面。
5. 在显微镜下观察组织，检查试样表面的抛光质量和组织显示情况，合格后绘下组织特征（规格ϕ35mm），并记下材料名称、热处理工艺、放大倍数和浸蚀剂。
6. 清理仪器设备。

五、实验注意事项

1. 砂轮打磨时和抛光时用力要均匀，否则容易使试样飞出去伤到自己或他人。
2. 抛光过程中要不断喷洒适量的抛光液。
3. 浸蚀时间根据要求确定，不能太深也不能太浅，一般使表面由亮变灰白色即可。若浸蚀不当，应重新抛光后再进行浸蚀。

六、实验报告

1. 简述实验目的。
2. 简述金相试样的制备过程。
3. 绘出所制备金相试样的显微组织示意图，注明材料、组织状态、浸蚀剂。

七、思考题

1. 试样为什么要进行浸蚀？
2. 为什么每换一张砂纸样品就要旋转90°？

实验三

铁碳合金平衡组织观察与分析

一、实验目的

1. 观察和识别铁碳合金（碳钢和白口铸铁）在平衡状态下的显微组织特征。

2. 分析含碳量对铁碳合金显微组织的影响，加深理解成分、组织与性能之间的相互关系。

3. 应用杠杆定律估算碳钢中的含碳量。

二、实验原理

铁碳合金的显微组织是研究钢铁材料的基础。铁碳合金平衡状态的组织是指合金在极为缓慢的冷却条件下（如退火状态）所得到的组织，其相变过程均按 Fe-Fe_3C 相图进行，即可以根据该相图来分析铁碳合金的显微组织。

所有铁碳合金在室温的组织均由铁素体（F）和渗碳体（Fe_3C）这两个基本相所组成。只是因含碳量不同，铁素体和渗碳体的相对数量、析出条件以及分布情况各有所不同，因而呈不同的组织形态（表 3-1）。

（一）铁碳合金的四种基本组织

铁碳合金在金相显微镜下具有下面几种基本组织：

1. 铁素体（F）

铁素体是碳溶解在 α-Fe 中的固溶体。铁素体为体心立方晶格，具有磁性及良好的塑性，硬度较低（HB60～90）。用 3%～4%硝酸乙醇溶液浸蚀后，在显微镜下呈现多边形晶粒（参见后文图 3-1）；亚共析钢中，随着含碳量的增加，珠光体量增加而铁素体量减少，当铁素体量多时，它呈块状分布（参见后文图 3-2、图 3-3）；当含碳量接近于共析成分时，铁素体呈断续的网状分布于珠光体周围（参见后文图 3-4）。

2. 渗碳体（Fe_3C 或 Cm）

渗碳体是铁与碳形成的一种化合物，其含碳量为 6.69%，硬度为 HB750～820，是一种硬而脆的相，耐蚀性强。当用 3%～4%硝酸乙醇溶液浸蚀后，渗碳体仍呈亮白色，而铁素体浸蚀后呈灰白色（参见后文图 3-7）。若用苦味酸钠溶液浸蚀，则渗碳体呈黑色，而铁素体仍为亮白色（参见后文图 3-8），由此可区别铁素体和渗碳体。

此外，按铁碳合金成分和形成条件不同，渗碳体呈现不同的形态：一次渗碳体（初生相）直接由液体中析出，在白口铸铁中呈粗大的条片状。二次渗碳体（次生相）从奥氏体中析出，呈网络状沿奥氏体晶界分布，随后奥氏体变成珠光体，故二次渗碳体呈网状分布在珠光体的边界上。在 727℃以下，由铁素体中析出的渗碳体为三次渗碳体，呈不连续片状分布于铁素体晶界处，数量极少，可忽略不计；经球化退火，渗碳体呈颗粒状。

3. 珠光体（P）

珠光体是铁素体和渗碳体的机械混合物。浸蚀观察到如下两种不同的组织形态。

（1）片状珠光体　它是由高温奥氏体冷却到 727℃发生共析转变得到的铁素体和渗碳体交替形成的层片状组织，硬度 HB190～230。经 3%～5%硝酸乙醇溶液浸蚀后，在不同放大倍数的显微镜下，可以看到具有不同特征的层片状组织。在高倍（600 倍以上）放大时，珠光体中平行相间的宽条为铁素体，突起细条为渗碳体，它们皆为白亮色，而边界为黑色阴影。在中等放大倍数（400 倍左右）时，显微镜的鉴别能力与渗碳体片厚度不匹配，白亮色的渗碳体细条被两边黑条阴影所掩盖，而成为黑色细条。这时看到的珠光体是宽白条的铁素体和细黑条的渗碳体相间的混合物。当组织较细而放大倍数（200 倍以下）更低时，珠光体片层就不能分辨，而呈黑色乌云状。

（2）球状珠光体　球状珠光体组织的特征是在亮白色的铁素体基体上，均匀分布着白色的渗碳体颗粒，其边界呈暗黑色。硬度 HB160～190。

4. 莱氏体（Ld′）

室温时，莱氏体是珠光体、二次渗碳体和共晶渗碳体所组成的机械混合物。它是由含碳量为4.3%的液态共晶白口铸铁在1147℃共晶反应所形成的共晶体（奥氏体和共晶渗碳体），其中奥氏体在继续冷却时析出二次渗碳体，当冷却到727℃时奥氏体分解为珠光体。因此莱氏体的显微组织特征是在亮白色的渗碳体基体上相间分布着暗黑色斑点及细条状的珠光体（参见后文图3-11）。莱氏体硬度高达HB700，性脆。

（二）铁碳合金

根据组织特点及含碳量不同，铁碳合金可分为：工业纯铁、钢和铸铁三大类，组织如表3-1所示。

表3-1　各种铁碳合金在室温下的显微组织

类型		含碳量/%	显微组织	浸蚀剂
工业纯铁		＜0.02	铁素体	4%硝酸乙醇溶液
碳钢	亚共析钢	0.0218～0.77	铁素体＋珠光体	
	共析钢	0.77	珠光体	
	过共析钢	0.77～2.11	珠光体＋二次渗碳体	
白口铸铁	亚共晶白口铸铁	2.11～4.30	珠光体＋二次渗碳体＋莱氏体	
	共晶白口铸铁	4.30	莱氏体	
	过共晶白口铸铁	4.30～6.69	莱氏体＋一次渗碳体	

1. 工业纯铁

含碳量＜0.0218%的铁碳合金通常称为工业纯铁，即由铁素体和三次渗碳体组成，见图3-1。亮白色基体是铁素体，不规则等轴晶粒晶界上存在少量三次渗碳体，呈现出白色不连续网状，由于量少，有时看不出。

2. 碳钢

（1）亚共析钢　亚共析钢的含碳量在0.0218%～0.77%范围内，组织由铁素体和珠光体所组成。随着含碳量的增加，铁素体的数量逐渐减少，而珠光体的数量则相应增多。亚共析钢显微组织中，亮白色为铁素体，暗黑色为珠光体，见图3-2～图3-4。两者的相对量可由杠杆定律求得。

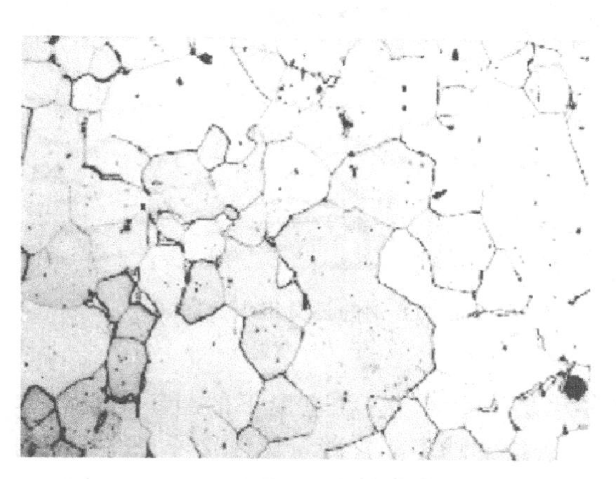

图3-1　工业纯铁的显微组织（200×）：全部为F

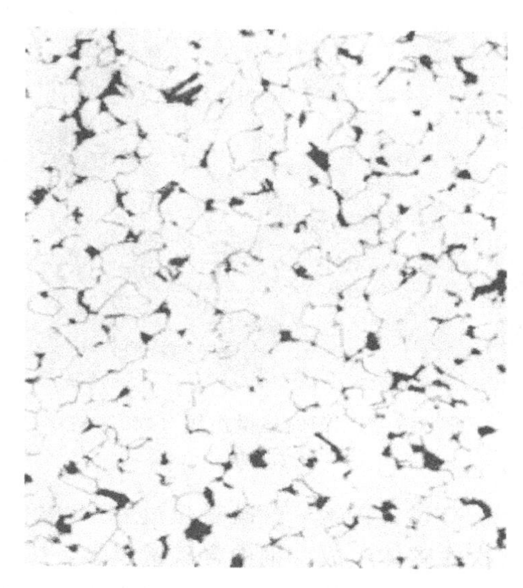

图3-2　20钢的显微组织（200×）：F（白块）＋P（黑块）

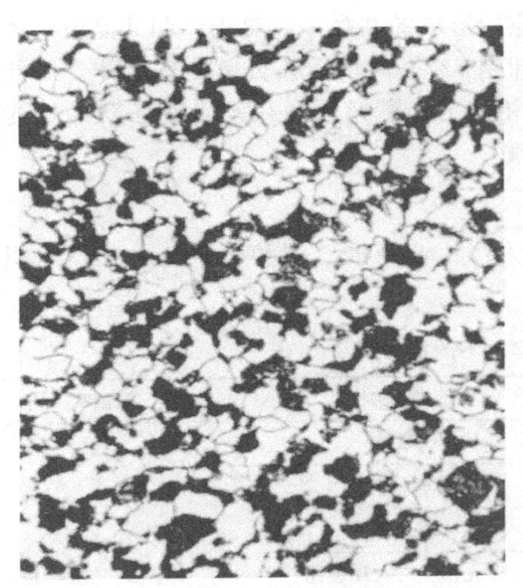

图 3-3　45 钢的显微组织
（200×）：F+P

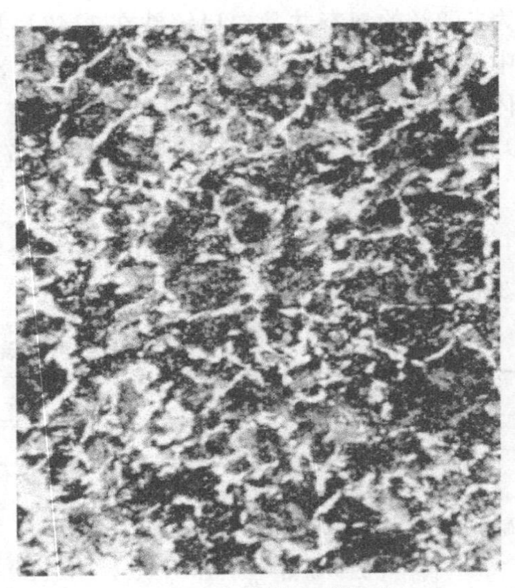

图 3-4　65 钢的显微组织
（400×）：P（黑色）+F（白色网状）

例如：含碳量为 0.45%的钢（45 钢）珠光体的相对含量为 P(%)=(0.45/0.77)×100%=58%，铁素体的相对含量为 F(%)=[(0.77−0.45)/0.77]×100%=42%。

亚共析钢的含碳量估算：直接在显微镜下观察珠光体和铁素体各自所占面积百分数，可近似地计算出钢的含碳量。已知珠光体平均含碳量为 0.77%，室温下铁素体含碳量极微，约为 0.0008%，可忽略不计，根据杠杆定律，从显微镜下观察到珠光体含量面积百分数乘以 0.77，即为碳钢的含碳量。

例如：在显微镜下观察到有 50%的面积为珠光体，50%的面积为铁素体，则此钢含碳量约为 C(%)=50%×0.77=0.39%，即相当于 40 钢。

（2）共析钢　含碳量为 0.77%的碳钢称为共析钢。由单一珠光体组成，见图 3-5、图 3-6。

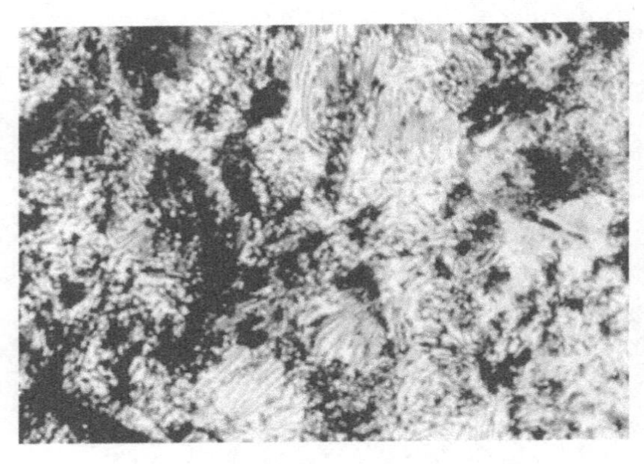

图 3-5　T8 钢的显微组织（400×）：
P（片状）

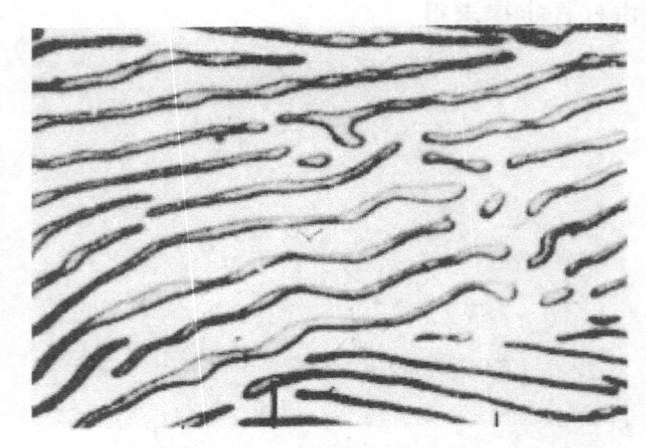

图 3-6　T8 钢的显微组织（2000×）：
P（片状）

（3）过共析钢　含碳量超过 0.77%的碳钢称为过共析钢，它在室温下的组织由珠光体和二次渗碳体组成。钢中含碳量越多，二次渗碳体数量就越多。含碳量为 1.2%的过共析钢显微组织中存在片状珠光体和网络状二次渗碳体，经浸蚀后珠光体呈暗黑色，而二次渗碳体则呈白色网状，见图 3-7～图 3-9。

图 3-7 T12 钢显微组织（400×）：4%硝酸乙醇溶液腐蚀，P（片层状）+ Fe_3C_{II}（白色网状）

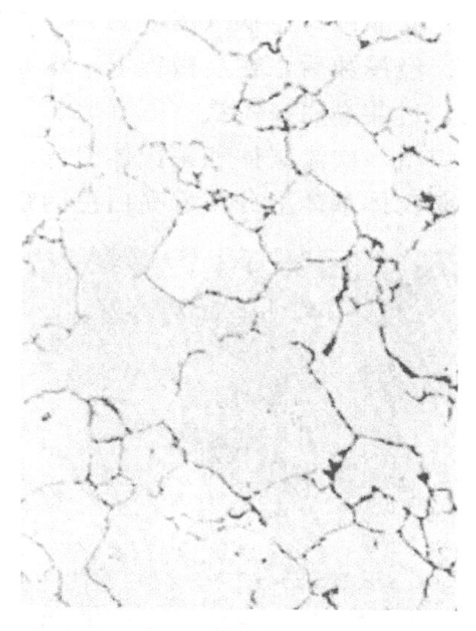

图 3-8 T12 钢显微组织（400×）：热苦味酸钠溶液腐蚀，组织为 P（白色块状）+ Fe_3C_{II}（黑色网状）

若要根据显微组织来区分过共析钢的网状二次渗碳体和亚共析钢的网状铁素体，可采用苦味酸钠溶液来浸蚀，这样，二次渗碳体就被染色呈黑色网状，而铁素体和珠光体仍保留白色颗粒。

3. 白口铸铁

(1) 亚共晶白口铸铁（图 3-10） 含碳量<4.3%的白口铸铁称为亚共晶白口铸铁。在室温下亚共晶白口铸铁的组织为珠光体、二次渗碳体和莱氏体，用硝酸乙醇溶液浸蚀后，在显微镜下呈现黑色枝晶状的珠光体和斑点状莱氏体，其中二次渗碳体与共晶渗碳体混在一起，不易分辨。

图 3-9 T12 钢的显微组织（球化退火）：球状珠光体，Fe_3C 为白色粒状+F 为白色基体

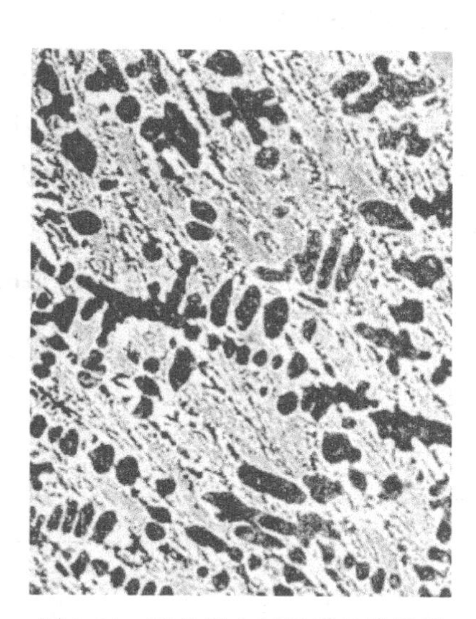

图 3-10 亚共晶白口铸铁显微组织（150×）：P（黑色树枝状）+ Ld′（小黑条、块和白色基体）

（2）共晶白口铸铁（图 3-11）　含碳量为 4.3%，它在室温下的组织由单一的共晶莱氏体组成。经浸蚀后，在显微镜下，珠光体呈暗黑色细条及斑点状，共晶渗碳体呈亮白色。

（3）过共晶白口铸铁（图 3-12）　含碳量＞4.3%的白口铸铁称为过共晶白口铸铁，室温下组织由一次渗碳体和莱氏体组成。用硝酸乙醇溶液浸蚀后，在显微镜下可观察到暗色斑点状的莱氏体基体上分布着亮白色的粗大条片状的一次渗碳体。

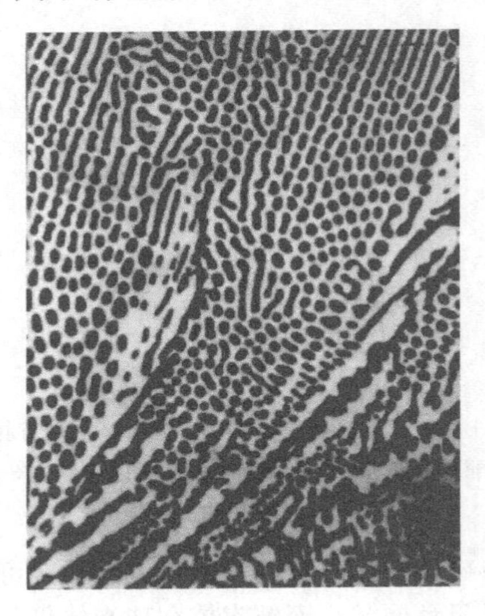

图 3-11　共晶白口铸铁显微组织（400×）：Ld′（黑色块、点为 P＋白色为 Fe_3C 基体）

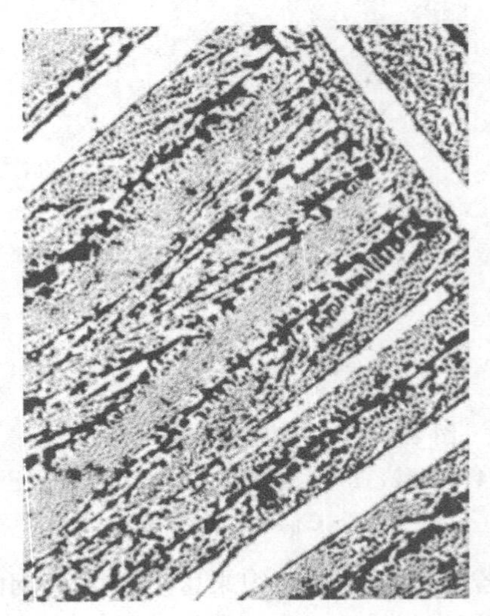

图 3-12　过共晶白口铸铁显微组织（150×）：Fe_3C_{I}（白色宽长条）＋Ld′（小黑色条、点和白色基体）

三、实验设备和材料

金相显微镜、铁碳合金平衡组织标准试样及照片。

四、实验内容和步骤

1. 实验前应复习理论课中的有关内容和阅读实验指导书，为实验做好理论方面的准备。

2. 在显微镜下观察和分析表 3-2 所示铁碳合金标准试样的平衡组织，识别钢和铸铁组织形态的特征，根据 $Fe\text{-}Fe_3C$ 相图分析各合金的形成过程，注意含碳量与金相组织之间的关系。

表 3-2　铁碳合金标准试样的平衡组织

编号	材料	处理状态	浸蚀剂	显微组织
1	工业纯铁	退火	3%～4%硝酸乙醇溶液	F＋少量 Fe_3C_{III}
2	45 钢	退火		F＋P
3	T8	退火		P
4	T12	退火		P＋Fe_3C_{II}
5	未知碳钢	退火		F＋P
6	亚共晶白口铸铁	铸造		P＋Fe_3C_{II}＋Ld′
7	共晶白口铸铁	铸造		Ld′
8	过共晶白口铸铁	铸造		Fe_3C＋Ld′

3. 绘出所观察的显微组织示意图，画时抓住组织形态的典型特征，并在图中表示出来。

4. 根据显微组织近似确定未知亚共析钢的含碳量。

5. 测量不同样品的洛氏硬度，分析碳含量对硬度的影响。

五、实验注意事项

1. 不能用手接触标准试样表面，要轻拿轻放。

2. 使用光学显微镜不得有粗暴行为。

六、实验报告

1. 写出实验目的和实验内容。

2. 画出所观察显微组织示意图，并注明材料名称、含碳量、浸蚀剂和放大倍数，显微组织画在直径为 30～50mm 的圆内，并将组成物名称以箭头引出标明。

3. 简述含碳量与铁碳合金平衡组织形态、数量、大小、分布及性能之间的关系。

七、思考题

1. 决定铁碳合金组织的因素是什么？为什么？

2. 根据各铁碳合金的显微组织如何估计它们的力学性能？

3. 根据相图，分析 35 钢及亚共晶白口铸铁的结晶过程。

实验四

常用合金钢热处理显微组织观察与分析

一、实验目的

1. 观察几种常用合金钢的热处理显微组织。

2. 了解这些金属材料的组织和性能的关系及应用。

二、实验原理

1. 合金结构钢

40Cr 调质钢：一般合金结构钢都是低合金钢。由于加入合金元素，铁碳相图发生一些变动，但其平衡状态的显微组织与碳钢的显微组织并没有本质的区别。低合金钢热处理后的显微组织与碳钢的显微组织也没有根本不同，差别只是在于合金元素都使 C 曲线右移（除 Co 外），即以较低的冷却速度可获得马氏体组织。一般用这类钢制作的零件要求具有很好的综合力学性能，即在保持较高强度的同时又具有很好的塑性和韧性，人们往往使用调质处理来达到这个目的，所以人们习惯上就把这一类钢称作调质钢。40Cr 钢平均含碳量为 0.4%，含铬约为 1%；合金元素 Cr 起着增加淬透性、使调质后的回火索氏体组织得到强化的作用。经调质处理后的显微组织是回火索氏体，如图 4-1 所示。白色 F 基体上分布着细的浅黑色颗粒 Fe_3C。当淬火温度较低时，合金碳化物难以完全溶于 A 中。因而在回火索氏体中残存极少量的颗粒状合金碳化物。40Cr 调质钢具有良好的综合力学性能，良好的低温冲击韧性和较低的缺口敏感性。用于制造承受中等负荷及中等速度工作的机械零件，如汽车的转向节、后半轴以及机床上的齿轮、轴、蜗杆、花键轴、顶尖套等。

图 4-1　40Cr 钢调质后的组织（回火索氏体）

2. 合金工具钢

W18Cr4V 高速钢：是一种常用的高合金工具钢，因为它含有大量合金元素，使铁碳相图中的 E 点大大向左移，以致它虽然只含有 0.7%～0.8%的碳，但也已经含有莱氏体组织，所以称为莱氏体钢。W18Cr4V 的组织如图 4-2 所示。

W18Cr4V 高速钢的铸态组织对机械加工、热处理及使用性能有着重要的影响。其铸态组织由黑色组织、白色组织和鱼骨状的莱氏体组成［图 4-2(a)］。由于冷却速度快，高速钢铸锭得不到状态图上的平衡组织：珠光体＋变态莱氏体＋碳化物。在冷却过程中，包晶转变不完全而保留下来的 η 相要析出细小碳化物，这种组织易浸蚀呈黑色，有黑色组织之称，亦称索氏体-屈氏体混合组织；γ 相在较快的冷却速度下，并未进行共析分解，而是转变成马氏体 M＋A′，这种组织不易浸蚀呈白色，有白色组织之称；共晶莱氏体 Ld′由合金碳化物和马氏体或屈氏体组成。莱氏体沿晶界呈宽网状分布，莱氏体中的碳化物粗大，有骨架状，极难溶于奥氏体中，不能用热处理改变其形态，只能通过锻造打碎。高速钢锻后必须缓冷，并进行球化退火，可以消除内应力，获得索氏体＋粒状碳化物组织，便于进行机械加工。如图 4-2(c) 所示基体为索氏体，放大倍数低，索氏体条间距离未显示，而呈暗色；白色块状为共晶碳化物；白色细小颗粒为二次碳化物。

高速钢优良的热硬性及较好的耐磨性，只有经淬火和回火后才能获得。在实际生产中高速钢常用来制造刃具和冷作模具。决定其使用寿命的主要因素是锻造和热处理工艺的合理制定。W18Cr4V 高速钢的淬火温度较高，为 1270～1280℃，以使奥氏体充分合金化，保证最终有高的热硬性。淬火时可在油中或空气中冷却。淬火组织为马氏体、碳化物和大量残余奥氏体。如图 4-2(d) 所示白色基体为隐针状淬火 M＋A′，由于淬火组织中残余奥氏体量高达 20%～30%，故稍深浸蚀就可呈现黑色网状的 A 晶界；白色大块为共晶碳化物，白色细小颗粒为二次碳化物。为减少淬火组织中残余奥氏体量，消除应力，稳定组织，提高力学性能指标，淬火后 W18Cr4V 一般需在 560℃进行三次回火，回火后的显微组织为马氏体、碳化物和少量残余奥氏体。如图 4-2(e) 所示暗黑色基体为针状回火马氏体＋少量残余奥氏体 (2%～3%)；白色大块为共晶碳化物，白色细小颗粒为二次碳化物。

3. 特殊性能钢

1Cr18Ni9 不锈钢：不锈钢是在大气、海水及其他浸蚀性介质条件下能稳定工作的钢种，大都属于高合金钢。提高不锈钢性能通常采取的措施：a. 获得单相均匀的金属组织，避免产生原电池作用；b. 加入合金元素提高金属基体的电极电位；c. 加入合金元素在金属表面形成致密保护膜；d. 防止晶间腐蚀产生。

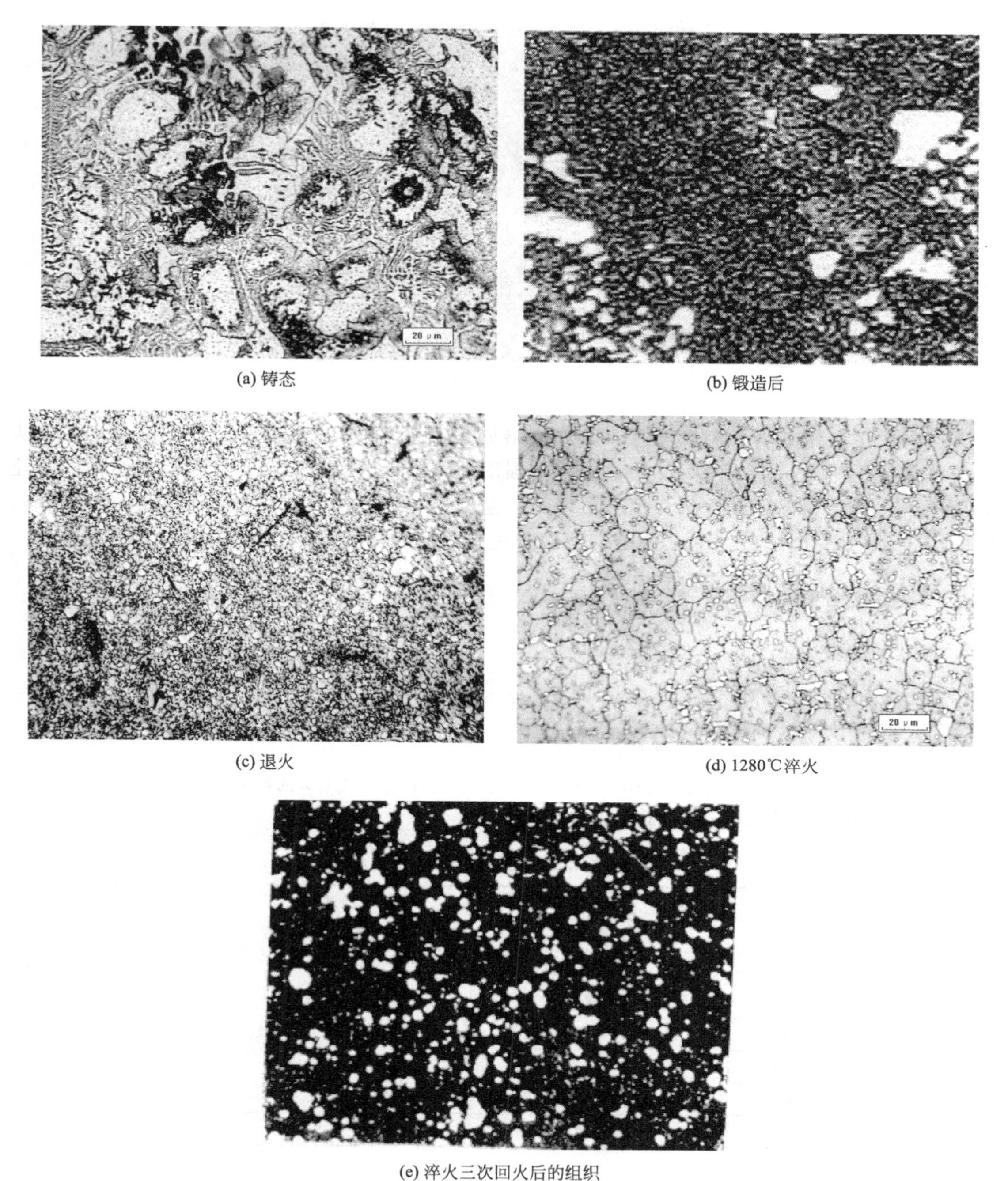

(a) 铸态　(b) 锻造后

(c) 退火　(d) 1280℃淬火

(e) 淬火三次回火后的组织

图 4-2　W18Cr4V 的组织

1Cr18Ni9 即 18-8 钢应用很广，它的碳含量较低，因为碳不利于防锈；高的铬含量是保证耐蚀性的主要因素；镍除了进一步提高耐蚀能力以外，主要是为了获得奥氏体组织。这种钢在室温下的平衡组织是奥氏体＋铁素体＋（Cr，Fe)$_{23}$C$_6$。为了提高耐蚀性以及其他性能，必须进行固溶处理。为此加热到 1050～1150℃，使碳化物等全部溶解，然后水冷，即可在室温下获得单一的奥氏体 A 组织。如图 4-3 所示白色晶粒为 A 晶粒，部分晶粒有孪晶，基体上黑色点为碳化物。

1Cr18Ni9 在室温下的单相奥氏体状态是过饱和的，不稳定的，当钢使用时温度到达

图 4-3　1Cr18Ni9 钢固溶处理后的组织（500×）

400～800℃的范围或者从较高温度，例如固溶处理温度下冷却较慢时，$(Cr, Fe)_{23}C_6$ 会从奥氏体晶界上析出，造成晶间腐蚀，使钢的强度大大降低。目前，防止这种晶间腐蚀的途径有两条：一是尽量降低碳含量，但有限度；二是加入与碳的亲和力很强的元素 Ti 和 Nb 等。因此出现了 1Cr18Ni9Ti、0Cr18Ni9Ti 等以及更复杂牌号的奥氏体镍铬不锈钢。

三、实验设备和材料

金相显微镜、金相试样。

四、实验内容和步骤

1. 认真观察分析表 4-1 所列样品的显微组织。
2. 描绘出各种合金的显微组织示意图，并标明各种组织组成物的名称。
3. 对比分析各种合金钢的显微组织特点。

表 4-1　常用金属材料的金相试样

编号	材料名称	处理工艺	浸蚀剂	金相显微组织
1	40Cr	调质处理	4%硝酸乙醇溶液	回火 S
2	W18Cr4V	铸态	10%硝酸乙醇溶液	$M+A'+Ld'+\delta_{共析}$
3	W18Cr4V	轧制态		带状 K+S
4	W18Cr4V	锻后等温退火		粒状 K+S
5	W18Cr4V	1280℃淬火		$M+K+A'_{较多}$
6	W18Cr4V	淬火+560℃三次回火		回火 $M+K+A'_{少量}$
7	1Cr18Ni9Ti	固溶处理	王水	A

五、实验报告

1. 写出实验目的。
2. 分析讨论各类合金钢组织的特点，并与相应碳钢组织进行比较，同时把组织特点同性能和用途联系起来。

六、思考题

1. 合金钢与碳钢比较组织上有什么不同？性能上有什么差别？使用上有什么优越性？
2. 分析高速钢的组织与热处理关系，说明高速钢热处理特点。

3. 分析 Cr、Ni 元素在 1Cr18Ni9 不锈钢中的作用。

实验五 有色金属的显微组织观察与分析

一、实验目的

1. 观察铝硅合金、铜合金、锌合金、镁合金和轴承合金的显微组织；
2. 了解各种合金成分、组织对性能的影响。

二、实验原理

（一）铝硅合金

应用最广泛的铸造铝合金为 Al-Si 系列，常称为硅铝明。典型的牌号为 ZL102，含硅 10%～13%，从 Al-Si 合金相图可知，其成分在共晶点附近，具有优良的铸造性能，即流动性能好，产生铸造裂纹的倾向小。但铸造后，未变质的铝硅合金几乎全部得到由白色 α 固溶体和粗大针状硅晶体组成的共晶组织，此外也可能出现少量的浅灰色多边形的初晶硅晶粒（图 5-1）。α 相是硅溶于铝的固溶体，在共晶温度 568℃时，硅的最大溶解度为 1.65%，而室温时只有 0.05%。由于室温时硅的溶解度极小，故 α 相的性能与纯铝相似。一般将共晶体中的硅称为共晶硅，铸态时其在铝中呈现粗大的针状，极脆，严重降低了合金的强度和塑性。为了提高合金的性能，通常采用“变质处理”，即在浇铸前向 820～850℃液体合金中加入 2%～3%的变质剂（常用$\frac{2}{3}$NaF＋$\frac{1}{3}$NaCl 的钠盐混合物）。由于钠能促进硅的生核，并能吸附在硅的表面阻碍其长大，使合金组织大大细化同时使共晶点右移，而原合金成分变为亚共晶成分，所以变质处理后的组织是由白色枝晶状的初生 α 固溶体和灰黑色细粒状（α＋Si）共晶体组成的亚共晶组织（图 5-2）。由于共晶中的硅呈细小的圆形颗粒，因而使合金的强度与塑性显著改善。

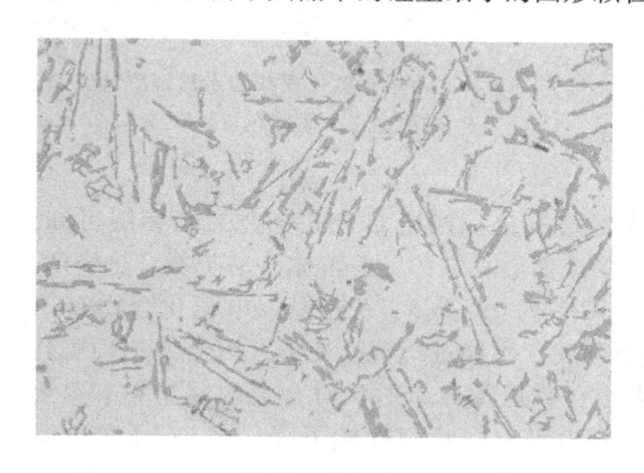

图 5-1　ZL102 铸态，未变质，氢氟酸水溶液（200×）：α 固溶体＋针状共晶硅

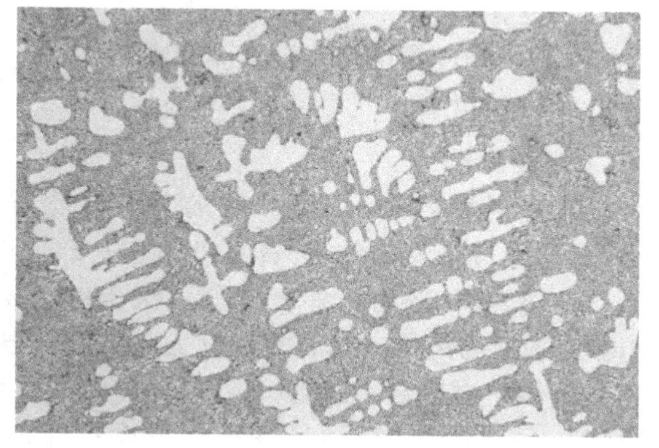

图 5-2　ZL102 铸态，变质，氢氟酸水溶液（200×）：α 固溶体＋细小共晶体（α＋Si）

（二）铜合金

1. 普通黄铜

普通黄铜为 Cu-Zn 二元合金，以“H”表示，H 后面的数字表示合金的平均含铜量，

如 H70 表示含铜量为 70%，其余为锌。根据 Cu-Zn 合金状态图，黄铜的室温组织有三种：含锌量在 36%以下的黄铜，室温下的显微组织为单相的 α 固溶体，称为 α 黄铜或单相黄铜，常用的牌号有 H90、H80、H70 等；含锌量在 36%～46%之间的黄铜，室温下的显微组织由（$\alpha+\beta$）两相组成，称为双相黄铜，常用的牌号有 H62、H59；含锌量超过 46%～50%的黄铜，室温下的显微组织仅由 β 相组成，称为 β 黄铜。

α 相是锌在铜中的固溶体，晶格与纯铜一样，呈面心立方状，塑性好，适合于冷、热加工；β 相是以铜锌电子化合物为基的有序固溶体，在 456～468℃由 β 相转变而成，在低温下较硬、较脆，但在高温下有较好的塑性，所以双相黄铜宜在热态下加工。

(1) H70 黄铜含锌 30%，为 α 单相黄铜。铸态组织为树枝状的 α 固溶体（用 $FeCl_3$ 腐蚀后，先结晶的主轴富含高熔点的铜，呈亮色，而枝间富含锌，呈暗色）。这种树枝状的组织经热轧和退火后，形成 α 固溶体等轴晶粒，有的晶粒含有孪晶（见图 5-3）。

(2) H59 黄铜含锌 41%，为（$\alpha+\beta$）双相黄铜，白色为 α 固溶体基体，黑色条块状是 β 固溶体（见图 5-4）。由 Cu-Zn 状态图可知，此合金结晶时首先由溶液析出 β 相，α 相是在冷却过程中由 β 相析出的，因此铜锌合金显微组织 α 相的形态、数量与冷速有关。快冷时 α 相呈拉长的状态（有时呈现针状，类似于魏氏体组织中铁素体），而当慢冷时或热轧退火后则为均匀的等轴晶粒。

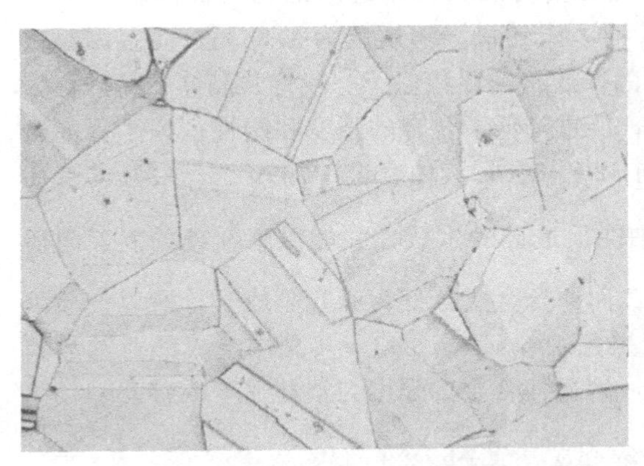

图 5-3　H70 黄铜轧后退火，氯化铁盐酸水溶液（200×）：单一 α 相

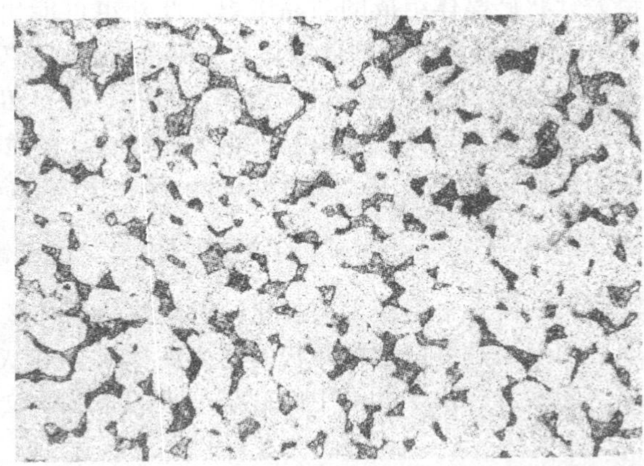

图 5-4　H59 黄铜铸态，氯化铁盐酸水溶液（100×）：白亮色 α＋黑暗色 β

2. 锡青铜

锡青铜为 Cu-Sn 合金，它的力学性能与含锡量有关。根据 Cu-Sn 合金二元相图可知：当 Sn 质量分数≤5%～6%时，Sn 溶于 Cu 中，形成面心立方的 α 固溶体，易于冷、热变形。当 Sn＞5%～6%时，锡青铜的室温组织为 $\alpha+(\alpha+\delta)$ 共析体。δ 相是以电子化合物 $Cu_{31}Sn_8$ 为基的固溶体，具有复杂立方晶格，常温下硬脆，不能进行塑性变形。因为 δ 相硬脆且在共析体中占多数，所以（$\alpha+\delta$）共析体的大小、数量及分布形状对合金的性能具有重要影响。（$\alpha+\delta$）共析体最好是呈小块状分布，若为粗大网状则性能下降。当 Sn 质量分数＞20%时，由于出现过多的 δ 相，使合金变得很脆，强度也显著下降。因此，工业上用的锡青铜的含锡量一般为 3%～14%。

ZQSn10 是铸态锡青铜，含锡 10%。铸态组织为亮白色树枝状的初生 α 固溶体和树枝间隙处分布很细小的（$\alpha+\delta$）共析体，见图 5-5。经 3%$FeCl_3$＋10%HCl 水溶液浸蚀后枝干中心呈白亮色，枝干外层呈黑色，先凝固的是富铜的初生 α，初生 α 晶粒之间是共析体（$\alpha+\delta$），当用高倍显微镜观察时，可看到共析体中亮色的基底是 δ，共析体中的小黑点是 α（如用氨水浸蚀显示的颜色会有所不同）。

3. 铝青铜

铝青铜为Cu-Al合金。工业常用的铝青铜中含铝量为5%～10%，由Cu-Al合金状态图可知，当Al质量分数<9.8%时，为单相α固溶体，α相是铝在铜中的固溶体；当Al质量分数>9.8%时，合金组织出现（$\alpha+\gamma$）共析体，γ相是以电子化合物$Cu_{32}Al_{19}$为基的固溶体。但一般铸造条件下含铝量8%～9%的合金中会出现一部分（$\alpha+\gamma$）共析体，它分布在α相晶粒边界，放大倍数小时（$\alpha+\gamma$）呈暗黑色，只有在大倍数下才能看到（$\alpha+\gamma$）层状结构的共晶体（其中暗色基体为α固溶体，亮色为γ相）。

工业上最常用的铸造铝青铜是ZQAl9-4，除含铜、铝外还含有少量铁，ZQAl9-4的铸态组织是白色α相边界析出黑色（$\alpha+\gamma$）共析体，α相中还有小黑点$FeAl_3$，见图5-6。

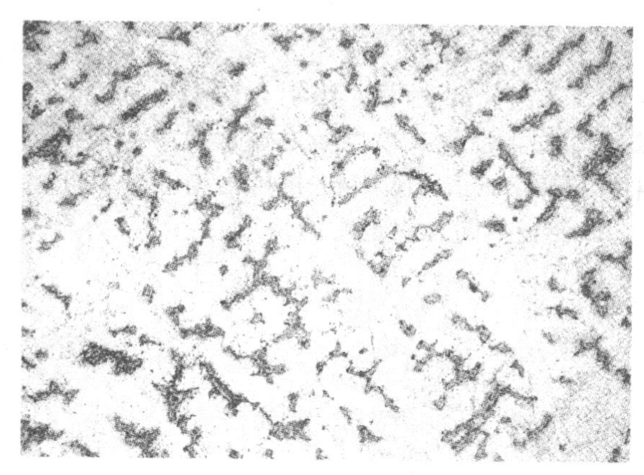

图5-5 ZQSn10，铸态，氯化铁盐酸水溶液（200×）：$\alpha+(\alpha+\delta)$共析体

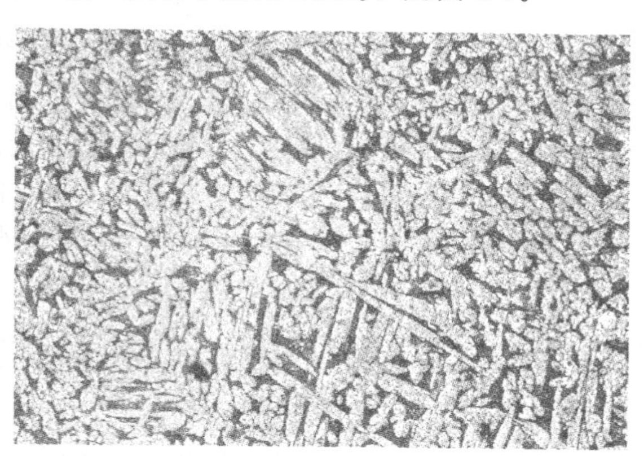

图5-6 ZQAl9-4，铸态（100×）：$\alpha+(\alpha+\gamma)$共析体$+FeAl_3$

（三）锌合金

锌合金的力学性能较差。如果在锌中加入质量分数为60%～70%的铜，可形成Zn-Cu系合金（黄铜），它具有广泛的工业用途；如果在锌中加入适量的铝，可形成Zn-Al系合金，它具有较高的铸造流动性及较低的熔点，可广泛用于压铸或重力铸造。锌对空气具有防腐蚀作用，因此对金属的防护是其最主要的作用。

高铝锌基合金中，铝含量为10%～12%时可代替青铜制作轴瓦，铝含量为27%～35%时，强度高、塑性好且并有较强的承载性和耐磨性。常用的ZA27-2的显微组织是锌基固溶体α相，富铝的β相和富铜的ε（$CuZn_3$）枝晶间析出相（见图5-7）。合金成分越接近共晶点，强度越高，但塑性越低。合金中相的浓度随温度的降低发生明显改变，故该合金从室温到95℃间具有时效硬化和体积变化。

（四）镁合金

工业纯镁的化学性能很差，不能直接用作结构材料，但通过综合运用形变硬化、晶粒细化、合金化及热处理等多种方法，将会大幅度提高镁合金的力学性能。镁合金广泛用于携带式的器械和汽车行业中，达到轻量化的目的。镁合金具有较好的耐腐蚀性、电磁屏蔽性能、防辐射性能，可做到100%回收利用。镁合金件稳定性较高，压铸件铸造后的加工尺寸精度高，可进行高精度的机械加工。

镁合金中合金元素具有固溶强化和第二相强化两种机制。随着合金化程度的提高，合金的强度也在提高，但塑性却在下降。以Mg-Al合金为例，铝在α-Mg中的室温固溶度大约

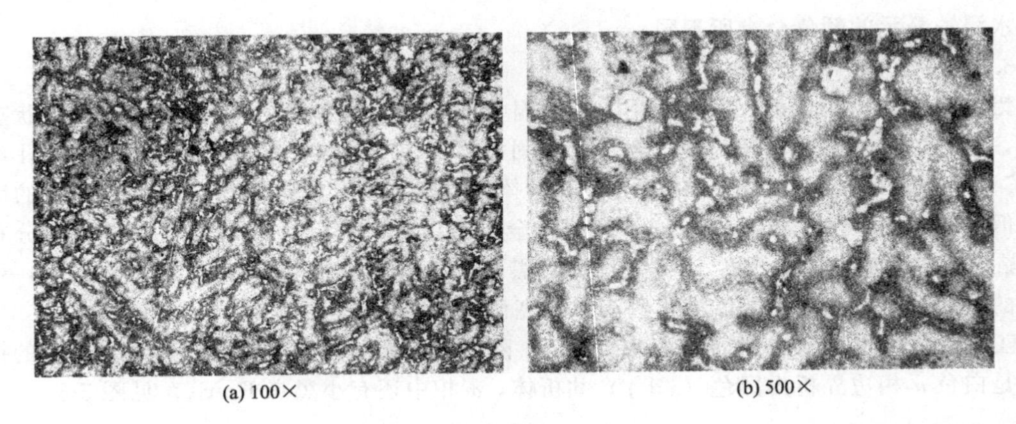

(a) 100×　　(b) 500×

图 5-7　ZA27-2：$\alpha+\beta+\varepsilon$

为 2%，通常此类合金的铸态组织中存在 α-Mg 和 β-$Al_{12}Mg_{17}$ 两相。当铝含量很低时，随着合金中铝含量的增加，铝在 α-Mg 中的固溶度逐渐增加，强化效果也随之显著增加；当铝在 α-Mg 中的固溶度达到极限时，随着合金中铝含量的增加，β-$Al_{12}Mg_{17}$ 相析出增加，由此增加了弥散强化效果。图 5-8～图 5-10 分别是 Mg-Al 合金不同含铝量时的情形。

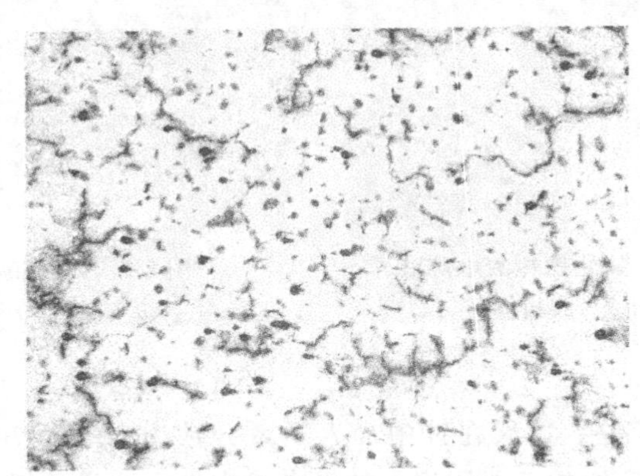

图 5-8　含 Mg 95%、Al 5%的 Mg-Al 合金（250×）

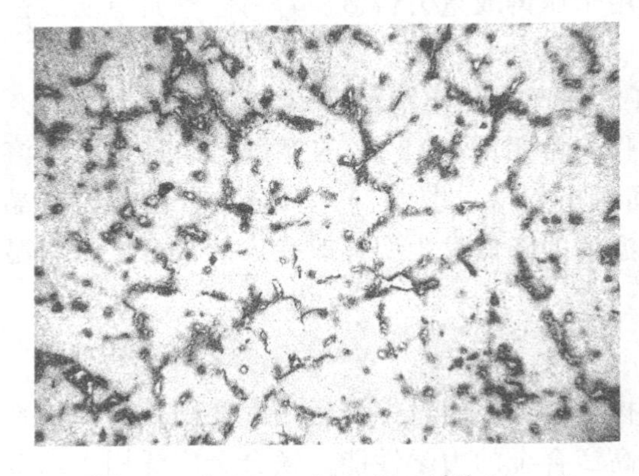

图 5-9　含 Mg 93%、Al 7%的 Mg-Al 合金（250×）

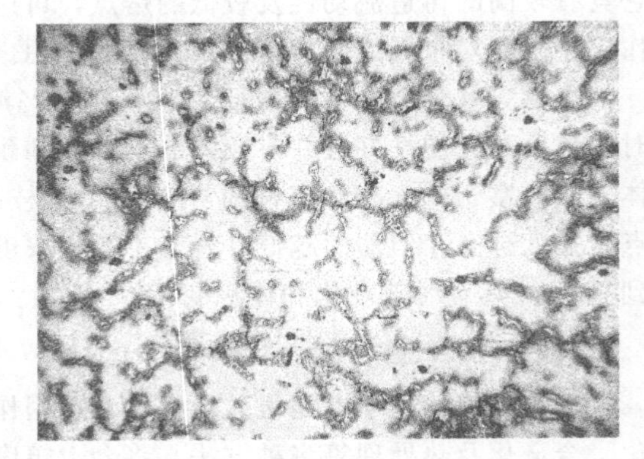

图 5-10　含 Mg 91%、Al 9%的 Mg-Al 合金（250×）

（五）轴承合金

1. 锡基轴承合金

锡基轴承合金含 83% Sn、11% Sb 和 6% Cu。由 Sn-Sb 状态图可知，锡含量为 90%的合金室温组织主要由锑在锡中的 α 固溶体（软基体）和化合物 SnSb（即 β' 相，硬质点）所组成的。由于先结晶出来的 β' 相比液态合金轻，易产生密度偏析，故在合金中加入 Cu 会先结晶出星状或放射针状的高熔点 Cu_6Sn_5（η 相），它在溶液中构成乱树枝状骨架，能阻止 β' 相上浮，从而使合金获得较均匀的组织。铸态锡基轴承合金组织如图 5-11 所示，暗黑色基体为软的 α 相，白色方块为硬的 β' 相，而白色枝状析出物则为化合物 η 相，它也起硬质点作用。这种软基体硬质点混合组织能保证轴承合金具有必要的强度、塑性和韧性，以及良好的抗振减磨性能等。

2. 铅基轴承合金

由 Cu-Pb 状态图可知，铅在固态不溶于铜，其显微组织是硬铜基体上分布着软的铅质点。铅基轴承合金铸态组织如图 5-12 所示，白色方块为 β 相（SnSb）硬质点，部分白色针状为铜锑化合物（Cu_2Sb），其余为暗黑色 [α(Pb)+β] 共晶软基体。

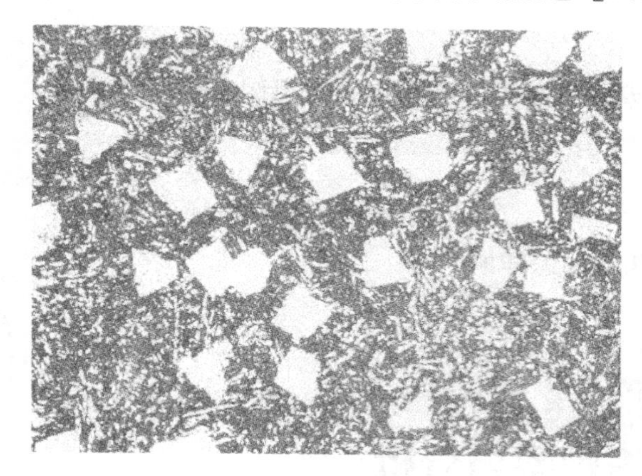

图 5-11　锡基轴承合金（500×）

图 5-12　铅基轴承合金（500×）

三、实验设备和材料

1. 仪器：金相显微镜。

2. 材料：ZL102 铝硅合金金相组织试样，H70、H59、ZQSn10、ZQAl9-4 铜合金金相组织试样，ZA27-2 锌合金金相组织试样，镁合金金相组织试样，轴承合金金相组织试样。

四、实验内容和步骤

观察铝合金、铜合金、锌合金、镁合金及轴承合金的金相组织，见表 5-1。

表 5-1　有色金属的显微组织

序号	合金牌号	状态	浸蚀剂	显微组织
1	ZL102	铸态未变质处理	0.5% HF 水溶液	α+(α+Si)共晶+少量多面体初晶硅
2	ZL102	铸态变质处理		树枝状 α 初晶+共晶体(α+细晶体硅)
3	H70	退火后	3% $FeCl_3$+ 10% HCl 乙醇溶液	含大量孪晶和 α 等轴晶粒
4	H59	铸态		白亮色 α+暗黑色
5	ZQSn10	铸态		枝干是初生 α，枝间共析体(α+δ)
6	ZQAl9-4	铸态		白色 α 相边界析出黑色(α+γ)共析体及 α 相中的细小黑点 $FeAl_3$

续表

序号	合金牌号	状态	浸蚀剂	显微组织
7	ZA27-2	铸态	1% HF 水溶液	$\alpha+\beta+\gamma$
8	Mg 95%,Al5%	铸态		$\alpha+\beta$
9	Mg 93%,Al7%	铸态		$\alpha+\beta$
10	Mg 91%,Al9%	铸态		$\alpha+\beta$
11	ZChSnSb11-6	铸态	4%硝酸乙醇溶液	黑色基体 α＋白色块状质点 β'＋白色针状 η
12	ZChPbSb16	铸态		暗黑色软基体($\alpha+\beta$)＋白色块状硬质点(SnSb化合物)＋白色针状 Cu_3Sn

五、实验报告

1. 明确实验目的。

2. 画出所观察试样的显微组织示意图，并标明材料、状态、显微组织、腐蚀剂、放大倍数。

六、思考题

1. 用黄铜作子弹头，使用状态时的显微组织是怎样的？

2. ZQSn10 成分偏析的原因是什么？

实验六

铸铁金相组织观察与分析

一、实验目的

1. 熟悉几种铸铁的典型金相组织特征。

2. 掌握铸铁组织中不同组织组成物和组成相的形态、分布对铸铁性能的影响。

二、实验原理

铸铁是含碳量大于 2.11%的铁碳合金，除铁与碳元素外，还含有 Si、Mn、S、P 等其他元素。按铸铁在结晶过程中石墨化程度不同，可分为白口铸铁、灰口铸铁和麻口铸铁。白口铸铁组织具有莱氏体特征而没有游离的石墨，碳全部以 Fe_3C 的形式存在于铸铁中，断口呈白色；灰口铸铁中碳除微量溶于铁素体，大部分以石墨的形式存在于铸铁中，断口呈灰色。灰口铸铁的组织由钢的基体和石墨组成；麻口铸铁组织特征介于白口铸铁与灰口铸铁之间，组织中既存在石墨又有莱氏体，因断口处有黑白相间的点，故而得名。

根据铸铁中石墨的形态、大小和分布情况不同，灰口铸铁又可分为：灰铸铁、可锻铸铁、球墨铸铁和蠕墨铸铁。未做浸蚀时，灰口铸铁的石墨形态如图 6-1 所示。

1. 灰铸铁

灰铸铁是指石墨呈片状分布的灰口铸铁。灰铸铁组织的特征是石墨以单独片状分布在基体上，它们是分开的，互相不联系。灰铸铁的片状石墨长度各不相同，性能存在差异，因此，根据使用要求，在工艺上对石墨形态及长度进行控制。灰铸铁是应用最广泛的铸铁，其产量约占铸铁总产量的 80%以上。灰铸铁的强度只有碳钢的 30%～50%，具有良好的铸造

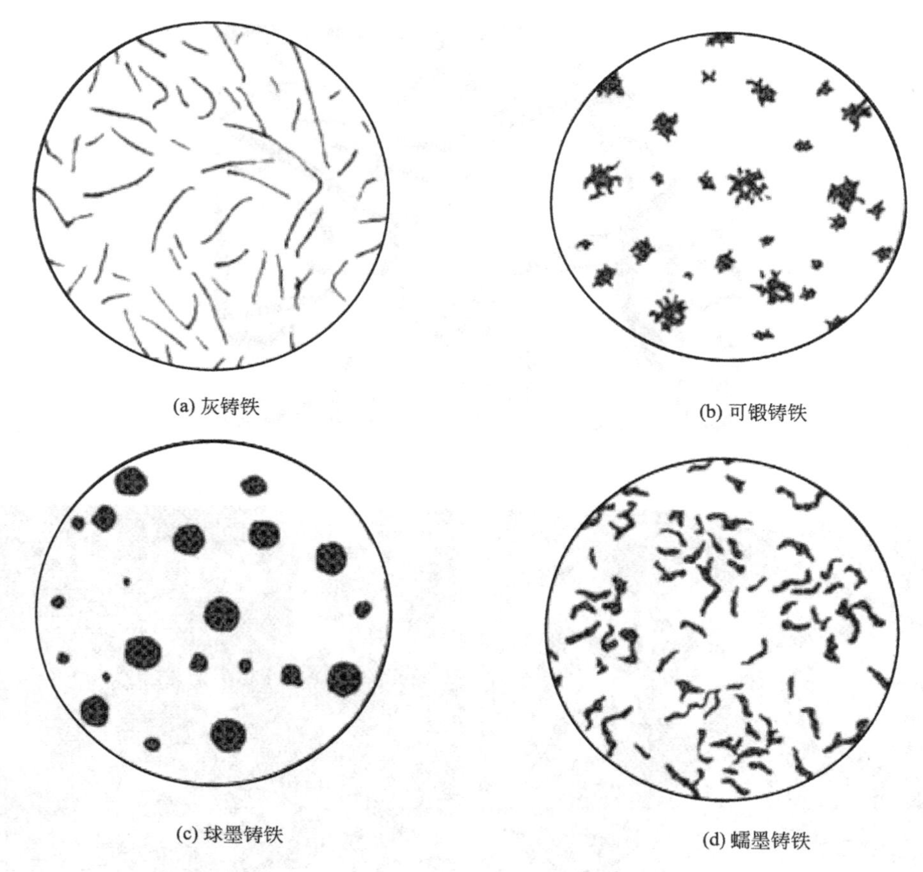

图 6-1　未浸蚀灰口铸铁组织

性能、良好的减震性、良好的耐磨性能、良好的切削加工性能、低的缺口敏感性。用于制造承受压力和振动的零件，如机床床身、各种箱体、壳体、泵体、缸体。

根据石墨化程度及基本组织的不同，灰铸铁可分为：铁素体灰口铸铁、铁素体+珠光体灰口铸铁和珠光体灰口铸铁，如图 6-2 所示。铁素体基灰口铁中基体 F 为白色，并显示黑色网状晶界，F 基体上分布着黑色的片状石墨。铁素体基灰口铁一般是经过高温石墨化退火，使渗碳体分解成 F 和石墨。铁素体+珠光体基灰口铁中 P 呈黑色层片状，F 分布于片状石墨两侧呈白色，片状石墨为黑灰色。P 基灰口铁中灰黑色的长片为石墨，基体为灰黑色较细的片状珠光体。

2. 可锻铸铁

可锻铸铁是指石墨呈团絮状的灰口铸铁，是由白口铸铁生坯经石墨化退火处理，使一次、二次、三次渗碳体发生分解，形成团絮状石墨而得，团絮状石墨减弱了对铸铁基体的割裂作用，因而使可锻铸铁的力学性能有明显提高，强度为碳钢的 40%～70%，接近于铸钢。用于制造形状复杂且承受振动载荷的薄壁小型件，如汽车和拖拉机的前后轮壳、管接头、低压阀门等。

可锻铸铁分为两种，即铁素体可锻铸铁和珠光体可锻铸铁，如图 6-3 所示。铁素体基可锻铸铁中基体为 F，呈白色，有明显的黑色网状晶界。黑色团絮状为退火时析出的石墨，灰黑色细小颗粒多为硫化物夹杂。F 可锻铸铁是第一阶段高温及第二阶段中温退火都较充分，使基体中的渗碳体完全分解析出石墨，基体贫碳，冷却后获得全部为 F 的基体组织。P 基可锻铸铁中基体 P 呈黑白相间的层片状。有的有少量白色 F，黑色团絮状为石墨。P 可锻铸铁

(a) 铁素体+片状石墨(500×)

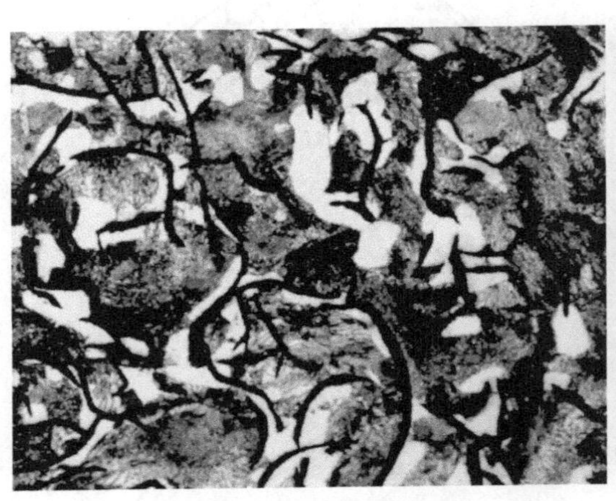

(b) 铁素体+珠光体+片状石墨(500×)

(c) 珠光体+片状石墨(500×)

图 6-2 灰铸铁的显微组织

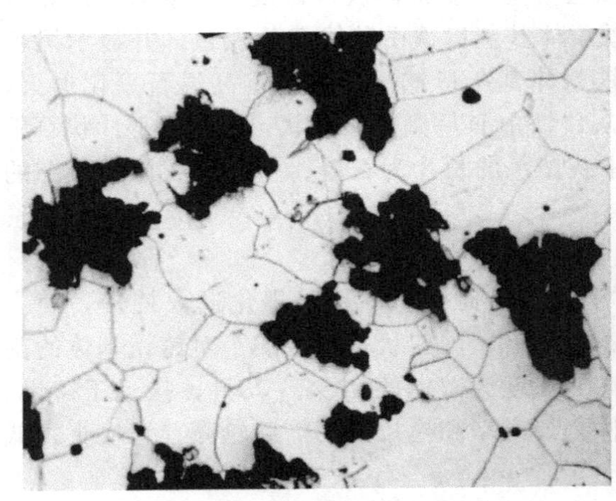

(a) 铁素体+团絮状石墨(500×)

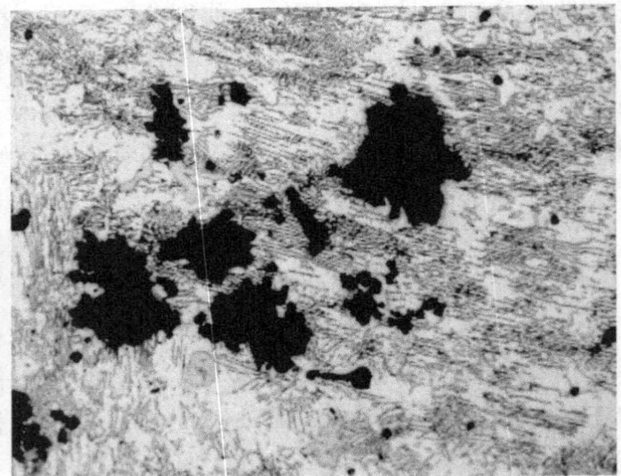

(b) 珠光体+团絮状石墨(500×)

图 6-3 可锻铸铁的显微组织

是在将白口生铁坯料进行第一阶段高温石墨化退火后，不再经第二阶段石墨化退火而出炉空冷获得的组织。

3. 球墨铸铁

球墨铸铁是指石墨呈球形的灰口铸铁。在铁水中加入球化剂（镁、稀土和稀土镁）和孕育剂，浇铸后石墨呈球粒状析出，因而大大削弱了石墨对基体的割裂作用，减小应力集中，使铸铁的性能显著提高，强度是碳钢的70%～90%。球墨铸铁的突出特点是屈服强度比高，约为0.7～0.8，而钢一般只有0.3～0.5。用于制造承受振动、载荷大的零件，如曲轴、传动齿轮等。

球墨铸铁中基体组织也有三种：铁素体基体、铁素体＋珠光体基体、珠光体基体，如图6-4所示。F基球墨铸铁中白色基体为F，黑色网状为F晶界，黑色球状为石墨。F＋P基球墨铸铁中黑色球状为石墨，白色F环绕于球状石墨周围，成为牛眼状组织。球状石墨在液态金属中析出时，球状周围A中含碳量较低，含硅量高，因此在冷却过程中沿着石墨球容易析出F。P基球墨铸铁中黑白相间的层片状为P，灰黑色球状为石墨。P的获得一般需进行高温正火，但往往在球状石墨周围含有少量F，一般不超过15%。

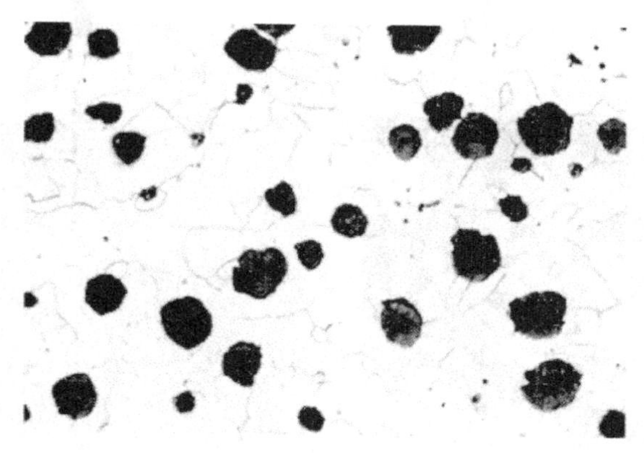

(a) 铁素体+球状石墨(160×)

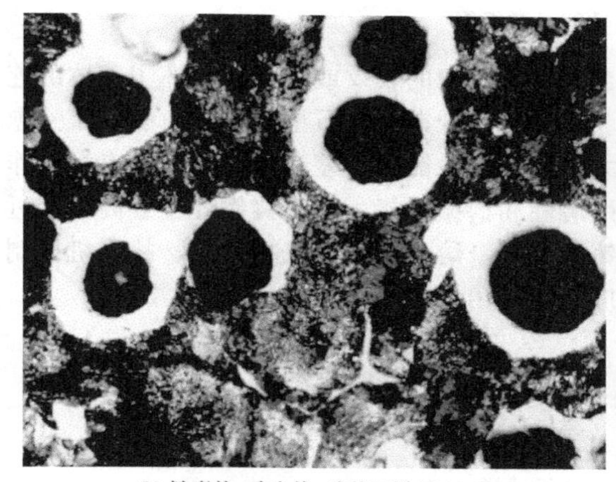

(b) 铁素体+珠光体+球状石墨(500×)

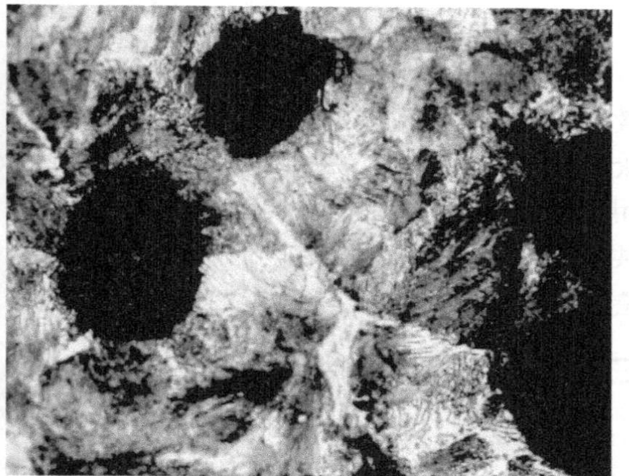

(c) 珠光体+球状石墨(500×)

图6-4 球墨铸铁中基体组织

4. 蠕墨铸铁

蠕墨铸铁是指石墨呈蠕虫状的灰口铸铁，在光学显微镜下看起来像片状，但不同于灰铸铁的是其片较短而厚、头部较圆，形似蠕虫。蠕墨铸铁是液态铁水经蠕化处理和孕育处理得到的。蠕化剂为稀土硅铁镁、稀土硅铁合金或稀土硅铁钙合金等，稀土是制取蠕墨铸铁的主导因素。蠕虫状石墨是介于片状与球状之间的一种过渡性石墨，所以蠕墨铸铁的力学性能介于灰铸铁和球墨铸铁之间，其铸造性能、减震性和导热性都优于球墨铸铁，与灰铸铁相近。因此，蠕墨铸铁常用于制造承受热循环载荷的零件和结构复杂、强度要求高的铸件，如钢锭模、玻璃模具、汽车发动机缸体、排气管、柴油机缸盖、制动零件等。

蠕墨铸铁中基体组织也有三种：铁素体基体、铁素体＋珠光体基体、珠光体基体，如图 6-5所示。

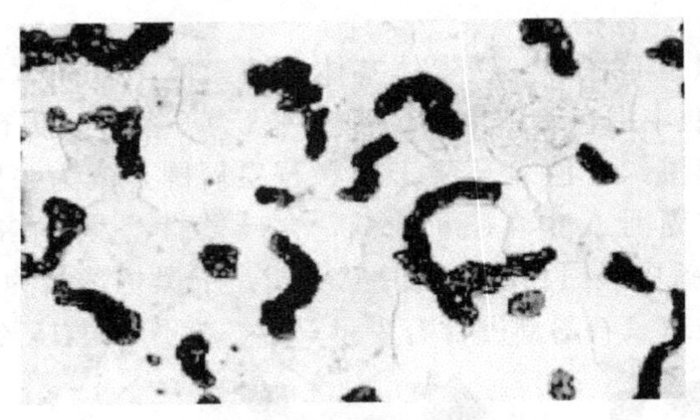

(a) 铁素体+蠕虫状石墨(500×)

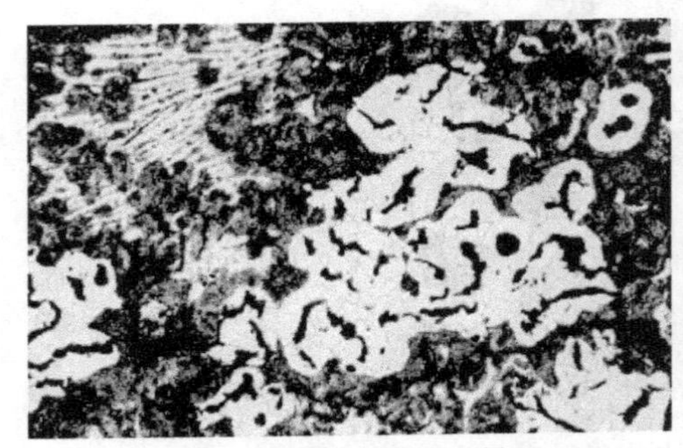

(b) 铁素体+珠光体+蠕虫状石墨(400×)

(c) 珠光体+蠕虫状石墨(400×)

图 6-5　蠕墨铸铁的显微组织

由于石墨的强度和塑性几乎为零，石墨相当于钢基体中的裂纹或空洞，破坏了基体的连续性，且容易导致应力集中，因而铸铁的强度和塑性比较低，并且石墨的数量愈多，尺寸愈大，分布愈不均匀，石墨对基体的割裂作用愈大，铸铁的性能也愈差。由于石墨具有润滑作用和可以吸收振动能量，因而铸铁具有良好的耐磨性和消振性能。由于铸铁硅含量高，接近共晶成分，因而铸铁具有较低的熔点和优良的铸造性能，熔炼简便，成本低廉，故在机械制造、交通造船、冶金、国防等工业部门中有着广泛的应用。

三、实验设备和材料

光学金相显微镜、铸铁金相组织标准试样（表 6-1）和照片。

表 6-1　铸铁的金相试样

序号	材料名称	状态	腐蚀剂	显微组织
1	灰口铸铁 HT100	退火	4％硝酸乙醇溶液	片状石墨＋铁素体基体
2	灰口铸铁 HT150	铸态		片状石墨＋珠光体-铁素体基体
3	灰口铸铁 HT200	正火		片状石墨＋珠光体基体
4	可锻铸铁 KT350-10	退火		团絮状石墨＋铁素体基体
5	可锻铸铁 KT550-04	第一阶段石墨化退火		团絮状石墨＋珠光体基体

续表

序号	材料名称	状态	腐蚀剂	显微组织
6	球墨铸铁 QT400-15	退火	4%硝酸乙醇溶液	球状石墨+铁素体基体
7	球墨铸铁 QT500-5	铸态		球状石墨+铁素体-珠光体基体
8	球墨铸铁 QT700-2	正火		球状石墨+珠光体基体
9	蠕墨铸铁 RuT260	退火		蠕虫状石墨+铁素体基体
10	蠕墨铸铁 RuT300	铸态		蠕虫状石墨+铁素体-珠光体基体
11	蠕墨铸铁 RuT400	正火		蠕虫状石墨+珠光体基体

四、实验内容和步骤

1. 领取铸铁金相试样，在显微镜下仔细观察。
2. 分析各铸铁试样中石墨的形态，比较异同点。
3. 描绘各试样显微组织图，注明各组织组成物的名称。

五、实验注意事项

1. 不能用手接触标准试样表面，要轻拿轻放。
2. 对灰口铸铁石墨形态的观察，应在未浸蚀的试样上进行，放大倍数为 100 倍。
3. 对各类铸铁可采用对比方法进行分析，着重区别各自的组织形态特征。

六、实验报告

1. 明确实验目的。
2. 分析各类铸铁的形成机理和组织特点。
3. 描绘各类铸铁的显微组织示意图。

七、思考题

1. 分析讨论各类铸铁的组织特点，并和碳钢的平衡组织进行比较。
2. 论述石墨形态对铸铁性能的影响。

实验七

球墨铸铁组织定量分析与评估

球墨铸铁的金相组织中，碳主要以球状石墨的形式存在，基本消除了因石墨而引起的应力集中现象，使得它具有较高的强度（抗拉强度最高可达 1400MPa）和较好的韧性，并且它的铸造性能好，生产工艺及设备简单，成本仅为铸钢或锻钢件的 1/3～1/2，故其使用范围日益扩大。我国从 1950 年就开始生产球墨铸铁，结合我国丰富的稀土资源，20 世纪 60 年代发展了稀土镁球墨铸铁，其使用范围已遍及汽车、农机、船舶、冶金、化工等领域，成为重要的铸铁材料。GB/T 9441—2009 根据石墨的球化程度以及直径对球墨铸铁进行分级。因此，对球墨铸铁中石墨相的定量分析十分重要，这成为了从显微组织检测球墨铸铁性能的一个重要手段。

一、实验目的

1. 熟悉球墨铸铁的组织特征和金相形貌。

2. 熟悉并掌握球墨铸铁金相试样的制备方法。

3. 熟悉球墨铸铁金相检验的内容、方法和步骤。

二、实验设备和材料

待检测球墨铸铁试样；砂纸、抛光布、抛光粉、脱脂棉、乙醇、XJP-200 双目倒置金相显微镜、BX51M 正置金相显微镜，WT-JH2000 金相检测软件系统。

三、实验原理

球墨铸铁的石墨呈球状或接近球状，引起的应力集中较小，对基体的割裂作用较小。球墨铸铁具有中等强度，良好的耐磨性、焊接性和切削性，应用广泛。为此，对球墨铸铁的石墨和基体组织的检验是球墨铸铁生产工程中的一个重要环节。

定量金相分析是金属材料实验研究的重要手段之一。采用定量金相学原理，由二维金相试样磨面的金相显微组织的测量和计算来描绘合金组织的二维空间形貌，从而建立合金成分、组织和性能之间的关系。将计算机应用于图像处理，具有精度高、速度快等优点，可以大大提高工作效率。

计算机定量金相分析是分析研究各种材料，建立材料的显微组织与各种性能间定量关系，研究材料组织转变动力学的有力工具。采用计算机图像分析系统可以方便地测出特征物的面积百分数、平均尺寸、平均间距、长宽比等各种参数，然后根据这些参数来确定特征物的三维空间形态、数量、大小及分布，并与材料的力学性能建立联系，为合理使用材料提供可靠的数据。

对于球墨铸铁的金相检验主要涉及：球化分级（GB/T 9441—2009），石墨大小分级（GB/T 9441—2009），定量金相测定方法（GB/T 15749—2009）。

四、实验步骤和方法

1. 球墨铸铁金相试样的制备

磨光：手工磨光，采用砂纸按 400、600、800 号顺序。

抛光：采用机械抛光，抛光布采用长毛绒或丝绒，抛光粉采用 Al_2O_3 或者 Cr_2O_3，直到磨面光亮为止。

显示：石墨的观察和检测时，不须腐蚀。

2. 球墨铸铁的石墨形态、大小及其检验

石墨的形态：参见 GB/T 9441—2009，见表 7-1，石墨面积率是指单颗石墨的实际面积与其最小外接圆面积的比值。

表 7-1　石墨的形态

石墨形态	球状	团状	团絮状	蠕虫状	片状
石墨面积率	>1.81	0.61～0.80	0.41～0.60	0.10～0.40	<0.10

石墨球化分级：见表 7-2 及图 7-1。

表 7-2 石墨球化分级

球化级别	说明	球化率/%
1	石墨呈球状，少量团状，允许极少量团絮状	不低于 95
2	石墨大部分呈球状，其余为团状和极少量团絮状	90～95
3	石墨大部分呈团状和球状，其余为团絮状，允许极少量为团絮状	80～90
4	石墨大部分呈团絮状和团状，其余为球状和少量蠕虫状	70～80
5	石墨呈分散分布的蠕虫状和球状、团状、团絮状	60～70
6	石墨呈聚集分布的蠕虫状、片状和球状、团状、团絮状	—

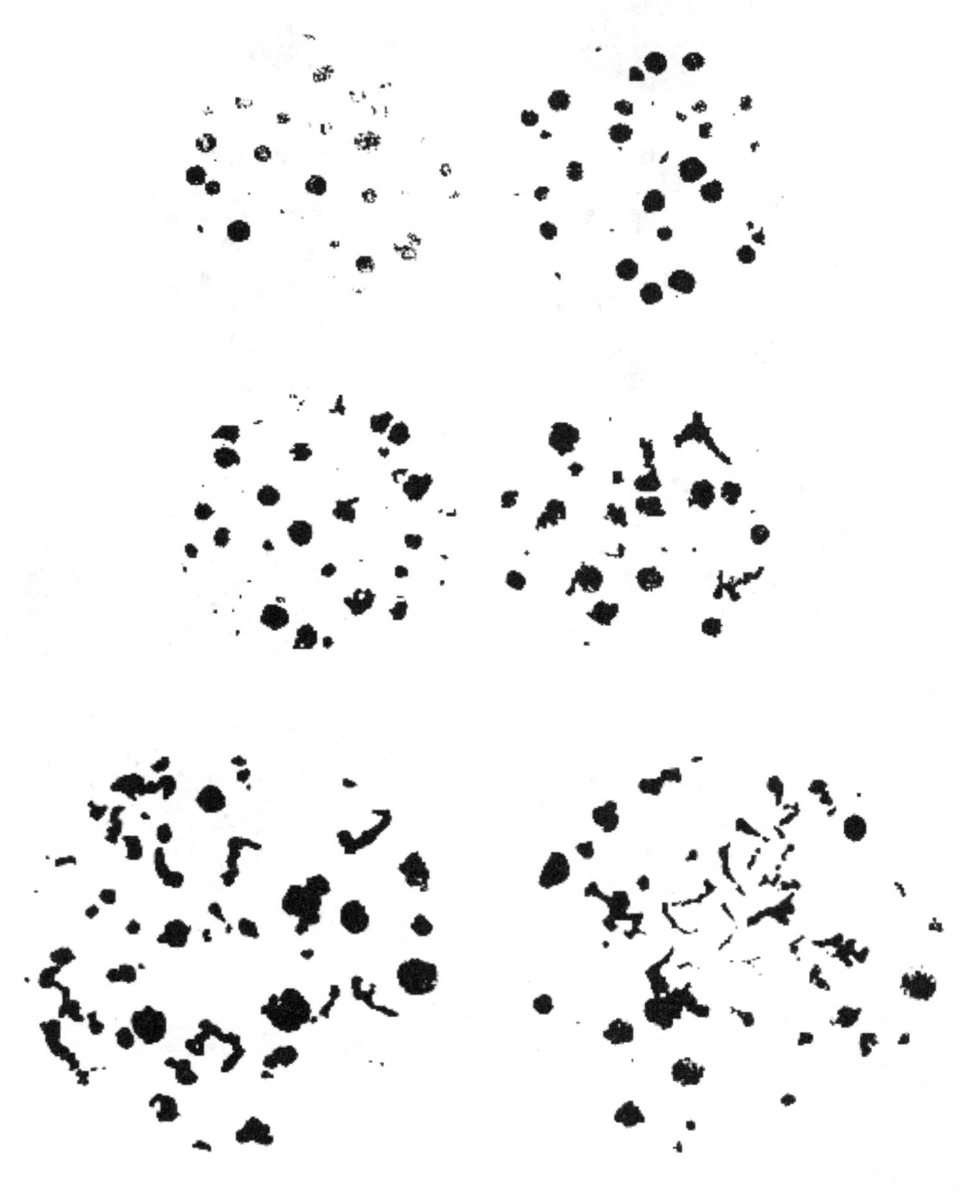

图 7-1 石墨球化分级示意图

石墨大小分级：见表 7-3 及图 7-2。

表 7-3　石墨大小分级

级别	3	4	5	6	7	8
石墨直径(放大 100×)/mm	>25～50	>12～25	>6～12	>3～6	>1.5～3	≤1.5

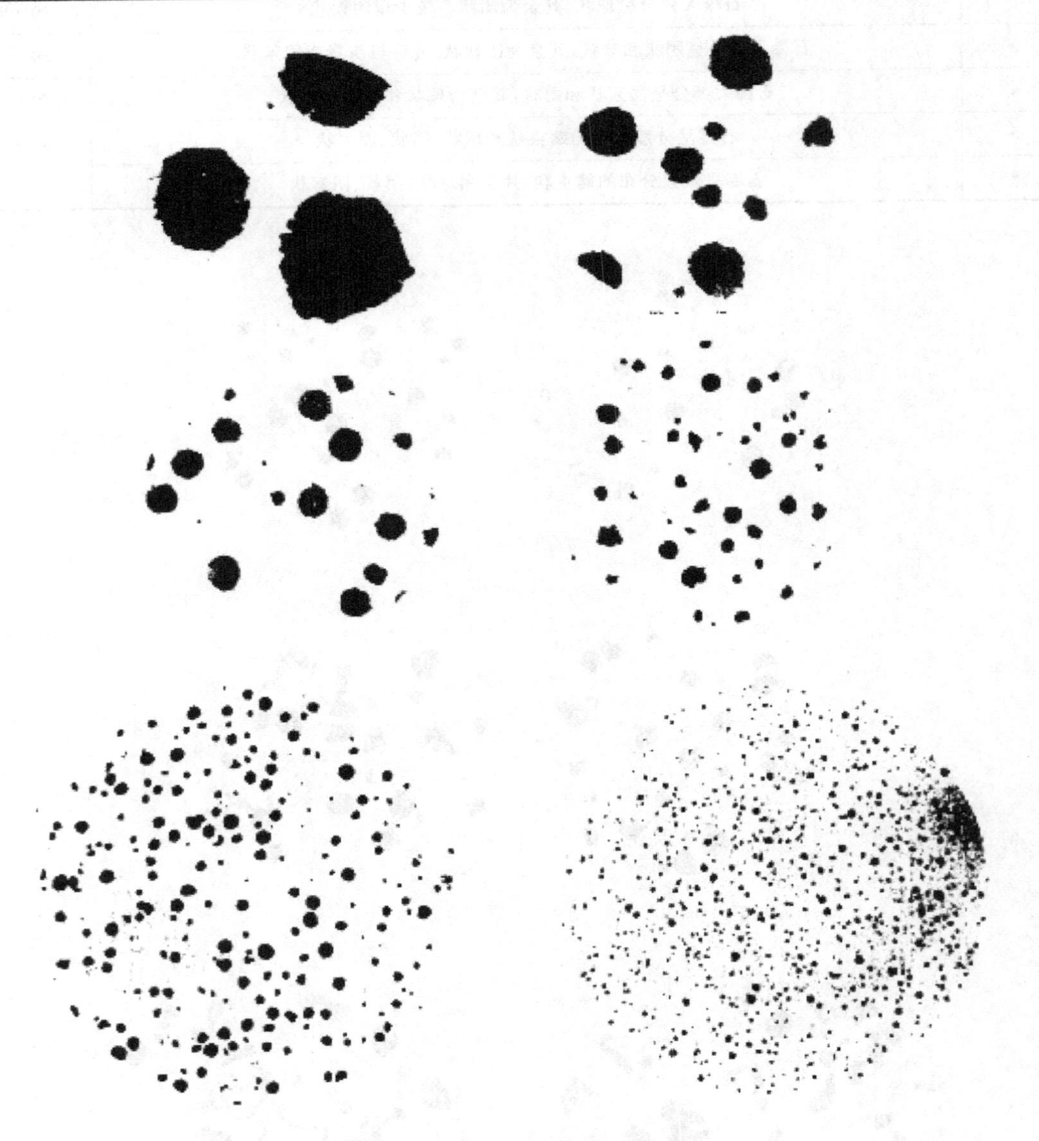

图 7-2　石墨大小分级示意图

五、实验注意事项

1. 金相显微镜必须在老师的指导下操作。
2. 按实验室要求着装。

六、思考题

1. 球墨铸铁成分选择依据是什么？
2. 为什么说球化处理必须进行孕育处理？

实验八

金属的冷塑性变形和再结晶

一、实验目的

1. 了解冷塑性变形对金属组织与性能的影响。
2. 掌握经冷塑性变形的金属在加热时的组织与性能的变化规律。
3. 了解变形程度对金属再结晶晶粒度的影响。

二、实验原理

（一）冷塑性变形对金属组织与性能的影响

若金属在再结晶温度以下进行塑性变形，称为冷塑性变形。冷塑性变形不但可以改变金属材料的外形与尺寸，而且能够引起金属材料的内部组织与性能的显著变化。

金属经塑性变形后，晶粒内部出现大量的滑移带或孪晶带，随着变形量的增加，其内部晶粒形状由原来的等轴晶粒逐渐变为沿变形方向伸长的晶粒，当变形量很大时，晶粒变得模糊不清，被显著地拉成纤维状，这种组织称为纤维组织。同时，随着变形量的增加，原来取向互不相同的各个晶粒在空间取向上逐渐取得近于一致的位向，而形成了形变织构，使金属材料的性能呈现出明显的各向异性。图 8-1 为工业纯铁经不同程度变形的显微组织。

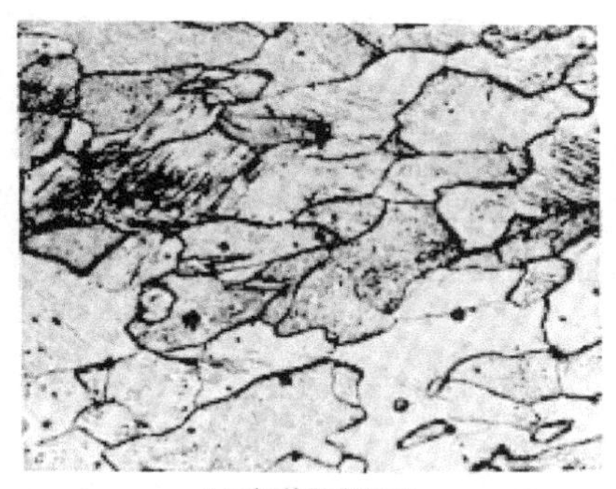

(a) 变形程度20%

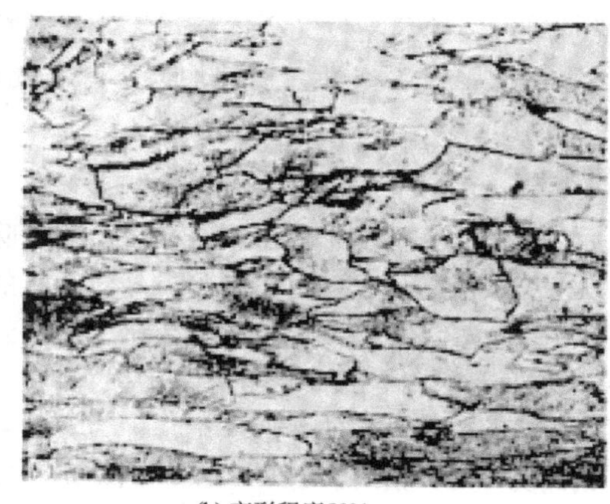

(b) 变形程度50%

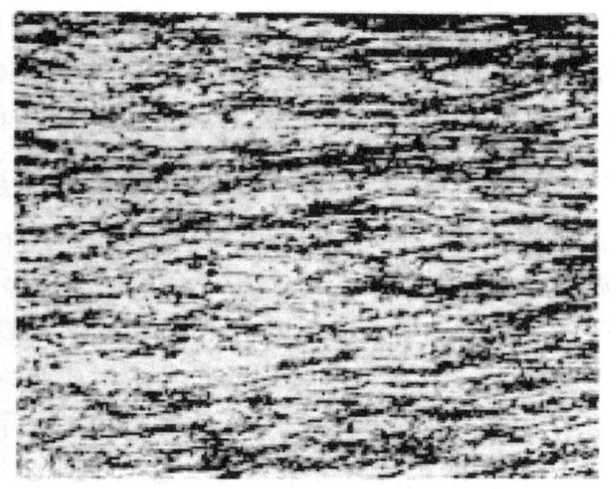

(c) 变形程度70%

图 8-1　工业纯铁冷塑性变形后组织（150×）

金属在冷塑性变形过程中，随着内部组织结构的变化，其力学、物理和化学性能均发生明显改变。金属经冷塑性变形后，强度、硬度提高，而塑性、韧性下降，这种现象称为加工硬化或形变硬化、应变硬化。此外，在金属内部还产生残余应力。一般情况下，残余应力不仅会降低金属的承载能力，而且还会使工件在使用过程中发生变形或产生裂纹。另外，由于塑性变形使得金属中的结构缺陷增多，导致塑性变形后，金属的电阻率增高，电阻温度系数下降，热导率降低，腐蚀加快。

(二) 冷塑性变形金属在加热时的组织与性能变化

经冷变形后的金属吸收了部分变形功，其内能增高，结构缺陷增多以及晶格畸变能升高，处于热力学不稳定的高自由能状态，具有自发恢复到变形前低自由能状态的趋势。室温下，因原子扩散能力低，恢复过程不易进行。当对其加热时，因原子扩散能力增强，发生回复、再结晶和晶粒长大等过程，就会使组织与性能发生一系列变化。

(1) 回复　回复是指新的无畸变晶粒出现之前，所产生的亚结构和性能变化的阶段。当加热温度较低时，原子短程扩散回到平衡位置，晶体缺陷减小，晶格畸变基本消除，残余应力显著下降，理化性能恢复。由于原子扩散能力尚低，不发生大角度晶界迁移，回复过程中光学显微组织无明显变化，仍保持着纤维组织的特征。但此时，造成加工硬化的主要原因未消除，故其力学性能变化不大。

(2) 再结晶　再结晶是指出现无畸变的等轴新晶粒逐步取代变形晶粒的过程。当加热温度较高时，首先在变形晶粒的晶界或滑移带、孪晶带等晶格畸变度大的区域，通过形核与长大方式使破碎的纤维状晶粒变为新的、无畸变的等轴晶（再结晶过程）。图 8-2 反映了冷塑性变形 60%工业纯铁的再结晶过程的显微组织。冷变形金属在再结晶后获得了新的等轴晶粒，因而消除了冷加工纤维组织、加工硬化和残余应力，使金属的组织与力学性能又重新恢复到冷塑性变形前的状态。

金属的再结晶过程是在一定温度范围内进行的。通常把变形程度在 70%以上的冷变形金属经 1h 加热能完全再结晶的最低温度，定为再结晶温度。实验证明，金属的熔点越高，在其他条件相同时，其再结晶温度也越高。金属的再结晶温度（$T_{再}$）与其熔点（$T_{熔}$）间的关系，大致可用下式表示：

$$T_{再}=0.4T_{熔} \tag{8-1}$$

式中各温度值，应为热力学温度。

(3) 晶粒长大　晶粒长大是指再结晶结束之后晶粒的继续长大。再结晶后晶粒通常是细小均匀的等轴晶粒。但继续升高温度或延长保温时间，再结晶晶粒又会逐渐长大，使晶粒粗化，如图 8-3 所示。晶粒长大引起一些性能变化，比如强度、塑性、韧性均会下降。此外，伴随晶粒长大，还发生其他结构上的变化，如再结晶织构。

(三) 变形程度对金属再结晶后晶粒度的影响

再结晶后金属的力学性能主要取决于再结晶后晶粒大小。冷变形金属再结晶后晶粒度除与加热温度、保温时间有关外，还与金属的冷变形程度有关。变形程度对再结晶后晶粒大小的影响如图 8-4 所示。当变形程度很小时，金属不发生再结晶，因而晶粒大小没有变化。当达到某一变形程度（2%～8%）后，金属开始发生再结晶，而且再结晶后获得异常粗大的晶粒。通常，引起冷变形金属开始再结晶，并将再结晶后获得异常粗大晶粒的变形程度，称为“临界变形度”。一般钢铁的临界变形程度为 2%～10%，铜约为 5%，铝约为 2%～3%。当变形程度大于临界变形度之后，再结晶晶粒细化，且变形度越大，再结晶驱动力越大，晶粒越细化。图 8-5为工业纯铝在不同程度拉伸变形时，经 550℃再结晶退火 60min 后的晶粒度比较。

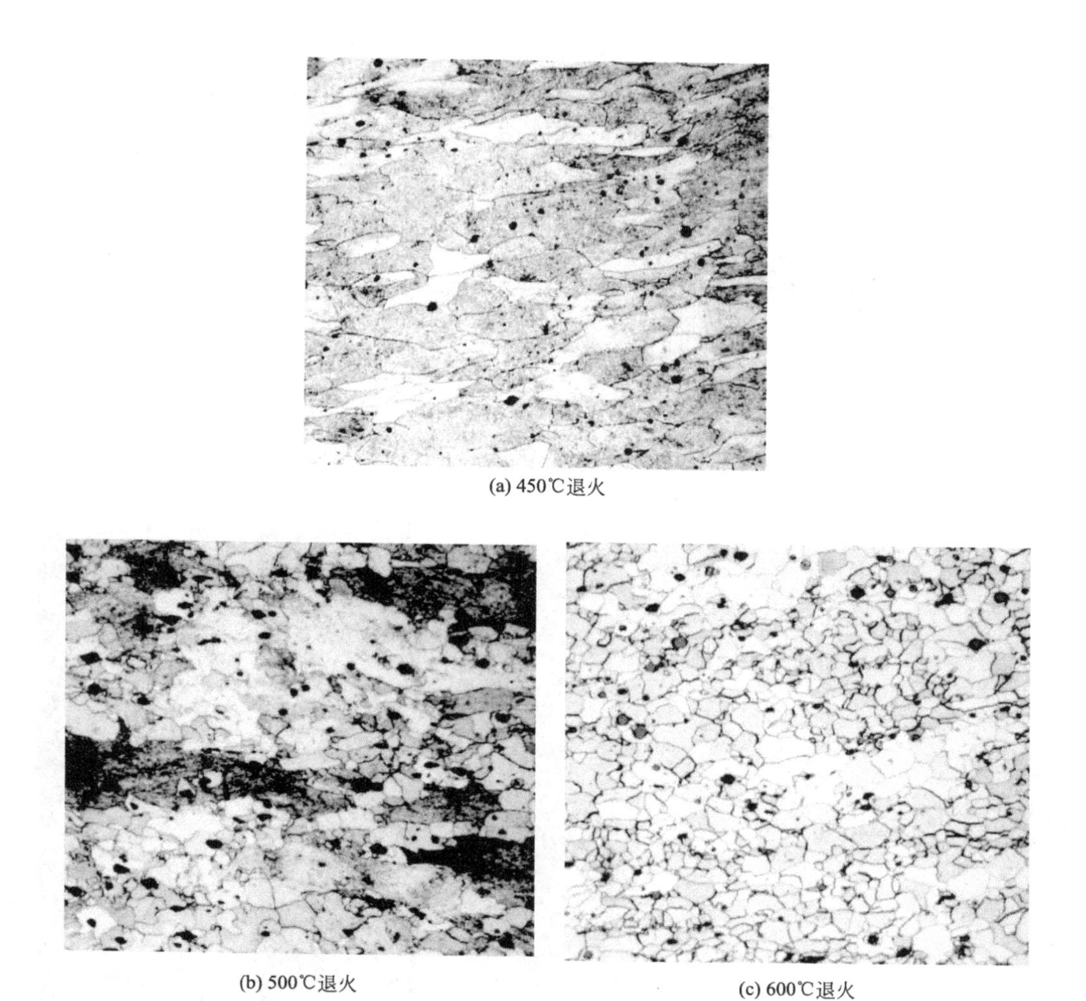

(a) 450℃退火

(b) 500℃退火

(c) 600℃退火

图 8-2　60%变形的工业纯铁再结晶过程的显微组织（100×）

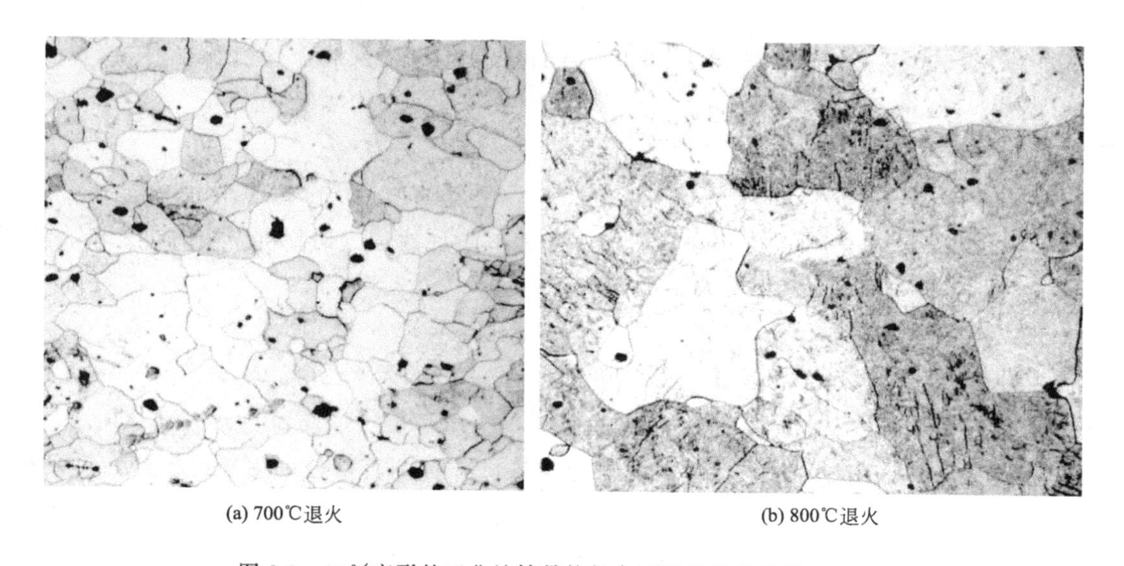

(a) 700℃退火

(b) 800℃退火

图 8-3　60%变形的工业纯铁晶粒长大过程的显微组织（100×）

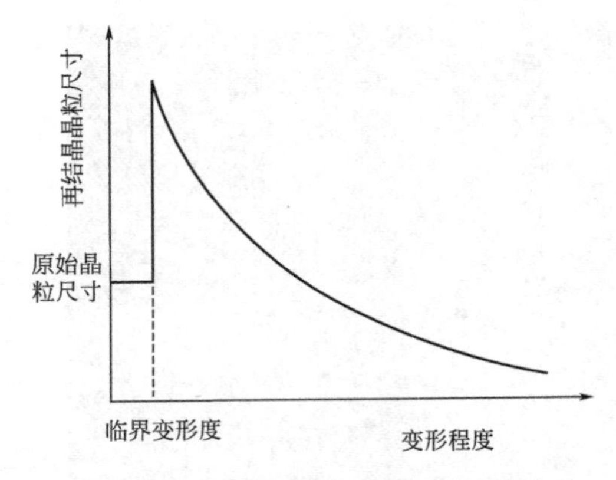

图 8-4　变形程度与再结晶晶粒尺寸的关系

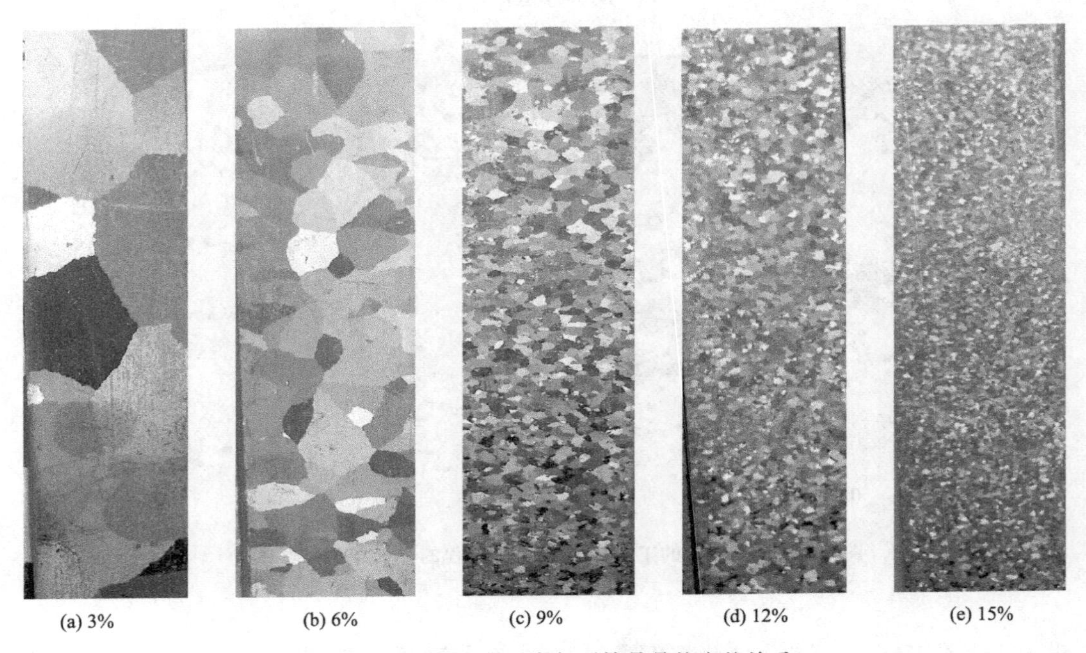

图 8-5　纯铝的变形程度与再结晶晶粒度的关系

三、实验设备和材料

(一) 实验设备

万能试验机、洛氏硬度计、金相显微镜、箱式电阻加热炉、切割机、预磨机、抛光机、吹风机。

(二) 实验用品

游标卡尺、不同粒度金相砂纸一套、抛光剂、浸蚀剂、无水乙醇。

(三) 实验试样

1. 变形度为0、20%、50%、70%的工业纯铁试样各两套，分别用于组织观察和硬度测定。

2. 退火状态工业纯铝板，尺寸为200mm×20mm×0.5mm。

3. 腐蚀剂：30mL HNO_3+40mL HCl+30mL H_2O+5g 纯 Cu，硝酸溶液。

四、实验内容和步骤

1. 观察工业纯铁不同塑性变形量试样的金相显微组织并测定其硬度（HRB）

（1）将工业纯铁试样在万能试验机上分别进行 0、20%、50%、70%的压缩变形。

（2）观察不同变形量的工业纯铁金相标准试样的显微组织。

（3）分别测量变形试样和原始试样的硬度，每个试样至少测三次，取平均值，将测量结果记入数据表 8-1 内。根据表中数据，以变形度为横坐标、硬度为纵坐标，绘出硬度与变形度的关系曲线。

表 8-1　工业纯铁变形量与硬度的关系

变形量/% 硬度(HRB)	0	20	50	70
1				
2				
3				
平均值				

2. 分析冷塑性变形金属在加热时的组织与性能变化

（1）将变形量 70%的工业纯铁在不同温度下进行退火处理。

（2）观察变形量 70%的工业纯铁金相标准试样的显微组织，分析其回复、再结晶和晶粒长大过程。

（3）测量不同退火温度试样的硬度，填入表 8-2 中，绘出硬度与退火温度的关系曲线。

表 8-2　冷变形工业纯铁退火温度与硬度的关系

退火温度/℃ 硬度(HRB)	500	600	700	800
1				
2				
3				
平均值				

3. 测定工业纯铝再结晶后晶粒大小与变形量的关系

（1）将工业纯铝片进行退火处理（550℃，90min）。

（2）将退火态的铝片刻上标距（100mm），然后在拉伸实验机上分别进行拉伸实验。变形度分别为 3%、6%、9%、12%、15%。拉伸变形结束时，在铝片上试样上打上编号，注明变形度。

（3）变形后的试样分别在 550℃进行再结晶退火，保温 60min。

（4）退火后的试样用腐蚀液（30mL HNO_3＋40mL HCl＋30mL H_2O＋5g 纯 Cu）进行擦拭腐蚀。当表面出现清晰的晶粒时，停止腐刻用水冲洗。如果铝片上还有黑色沉淀物时用 3% HNO_3 溶液清除，最后水洗并用热风吹干。

（5）测定晶粒度。晶粒度的测定可采用标准晶粒图比较法和直接测定晶粒的平均面积以及平均直径法。本试验采用测定晶粒平均直径法。

先在腐刻好的铝片上用铅笔划上 4 条平行线（见图 8-6），每条线以能截取 10～20 个晶

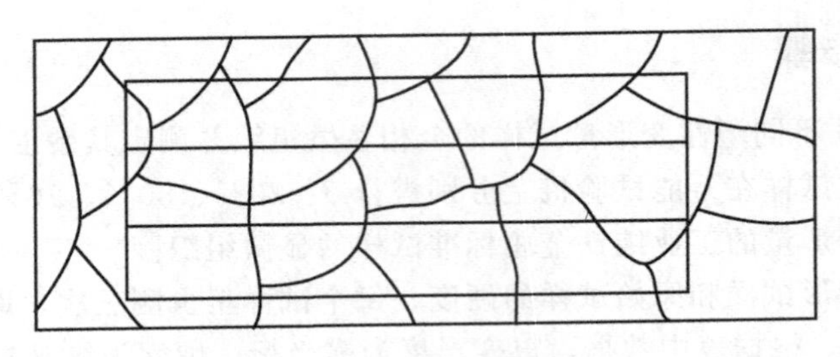

图 8-6　晶粒画线示意图

粒为限。大晶粒可目测，细晶粒需在低倍显微镜下测出。输出各直线所截完整晶粒数及不完整晶粒数的一半（两个不完整晶粒为一个完整晶粒），代入下式求出晶粒的平均直径 D_m。

$$D_m=\frac{LP\times 10^3}{ZV} \tag{8-2}$$

式中　L——直线长度；

P——直线数目；

Z——截取晶粒的总数；

V——放大倍数（目测时 $V=1$）。

（6）将测定的晶粒平均直径填入表 8-3，根据表中数据，以变形量为横坐标、晶粒平均直径为纵坐标，绘出工业纯铝片晶粒大小与变形量的关系曲线。

表 8-3　工业纯铝变形量与再结晶晶粒大小的关系

变形量/%	3	6	9	12	15
晶粒平均直径 D_m/μm					

五、实验报告

1. 简述实验目的、实验内容和步骤。
2. 绘制工业纯铁的硬度与变形量的关系曲线，并对曲线加以说明。
3. 分析冷变形金属在加热时组织与力学性能的变化规律。
4. 绘出工业纯铝晶粒大小（平均直径 D_m）与变形量间的关系曲线，并说明变形度对再结晶后金属组织的影响。

六、思考题

1. 应用加工硬化现象解决实际问题。
2. 阐述不同变形量及不同再结晶退火温度对纯铝显微组织的影响。

实验九　金属材料硬度测定

一、实验目的

1. 掌握布氏硬度、洛氏硬度和维氏硬度计的试验原理和使用方法。
2. 了解各种硬度测定方法的特点、应用范围及选用原则。
3. 掌握各种硬度计的操作方法。

二、实验原理

硬度是衡量材料软硬程度的一种力学性能指标。由于金属表面以下不同深处材料所承受的应力和所发生的变形程度不同，因而硬度值可以综合反映压痕附近局部体积内金属的弹性、微量塑性变形抗力、塑性变形强化能力以及大量形变抗力。硬度值越高，表明金属抵抗塑性变形能力越大，材料产生塑性变形越困难。另外，硬度与其他力学性能（抗拉强度、塑性指标）之间有着一定的内在联系，所以从某种意义上说硬度的大小对于材料的使用寿命具有决定性意义。

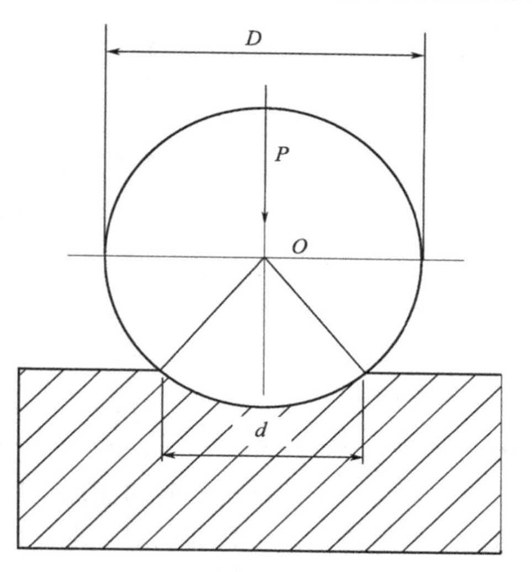

图 9-1 布氏硬度试验原理图

本实验按照国家标准 GB/T 231.1—2018《金属材料 布氏硬度试验 第 1 部分：试验方法》、GB/T 230.1—2018《金属材料 洛氏硬度试验 第一部分：试验方法》和 GB/T 4340.1—2009《金属材料 维氏硬度试验 第一部分：试验方法》规定进行。

1. 布氏硬度（HB）

(1) 原理 布氏硬度是用一规定的载荷 P，将直径为 D 的淬火钢球或硬质合金球压入试样表面，保持规定时间后卸除载荷，测得球冠形压痕的表面积 A，试验原理如图 9-1 所示。将单位压痕面积承受的平均压力（P/A）定义为布氏硬度，其符号用 HB 表示，其计算公式为

$$\mathrm{HB}=\frac{P}{A}=\frac{P}{\pi Dh}=\frac{2P}{\pi D(D-\sqrt{D^2-d^2})} \quad (\mathrm{kgf/mm^2}) \tag{9-1}$$

式中 P——载荷，kgf，1kgf=9.80665N；

A——压痕面积，mm^2；

D——压头直径，mm；

h——压痕深度，mm；

d——压痕平均直径，mm。

在实际操作时，不必计算压痕面积求得硬度值，只需用读数显微镜测量出压痕直径 d 值，可以在相应的表中直接查出 HB 值。

根据国家标准 GB/T 231.1—2018 中规定压头材料不同，表示布氏硬度值的符号也不同。需根据材料的种类和硬度范围按规定来选择。当压头为硬质合金球时，用符号 HBW 表示，适用于布氏硬度值为 450～650 的材料；当压头为淬火钢球时，用符号 HBS 表示，适用于布氏硬度值低于 450 的材料。

布氏硬度值的表示方法为：硬度值＋硬度符号＋球体直径/载荷/载荷保持时间（10～15s 不标注）。

例如，180HBW10/1000/30，表示直径 10mm 的硬质合金球在 1000kgf 载荷作用下，保持 30s 测得的布氏硬度值为 180。

在压痕 $0.24D \leqslant d \leqslant 0.6D$ 范围内，只要$\frac{P}{D^2}$保持常数不变，改变 P、D 值，则对同一硬度的一块试样测得的硬度值是相同的。国家标准中给出$\frac{P}{D^2}$选用表如表 9-1 所示。

表 9-1 布氏硬度的试验范围

材料种类	布氏硬度范围	试样厚度/mm	负荷 P 与钢球直径 D 之间的关系	钢球直径 D/mm	负荷 P/kgf	负荷持续时间/s
钢铁	140～450	＞6 3～6 ＜3	$P=30D^2$	10 5 2.5	3000 750 187.5	10
钢铁	＜140	＞6 3～6 ＜3	$P=10D^2$	10 5 2.5	1000 250 62.5	10
有色金属及合金	31.8～130	＞6 3～6 ＜3	$P=10D^2$	10 5 2.5	1000 250 62.5	30
有色金属及合金	8～35	＞6 3～6 ＜3	$P=2.5D^2$	10 5 2.5	250 62.5 15.6	60

(2) 特点 布氏硬度试验的优点是压痕面积较大，其硬度能反映材料在较大区域内各组成相的平均性能，试验数据稳定，重复性高。因此，布氏硬度检验适合测定灰铸铁、轴承合金、有色金属及其合金硬度，特别对较软的金属，如铝、锡等更为适宜。

布氏硬度试验的缺点是因压痕直径较大，一般不宜在成品件上直接进行检验；硬度不同的材料需要更换压头直径 D 和载荷 P，同时压痕直径的测量也比较麻烦。

(3) 布氏硬度试验的技术要求

① 被测金属表面必须平整光洁。

② 压痕距离金属边缘应大于钢球直径，两压痕之间距离应大于钢球直径。

③ 用读数测微尺测量压痕直径 d 时，应从相互垂直的两个方向上测量，然后取其平均值。

④ 查表时，若使用的是 ϕ5mm 或 ϕ2.5mm 的钢球时，则应分别以 2 倍或 4 倍压痕直径查阅。

2. 洛氏硬度（HR）

(1) 原理 洛氏硬度不是通过测压痕面积求得硬度值，而是以测量压痕深度值的大小来表示材料的硬度值。洛氏硬度所用的压头是圆锥角 $\alpha=120°$的金刚石锥或直径 $D=1.588$mm 的淬火钢球。硬度测定时，将压头分两个步骤压入试样表面，先加初载 P_0，再加主载 P_1，经规定保持时间后，卸除主载 P_1，测量在初载下的残余压痕深度 h，计算硬度值。

洛氏硬度试验原理如图 9-2 所示。0—0 为未加载荷时压头的位置，1—1 为加上初载后的位置，此时压入深度为 h_1，2—2 为加上主载后的位置，此时压入深度为 h_2，h_2 为主载引起的总变形，包括弹性变形和塑性变形。卸载后，由于弹性变形恢复，压头提高到 3—3 位置，此时压头的实际压入深度为 h_3。洛氏硬度就是以主载所引起的残余压入深度（$h=h_3-h_1$）来表示的。可见 h 值越大，硬度越低；反之则越高。为了适应习惯上数值越大硬度越高的概念，故用一常数 k 减去 h 来表示硬度值，并规定每 0.002mm 为一个硬度单位。用符号 HR 表示，于是洛氏硬度值的计算式为

$$\mathrm{HR}=\frac{k-h}{0.002} \tag{9-2}$$

其中 k 为转向系数，当压头为金刚石时，取 0.2；压头为淬火钢球时，取 0.26。

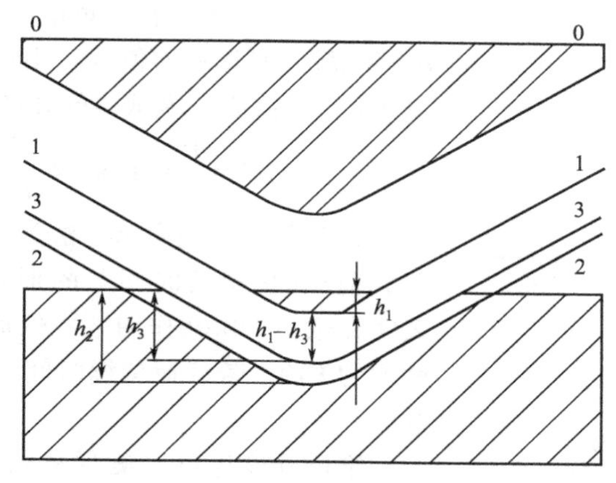

图 9-2　洛氏硬度试验原理图

为了测定软硬不同的金属材料的硬度，在洛氏硬度计上可选配不同的压头和试验力，组成几种不同的洛氏硬度标尺，每一种标尺用一个字母在 HR 后注明，我国最常用的标尺有 A、B、C 三种。其中 HRA 用于测量高硬度材料，HRB 用于测量低硬度材料，HRC 用于测量中等硬度材料，其应用范围如表 9-2 所示。

表 9-2　洛氏硬度常用标尺及应用范围

标尺	压头类型	负荷/kgf	硬度值有效范围	应用范围
HRA	金刚石圆锥体	60	6～85	硬质合金、表面淬火层、渗碳层
HRB	直径 1.588mm 淬火钢球	100	25～100	软钢、铝合金、铜合金、可锻铸铁
HRC	金刚石圆锥体	150	20～67	淬火钢、调质钢、硬铸铁

实际测定洛氏硬度时，由于在硬度计的压头上方装有百分表，可直接测出压痕深度并换算出相应的硬度值。因此，在试验过程中金属的洛氏硬度值可直接读出。

洛氏硬度值的表示方法为：硬度值＋硬度符号＋标尺符号。例如，60HRC，表示用金刚石压头测得的洛氏硬度值为 60。

（2）特点　洛氏硬度试验的优点是操作简便迅速，压痕小，可对工件直接进行检验；采用不同标尺，可测定各种软硬不同和薄厚不一试样的硬度。其缺点是因压痕较小，代表性差；尤其是材料中的偏析及组织不均匀等情况，使所测硬度值的重复性差、分散度大；用不同标尺测得的硬度值既不能直接进行比较，又不能彼此互换。

（3）洛氏硬度试验的技术要求

① 被测金属表面必须平整光洁。

② 试样厚度应不低于压入深度的 10 倍。

③ 两相邻压痕及压痕距试样边缘的距离均不应小于 3mm。

④ 移动试样，并在另一位置继续进行试验，两相邻压痕中心距离或任一压痕中心距试样边缘距离一般不得小于 3mm。前后共测三点，计算后两次试验得出硬度值的平均值，并作好记录。

⑤ 加初载时，应防止试样与金刚石压头突然碰撞，以免将金刚石压头碰坏。

3. 维氏硬度 HV

（1）原理　维氏硬度的试验原理与布氏硬度基本相同，也是根据压痕单位面积所承受的载荷来计算硬度值的，所不同的是维氏硬度试验所用的压头采用的是锥面夹角 $\alpha=136°$ 的金刚石正四棱锥体，其试验原理如图 9-3 所示。试验时，在载荷 P 的作用下，试样表面被压

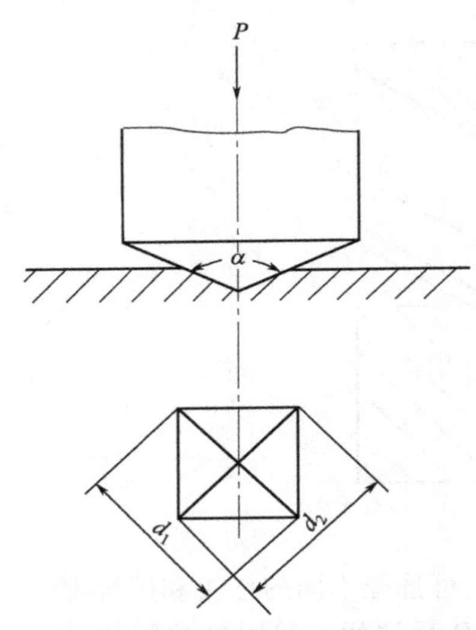

图 9-3　维氏硬度试验原理图

出一个四方锥形压痕，测量压痕的对角线长度分别为 d_1 和 d_2，取其平均值 d，用以计算压痕的表面积 A，以 P/A 的数值表示试样的硬度值，用符号 HV 表示。

$$HV=\frac{P}{A}=1.8544\frac{P}{d^2}\quad (\mathrm{kgf/mm^2})\qquad (9\text{-}3)$$

维氏硬度值的表示方法为"硬度值＋HV＋试验所用载荷/载荷持续时间"的形式。例如，640HV30/20表明在载荷30kgf作用下，保荷时间20s，测得的维氏硬度为640。若载荷持续时间为10～15s则可不标出持续时间。

维氏硬度计可以测量从软到硬的各种金属材料的硬度值，只要测出 d 值，可以直接查表。现在电子式维氏硬度计能直接给出硬度值。

显微维氏硬度的试验原理与维氏硬度试验一样，所不同的是所加载荷小一些，一般小于200gf，压痕对角线长度以微米计量。主要用来测定各种组成相的硬度，以及进行微区性质分析，研究组织状态与性能的关系。显微硬度符号仍用HV表示。

显微硬度试验一般使用的载荷为2gf、5gf、10gf、50gf、100gf及200gf，由于压痕微小，试样必须制成金相样品，在磨制与抛光试样时应注意，不能产生较厚的金属扰乱层和表面形变硬化层，以免影响试验结果。在可能范围内，尽量选用较大的负荷，以减少因磨制试样时所产生的表面硬化层的影响，从而提高测量的精确度。

(2) 特点　维氏硬度试验具有很多优点。由于角锥压痕清晰，采用对角线长度计量，精确可靠；适用范围宽，适用于有色金属、黑色金属，表面淬火层、渗层、镀层。维氏硬度试验的缺点是其测定方法较麻烦，工作效率低，压痕面积小，代表性差，所以不宜用于成批生产的常规检验。

三、实验设备和材料

1. 布氏硬度计、洛氏硬度计、维氏硬度计。
2. 读数显微镜：最小分度值为0.005mm。
3. 硬度试块：退火态45钢和T12、淬火态45钢和T12、表层渗氮6542高速钢。

四、实验内容和步骤

1. 了解各种硬度计的构造原理，学习操作规程及安全事项，掌握操作方法。
2. 对各种试样选择合适的硬度试验方法，确定试验条件，并根据试验条件更换压头及砝码，根据试样形状更换工作台。
3. 用标准硬度块校验硬度计。
4. 将试样平稳地放在刚性支承物上。
5. 测定各种试样的硬度，记录试验结果。

五、实验注意事项

1. 试样表面应平整光滑，两端平行。
2. 加载时应细心操作，以免损坏压头。

3. 测完硬度值，卸掉载荷后，必须使压头完全离开试样后再取下试样。

4. 金刚石压头为贵重物件，质硬而脆，使用时要小心谨慎，严禁与试样或其他物件碰撞。

5. 应根据硬度计的使用范围，按规定合理选用不同的载荷和压头，超过使用范围，将不能获得准确的硬度值。

六、实验报告

1. 说明本实验使用的各种硬度计的型号及操作程序。

2. 分析各种试样的硬度试验方法与试验条件的选择原则。

3. 测定 45 钢和 T12 退火试样的 HBS 硬度，测定 45 钢和 T12 淬火试样的 HRC 硬度，测定表层渗氮 6542 高速钢的梯度 HV 硬度，记录试验结果。

4. 说明各种硬度值表示方法的意义。

七、思考题

1. 通过硬度试验比较洛氏硬度、布氏硬度、维氏硬度和显微硬度的优缺点和应用范围。

2. 在测试洛氏硬度、布氏硬度、维氏硬度和显微硬度时，对试样的制备分别有什么要求？为什么？

3. 下列工件需测定硬度，试说明选用何种硬度试验为宜。

(1) 渗碳层硬度分布　(2) 淬火 45 钢　(3) 退火 45 钢

(4) 灰铸铁　(5) 氮化层　(6) 高速钢刀具

(7) 镁合金　(8) 薄板金属材料

第二部分
金属材料微结构表征

实验十　单相物质分析

一、实验目的

1. 了解X射线衍射仪的结构和工作原理。
2. 掌握X射线衍射物相定性分析的原理和实验方法。
3. 掌握X射线分析软件Jade5.0和图形分析软件OriginPro的基本操作。

二、实验设备

DX-2700型X射线衍射仪，主要由X射线发生器、测角仪、辐射探测器、记录单元及附件等部分组成。核心部件为测角仪。

三、定性相分析的原理与方法

根据晶体对X射线的衍射特征——衍射线的方向及强度来分析结晶物质的物相的方法，就是X射线物相分析法。

每一种结晶物质都有各自独特的化学组成和晶体结构。没有任何两种物质，它们的晶胞大小、质点种类及其在晶胞中的排列方式是完全一致的，因此，当X射线被晶体衍射时，每一种结晶物质都有各自独特的衍射花样，其特征可以用各个反射网的间距 d 和反射线的相对强度 I/I_0 来表示。其中面网间距 d 与晶胞的形状和大小有关，相对强度则与质点的种类及其在晶胞中的位置有关。所以任何一种晶体物质的衍射数据 d 和 I/I_0 是其晶体结构的必然反映，因而可以根据衍射数据来别结晶物质的物相。

JCPDS（Joint Committee on Powder Diffraction Standards，粉末衍射标准联合委员会）编制的PDF卡（the Powder Diffraction，有时也称其为JCPDS卡片），每张上有一种物质的标准衍射数据 d 和 I/I_0 及结晶学数据等。由于结晶物质很多，PDF卡数量也多达几万张，为了便于查找，需用索引来检索。常用索引及使用方法如下。

1. Hanawalt索引

Hanawalt索引是一种按 d 值编排的数字索引。每一种标准衍射花样以8条最强线的 d 值的相对强度来表征。8条线的 d 值按强度递减的顺序排列。前3条在 $2\theta<90°$ 的范围内。每条线的相对强度标在 d 值的右下角，用"X"代表10，"g"代表强度大于10，其余数字

都表示相对值。标准衍射花样的编排次序，由 8 条线中第一、第二个 d 值决定。整个索引按适当的间隔分成 51 个 Hanawalt 索引，第一条线的 d 值落在哪个组，就编在哪个组，编排顺序则按第二个 d 值的大小依次排列。

对未知物作卡检索时，首先在未知物的衍射花样中选出 8 条最强线，并按其相对强度的递减顺序排列，其中前 3 条应是 $2\theta<90°$的最强线。然后以所列第一个 d 值为准，在索引中找到 Hanawalt 组，再用第二纵列找出第二个 d 值相等的数值，并对比其余 6 个 d 值是否相符。若 8 个 d 值都相等，强度也基本吻合，则该行所列卡号即为所查找未知物卡。若查找不到所需卡号，可将前 3 条强线的 d 值轮番排列，再用同样方法查找，必可在某一处查到卡号。

2. Fink 索引

Fink 索引也是一种按 d 值编排的数字索引，每一条衍射花样均以 8 条强线的 d 值来表征。8 条线按 d 值递减的顺序排列。

Fink 索引中有 101 个 Fink 组，标准花样的第一个 d 值落在哪个组，它就编在哪个组，同一组按第二个 d 值大小顺序排列。

对未知物作卡检索时，首先选出 8 条强线并把最强线放在第一，按 d 值递减顺序排列。与 Hanawalt 索引一样，根据第一个 d 值找 Fink 组，根据第二个 d 值找标准花样所在行并对比其余 6 个 d 值，同样当第一次排列检索不到卡时，可以把第 2 或第 3 强线放在第一，按 d 值递减顺序顺次查找，直至 8 个 d 值全部吻合，该行所列卡号即为未知物的卡号。

3. 用数据检索进行物相鉴定

(1) 确定三条最强线。

(2) 根据最强线的面间距 d_1，在数字索引中找到所属的组，再根据 d_2 和 d_3 找到其中的一行。

(3) 比较此行中的三条线，看其相对强度是否与被测物质的三强线基本一致，如 d 和 I 都基本一致，则可初步推定未知物质中含有卡片所载的这种物质。

(4) 根据索引中查找的卡片号，从卡片盒中找到所需物质。

(5) 将卡片上全部 d 和 I 与未知物质的 d 和 I 对比，如果全部吻合，则卡片上记载的物质就是要鉴定的未知物（d 和 I 中，d 吻合为主）。

四、实验步骤

(1) 把氧化铝、氧化锌和氧化锆粉末分别在玻璃试样架槽中制成试样，并且用玻璃片将粉末压实，原则是少量多次，且要压出一个平面。采用线切割，将纯铁、铝和锌加工成 15mm×15mm×2mm 的薄片，研磨、抛光和清洗后进行测试。

(2) 将制好的试样水平放置在衍射仪中。在衍射仪工作过程中，会有大量 X 射线放出，对人体造成损害，所以一定要关上衍射仪的铅玻璃门。

(3) 在电脑上选择实验参数。扫描角度范围为 20°～80°，采用步进扫描，电压为 40kV，电流为 30mA。

(4) 设备开始工作，并在软件界面上实时显示得到的衍射峰。

(5) 用 OriginPro 得到图像，用 Jade 软件分析和处理数据。

五、数据处理

物相检索也就是“物相定性分析”，它的基本原理是基于以下三条原则：①任何一种物相都有其特征的衍射谱；②任何两种物相的衍射谱不可能完全相同；③多相样品的衍射峰是各物相的机械叠加。因此，通过实验测量或理论计算，建立一个“已知物相的卡片库”，将所测样品的图谱与 PDF 卡片库中的“标准卡片”一一对照，就能检索出样品中的全部物相。

物相检索的步骤如下。

(1) 给出检索条件：包括检索子库（有计算机还是无计算机、矿物还是金属等）、样品中可能存在的元素等。计算机按照给定的检索条件进行检索，将最可能存在的前100种物相列出一个表。

(2) 一般来说，判断一个相是否存在有三个条件：

① 标准卡片中的峰位与测量峰的峰位是否匹配，即一般情况下标准卡片中出现的峰的位置，样品谱中必须有相应的峰与之对应，即使三条强线对应得非常好，但有另一条较强线位置明显没有出现衍射峰，也不能确定存在该相，但是当样品存在明显的择优取向时除外，此时需要另外考虑择优取向问题。

② 标准卡片的峰强比与样品峰的峰强比要大致相同，但一般情况下，对于金属块状样品，由于择优取向存在，导致峰强比不一致，因此，峰强比仅可作参考。

③ 检索出来的物相包含的元素在样品中必须存在，如果检索出一个FeO相，但样品中根本不可能存在Fe元素，则即使其他条件完全吻合，也不能确定样品中存在该相，此时可考虑样品中存在与FeO晶体结构大体相同的某相。

图10-1～图10-3所示为几种物质的XRD衍射图谱。

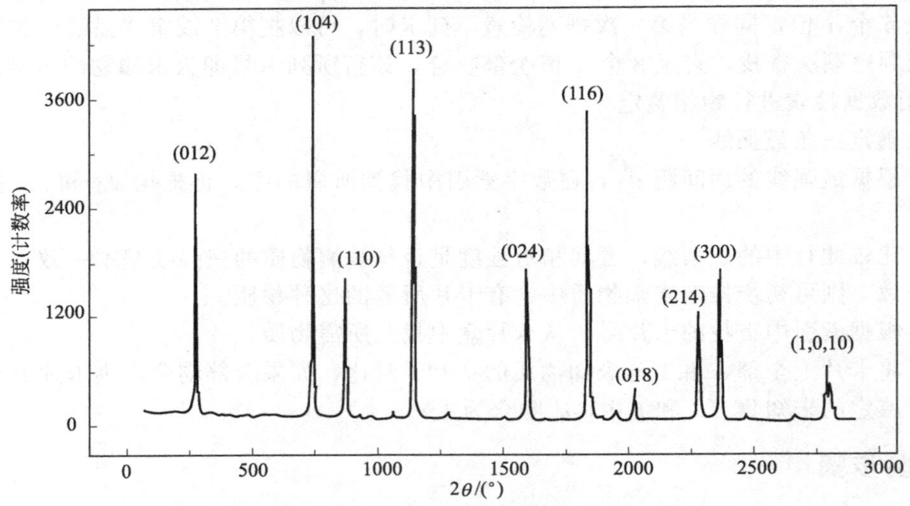

图10-1 单相 Al_2O_3 粉末的XRD衍射图谱

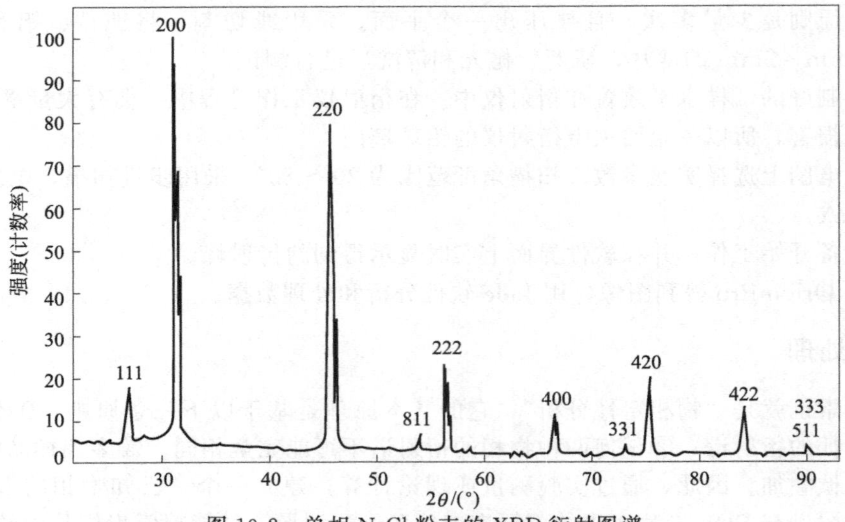

图10-2 单相NaCl粉末的XRD衍射图谱

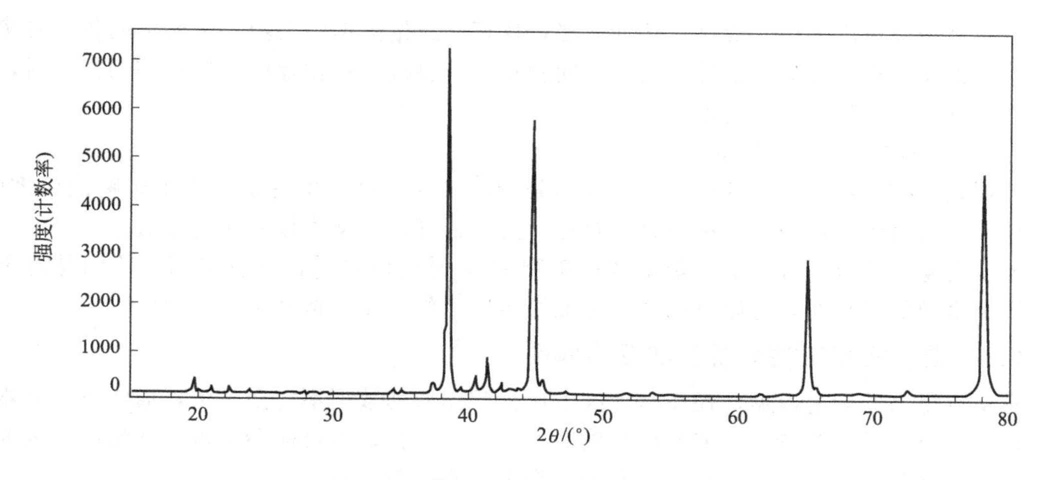

图 10-3　单相 Al 片的 XRD 衍射图谱

六、思考题

说明物相鉴定的依据。

实验十一　多相物质分析

一、实验目的

1. 掌握 X 射线衍射定性相分析方法。
2. 根据衍射图谱或数据，学会物相定性鉴定方法。

二、实验原理

晶体对 X 射线的衍射效应取决于它的晶体结构，不同种类的晶体将给出不同的衍射花样。假如一个样品内包含了几种不同的物相，则各个物相仍然保持各自特征的衍射花样不变，而整个样品的衍射花样则相当于它们的叠加。除非两物相衍射线刚好重叠在一起，二者一般之间不会产生干扰。这就为鉴别这些混合物样品中的各个物相提供了可能。关键是如何将这几套衍射线分开，这也是多相分析的难点所在。

(一) 物相定性分析

1. 用 JCPDS 卡作混合物相分析

混合物相的衍射花样为其中各个单一物相衍射花样的叠加。因此，对于一个未知混合物相的分析，无论是使用哪种索引，都应选出若干强线进行适当组合，再去查找索引。通常的做法是在衍射数据中选出相对强度较大的 d 值作为第一个 d，查找分组范围，再选一个适当的 d 作为第二个 d 值与第一个 d 值组合，在索引中查找该组合下另外 6 个 d 值能否在实数据中找到，如能找到，该组合所对应的物相即为一可能物相，根据该组合的卡号取出卡，将所有数据与实验数据对比，若所测数据在误差范围内二者完全吻合（实测的弱线可能缺失），即可确认该物相。

若在该组合的各种情况下，6 个 d 值都不能完全在实测数据中找到，则说明第一个 d 值与第二个 d 值组合不当，二者不属于同一物相，应更换一个 d 值重新组合和查找。

一种物相分析出来后，应将其数据从混合物相的原始数据中去掉，将余下的数据再按照上述方法查找分析，有的衍射线可能是不同物相的重叠线，在扣除已分析物相的强度后，它仍可用来分析混合相中另外的物相。

2. 标准图谱对比分析矿物

近年来，随着材料科学的发展和定性相分析的需要，已经出现了很多单矿物的标准图，用这种标准衍射图与被测矿物进行直接对比，是一种既迅速又直接简便的方法。

不少实验室及有关书籍上收集了各种矿物的 X 射线衍射图，可以采用。特别是对于科研工作中出现的新材料，可以自己制作标准图谱，以供对比分析之用。

（二）混合物相定性分析应注意的问题

实验所得出的衍射数据，往往与标准卡或标准图所列数据不完全一致，通常可能基本一致或相对符合。尽管两者所研究的样品确实属于同种物相，也可能会出现上述情况。因此在分析对比数据时应注意以下几点，可有助于作出正确判断。

1. 强 d 值的数据比 I/I_0 值的数据重要。也就是说实验数据与标准数据两者的 d 值必须相等或很接近，其相对误差在 1%以内；I/I_0 值可以允许有较大的误差。这是因为面间距 d 是由晶体结构决定的，它不因实验条件的变化而有变化，即使在固溶体系列中 d 值的微小变化也只有在精确测量时才能确定。然而 I/I_0 的值却会随着实验条件的不同而发生较大的变化，如随不同靶材、不同衍射方法和条件等发生变化。

2. 低角度线比高角度线的数据重要。这是因为对于不同晶体来说，低角度线的 d 值相一致重叠的机会很少，而高角度线不同晶体相互重叠的机会增多，当使用波长较长的 X 射线将会使得一些 d 值较小的线不再出现，但低角度线总是存在。样品过细或结晶不良的话，会导致高角度线的缺失，所以在对比衍射数据时，应较多地注重低角度线即 d 值大的线。

3. 强线比弱线重要，要特别重视 d 值大的强线，这是因为强线稳定也易于测得精确。弱线强度低不易觉察，判断准确位置也困难，有时还容易缺失。

4. 应重视矿物的特征线。矿物的特征线即不与其他物相重叠的固有衍射线，在衍射图谱中，这种特征线的出现就标志着混合物中存在着某种物相。

值得注意的是，在进行混合物相分析前，应对样品的来源、化学成分、制备工艺及其他测试分析资料进行充分了解，对试样中的可能物相做出估计，这样就可有目的地预先按字顺索引找出一些可能物相的卡进行直接对比，对易于分析的物相先做出分析，余下未分析的物相再查 Hanawalt 索引或 Fink 索引进行分析，这样可减少分析困难，加快分析速度。

三、实验设备

DX-2700 型 X 射线衍射仪：主要由 X 射线发生器、测角仪、辐射探测器、记录单元及附件等部分组成。核心部件为测角仪。

四、实验数据的处理

实验室配有多种混合物，选用两种混合物，分别在衍射仪上进行定性测量，作出衍射图。

1. 记录每次测量的实验条件，如辐射、狭缝、管流、管压、扫描速度、量程、时间常数、寻峰条件等，分析实验条件对衍射线形的影响。

2. 标注各衍射线的相应 d 值（若记录仪可直接打印 d 值，不必另行标注）。

3. 根据实测 d 值和强度按 JCPDS 卡片检索方法查找卡或者用 Jade 软件分析和处理数据。

4. 将实测值与卡值列表对比分析定出物相。

多相物质的 XRD 衍射图谱见图 11-1。

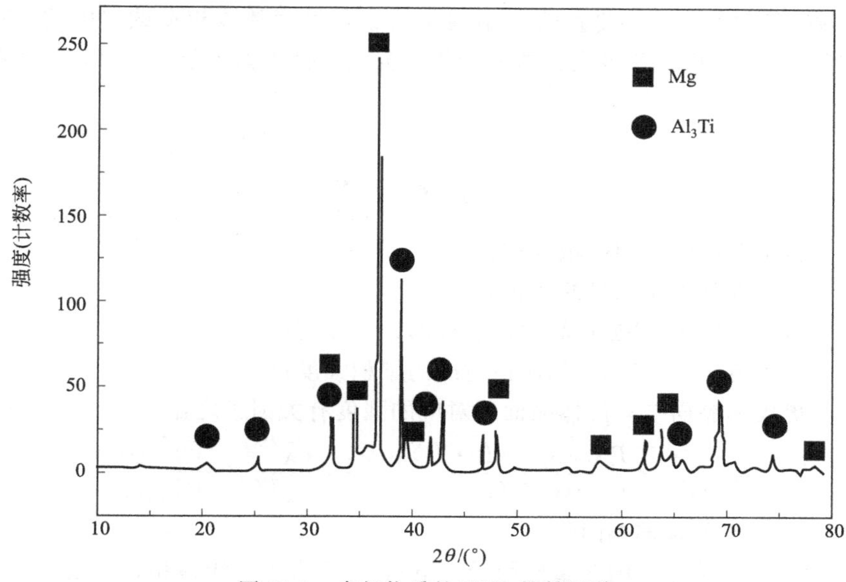

图 11-1　多相物质的 XRD 衍射图谱

五、思考题

1. 哪些实验条件可测量的衍射线峰位更精确？通常的定性测量什么实验条件更为合理？

2. JCPDS 卡片检索手册每种物相都列出 8 条强线，为什么在物相鉴定时有时按实测的 8 强线去索引却找不出卡片？

3. 混合物相的定性鉴定中，应着重注意哪些问题？

4. 混合物相的某些衍射线可能重叠，在分析鉴定物相过程中如何鉴别衍射线重叠？

实验十二

钢残余奥氏体含量的测定 (X射线法)

一、实验目的

1. 理解残余奥氏体对钢性能的影响；掌握 X 射线衍射测量残余奥氏体含量的方法。

2. 掌握 X 射线衍射仪的使用方法。

二、实验内容

1. 钢的热处理工艺。

2. 金属样品的金相制备。

3. X 射线衍射仪的操作及其使用。

4. X 射线法测定钢中残余奥氏体的含量。

三、实验设备和材料

X 射线衍射仪，切割机，热处理炉，钢，抛光布，抛光机，金相显微镜等。

四、实验原理

根据X射线衍射原理，某物相的X射线衍射累积强度随该相在试样中的相对含量的增加而提高。通过选用马氏体相及奥氏体相的累积强度，代入如下公式，计算钢中残余奥氏体相的体积分数

$$V_A=\frac{1-V_C}{1+G\dfrac{I_{M(hkl)i}}{I_{A(hkl)j}}} \tag{12-1}$$

式中　V_A——钢中奥氏体相的体积分数；

V_C——钢中碳化物相总量的体积分数；

$I_{M(hkl)i}$——钢中马氏体（hkl）晶面衍射线的累积强度；

$I_{A(hkl)j}$——钢中奥氏体（hkl）晶面衍射线的累积强度；

G——奥氏体晶面与马氏体晶面所对应的强度有关因子之比。

$$G=\frac{V_M}{V_A}\times\frac{P_{A(hkl)j}}{P_{M(hkl)i}}\times\frac{(L\cdot P)_{A(hkl)j}}{(L\cdot P)_{M(hkl)i}}\times\frac{e_A^{-2M}}{e_M^{-2M}}\times\frac{|F|^2_{A(hkl)j}}{|F|^2_{M(hkl)i}} \tag{12-2}$$

式中　$(L\cdot P)$——洛伦兹偏振因子；

P——有关晶面的多重性因子（下角中M表示马氏体相，A表示奥氏体相，其余同）；

e^{-2M}——德拜-瓦洛温度因子；

$|F|^2$——结构因子；

V——单位晶胞的体积。

五、实验步骤及方法

1. 试样准备

试样尺寸：试样为平板状，一般尺寸为20mm×20mm，也可根据具体情况适当改变。

试样表面：试样被测表面应无脱碳层、无热影响区。试样必须先用水砂纸磨平，然后抛光。

2. 试验条件

衍射仪参数的选择：CuK_α，管电压30～40kV，用后置石墨单色器；狭缝的选择应保证在所选用的衍射位置上X射线照射区域不得超出试样的被测表面；2θ角的扫描速度应不大于1(°)/min；采用步进扫描时，每度总记录的时间应不小于1min。

3. 衍射线

马氏体选用（200）、（211）两晶面的衍射线；奥氏体选用（200）、（220）、（311）三晶面的衍射线。将所测量的五条衍射线进行如下组合M（200）-A（200），M（200）-A（220），M（200）-A（311），M（211）-A（200），M（211）-A（220），M（211）-A（311）。

4. 记录数据

采用计数法。

5. 绘图计算

绘制相应的XRD图谱，标识相关的晶面衍射线，并且测量每个晶面衍射线的强度，带入相应公式，计算其残余奥氏体含量。

6. 强度测量值波动范围的限制

马氏体相、奥氏体相中各衍射线间的累积强度比值，应符合表12-1的规定。

表 12-1　马氏体相、奥氏体相中各衍射线间的累积强度比值

相	衍射线间累积强度比	最佳比值	允许波动的相对范围
马氏体相	$\frac{I_{(200)}}{I_{(211)}}$	0.49	±30%
奥氏体相	$\frac{I_{(200)}}{I_{(220)}}$	1.87	
	$\frac{I_{(220)}}{I_{(311)}}$	0.74	
	$\frac{I_{(311)}}{I_{(200)}}$	0.72	

六、计算结果

1. 计算衍射线对累积强度比

分别计算：

$\frac{I_{M(200)}}{I_{A(200)}}$，$\frac{I_{M(200)}}{I_{A(220)}}$，$\frac{I_{M(200)}}{I_{A(311)}}$

$\frac{I_{M(211)}}{I_{A(200)}}$，$\frac{I_{M(211)}}{I_{A(220)}}$，$\frac{I_{M(211)}}{I_{A(311)}}$

2. G 值

不同衍射线对的 G 值列于表 12-2。

表 12-2　不同衍射线对的 G 值

马氏体 \ G 值 \ 奥氏体	(200)	(220)	(311)
(200)	2.46	1.32	1.78
(211)	1.21	0.65	0.87

3. V_A 值的计算

对每个 I_M/I_A 值与对应的 G 值计算一次 V_A，逐次计算出六个 V_A，然后求其算术平均值，此值即奥氏体相的体积分数。

七、实验注意事项

1. 使用 X 射线衍射仪时，保证室内温度恒定在 20℃左右。
2. 测量不结束，不可直接打开样品腔门。

八、思考题

1. 试验后的关机工作是按什么步骤进行的？为什么？试验后如果要关机，应当至少预留多少关机时间？
2. 除 X 射线衍射仪法外，是否有其他方法测定钢中残余奥氏体的含量？

实验十三　扫描电镜及其观察

一、实验目的

1. 了解扫描电镜的构造及工作原理。

2. 掌握扫描电镜的样品制备的方法。

3. 掌握观察二次电子像的方法。

4. 了解背散射电子像的应用。

二、扫描电镜的构造及工作原理

扫描电镜（扫描电子显微镜）是由电子枪发射并经过聚焦的电子束在样品表面扫描，激发样品产生各种物理信号，经过检测、视频放大和信号处理，在荧光屏上获得能反映样品表面各种特征的扫描图像。

扫描电镜由电子光学系统、信号收集和图像显示系统、真空系统三部分组成。图 13-1 为扫描电镜结构原理图及电子光学系统图。

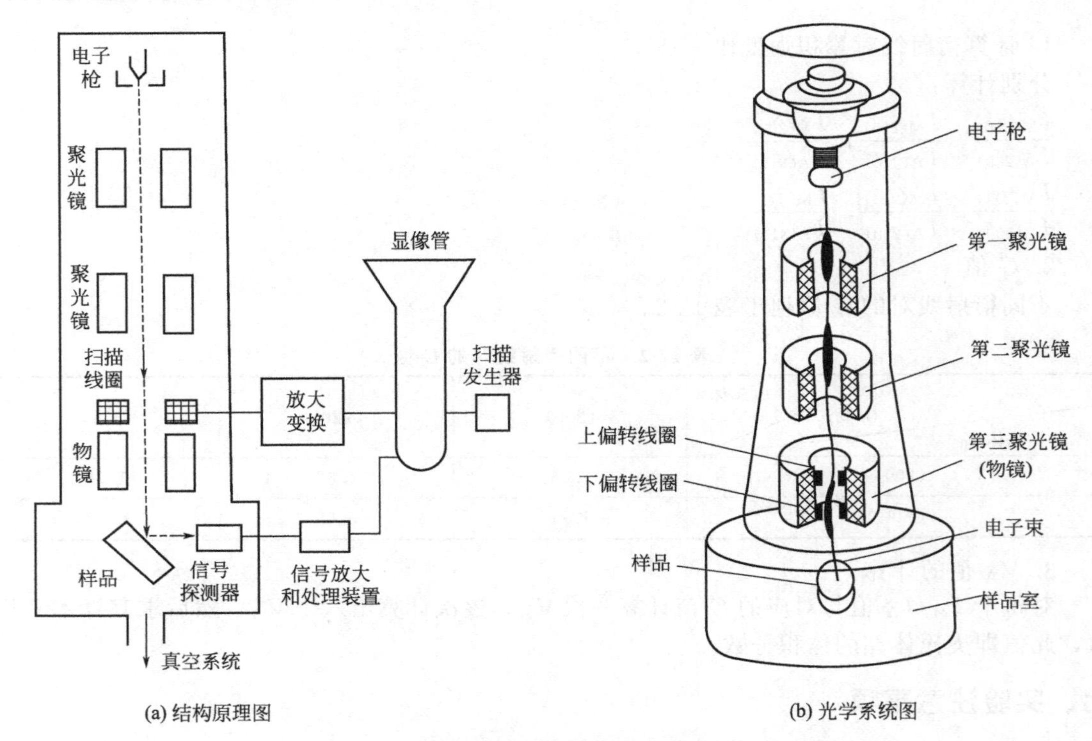

图 13-1 扫描电镜结构原理图及电子光学系统图

（一）电子光学系统（镜筒）

电子光学系统包括电子枪、电磁透镜（聚光镜）、扫描线圈和样品室。

1. 电子枪

扫描电子显微镜中的电子枪与透射电镜的电子枪相似，只是加速电压比透射电子显微镜低。

2. 电磁透镜

扫描电子显微镜中各电磁透镜都不作成像透镜用，而是作聚光镜用，它们的功能是把电子枪的束斑逐级聚焦缩小，使原来直径约为 50μm 的束斑缩小成纳米级的细小斑点。要达到这样的缩小倍数，必须用几个透镜来完成。扫描电子显微镜一般都有三个聚光镜，前两个聚光镜是强磁透镜，可把电子束光斑缩小，第三个聚光镜是弱磁透镜，具有较长的焦距。布置这个末级透镜（习惯上称之物镜）的目的在于使样品室和透镜之间留有一定空间，以便装入各种信号探测器。扫描电子显微镜中照射到样品上的电子束直径越小，就相当于成像单元的尺寸越小，分辨率就越高。采用普通热阴极电子枪时，扫描电子束的束径可达到 6nm 左右。若采用六硼化镧阴极和场发射电子枪，电子束束径还可进一步缩小。

3. 扫描线圈

扫描线圈的作用是使电子束偏转，并在样品表面作有规则的扫动，电子束在样品上的扫描动作和显像管上的扫描动作保持严格同步，因为它们是由同一个扫描发生器控制的。

4. 样品室

样品室内除放置样品外，还安置信号探测器。各种不同信号的收集和相应检测器的安放位置有很大关系，如果安置不当，则有可能收不到信号或收到的信号很弱，从而影响分析精度。

样品台本身是一个复杂而精密的组件，它应能夹持一定尺寸的样品，并能使样品作平移、倾斜和转动等运动，以利于对样品上每一特定位置进行各种分析。新式扫描电子显微镜的样品室实际上是一个微型试验室，它带有许多附件，可使样品在样品台上加热、冷却和进行力学性能试验（如拉伸和疲劳）。

（二）信号的收集和图像显示系统

二次电子、背散射电子和透射电子的信号都可采用闪烁计数器来检测。信号电子进入闪烁体后即引起电离，当离子和自由电子复合后产生可见光。可见光信号通过光导管送入光电倍增器，光信号放大，即又转化成电流信号输出，电流信号经视频放大器放大后就成为调制信号。如前所述，由于镜筒中的电子束和显像管中电子束是同步扫描的，而荧光屏上每一点的亮度是根据样品上被激发出来的信号强度来调制的，因此样品上各点的状态各不相同，所以接收到的信号也不相同，于是就可以在显像管上看到一幅反映试样各点状态的扫描电子显微图像。

（三）真空系统

为保证扫描电子显微镜电子光学系统正常工作，对镜筒内的真空度有一定的要求。一般情况下，如果真空系统能提供 $1.33\times10^{-2}\sim1.33\times10^{-3}$Pa 的真空度，就可防止样品污染。如果真空度不足，除样品被严重污染外，还会出现灯丝寿命下降、极间放电等问题。

三、扫描电镜的调整

1. 电子束合轴

处于饱和的灯丝发射出的电子束通过阳极进入电磁聚光镜系统。通过三级聚光镜及光阑照射到试样上，只有在电子束与电子光路系统中心合轴时，才能获得最大亮度。

调整电子束对中（合轴）的方法有机械式和电磁式。机械式是调整合轴螺钉，电磁式则是调整电磁对中线圈的电流，以此移动电子束相对光路中心位置达到合轴目的。这是一项细致的工作，要反复调整，通常以在荧光屏上得到最亮的图像为止。

2. 放入试样

将试样固定在试样盘上，并进行导电处理，使试样处于导电状态。将试样盘装入样品更换室，预抽 3min，然后将样品更换室阀门打开，将试样盘放在样品台上，在抽出试样盘的拉杆后关闭隔离阀。

3. 图像调整

（1）高压选择　扫描电镜的分辨率随加速电压增大而提高，但其衬度随电压增大反而降低，并且加速电压过高会造成污染更严重，所以一般在 20kV 下进行初步观察，而后根据不同的目的选择不同的电压值。

（2）聚光镜电流的选择　聚光镜电流与图像质量有很大关系，聚光镜电流越大，放大倍数越高。同时，聚光镜电流越大，电子束斑越小，其分辨率也会越高。

(3) 光阑选择　光阑孔一般是 400μm、300μm、200μm、100μm 4 挡，光阑孔径越小，景深越大，分辨率也越高，但电子束流会减小。一般在二次电子像观察中选用 300μm 或 200μm 的光阑。

(4) 聚焦与像散校正　在观察样品时要保证聚焦准确才能获得清晰的图像。聚焦分粗调、细调两步。由于扫描电镜景深大、焦距长，所以一般采用高于观察倍数 2 挡或 3 挡进行聚焦，然后再回过来进行观察和照相。即所谓"高倍聚焦，低倍观察"。

像散主要是电磁聚光镜不对称造成的，尤其是当极靴孔变为椭圆时会造成像散，此外镜筒中光阑的污染和不导电材料的存在也会引起像散。出现像散时在荧光屏上产生的像会飘移，其飘移方向在过焦及欠焦时相差 90°。像散校正主要是调整消像散器，使其电子束轴对称直至图像不飘移为止。

(5) 亮度与对比度的选择　要得到一幅清晰的图像必须选择适当的亮度与对比度。二次电子像的对比度受试样表面形貌凹凸不平而引起二次电子发射数量不同的影响。通过调节光电倍增管的高压来控制光电倍增管的输出信号的强弱，可调节荧光屏上图像的反差。

亮度的调节是调节前置放大器的直流电压，使荧光屏上图像亮度发生变化。

反差与亮度的选择则是当试样凹凸严重时，衬度可选择小一些，以达明亮对比清楚，使暗区的细节也能观察清楚。也可以选择适当的倾斜角，以达最佳的反差。

四、形貌衬度——二次电子像

SEM 图像是利用样品表面微区特征的差异，在电子束作用下产生不同强度的物理信号，导致阴极射线管荧光屏上不同区域的亮度差异，从而获得一定衬度的图像。根据其形成原因分为形貌衬度和原子序数衬度等。

1. 二次电子像衬度原理

表面形貌衬度是由于试样表面形貌差别而形成的衬度，是利用二次电子信号作为调制信号而得到的一种像衬度。因为二次电子信号主要来自样品表层 5～10nm 深度范围，它的强度与原子序数没有明确的关系，但对微区表面相对于入射电子束的位向却十分敏感。二次电子像分辨率比较高，所以适用于显示形貌衬度。

在扫描电镜中，若入射电子束强度 i_p 一定，二次电子信号强度 i_s 随样品表面的法线与入射束的夹角（倾斜角）θ 增大而增大。或者说二次电子产额 δ（$\delta=i_s/i_p$）与样品倾斜角 θ 的余弦成反比，即

$$\delta=\frac{i_s}{i_p}\propto\frac{1}{\cos\theta} \tag{13-1}$$

因此在断口表面的尖棱、小粒子、坑穴边缘等部位会产生较多的二次电子，其图像较亮，而在沟槽、深坑及平面处产生的二次电子少，图像较暗，由此而形成明暗清晰的断口表面形貌衬度。

二次电子像广泛用于断口检测，揭示断裂机理，判断裂纹性质及原因、裂纹源走向，判断有无外来杂质、夹杂物等，也可用于形貌特征观察。由于形貌与化学成分、显微组织、制造工艺、服役条件有密切关系，所以形貌的确定对分析断裂原因有决定性作用。

2. 断口试样的保护与制备

(1) 断口保护　无论是事故样品还是典型试样断口都要保持清洁，不可用手或棉花擦拭断口，更不能使两匹配断口相撞或摩擦。试样一般应放入干燥皿中保存。如果是长期保存，可在断口表面涂一层醋酸纤维素，观察时把试样放在丙酮中使 AC 纸溶解后再观察。在研究

低温冲击断口时为防止断口上凝结水珠而生锈，冲断后应立即放入无水乙醇中，过一段时间再取出保存。

（2）生锈及被腐蚀的断口处理　当断口表面有污物、锈痕迹及腐蚀产物，如果是事故断口可不急于清除，必须对表面覆盖物进行分析，确认对分析无价值后方可清除。有时断口上污物可对造成断裂成因及其发展过程提供可靠依据。

当需要进行清洗时，通常用尼龙胶纸或复型方法将表面污物清除，或用超声波机械振动清洗。如果上述方法不能清洁断口表面的锈蚀，可用化学清洗或电解法清除。通常采用的化学药品有 H_3PO_4、Na_2CO_3、Na_2SiO_3、Na_3PO_4、NaOH、H_2SO_4 等，但必须注意，化学清洗不能损坏断口细节。

（3）样品喷镀方法　扫描电镜的样品必须具有导电性，否则会因为静电效应而影响分析，所以对于导电性差的材料必须进行表面喷镀。喷镀一般在真空镀膜机上进行，喷镀的金属有金、铂、银等。为改善金属的分散覆盖能力，有时先喷镀一层碳。断口表面喷镀不要太厚，否则会掩盖细节；也不能太薄，不均匀，一般控制在 5～10nm 为宜。厚度可通过喷镀颜色来判断。

3. 各种断口的观察

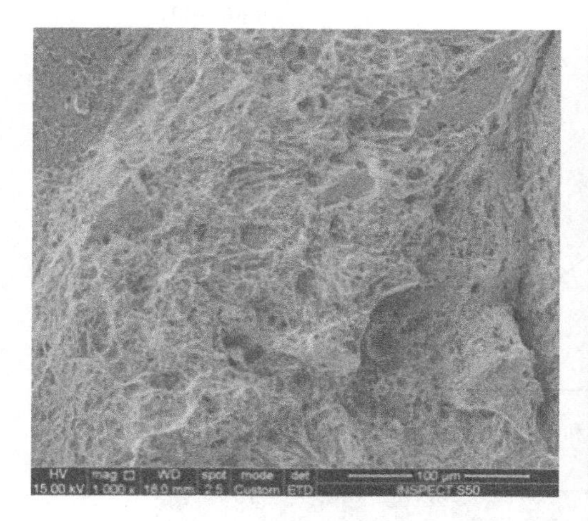

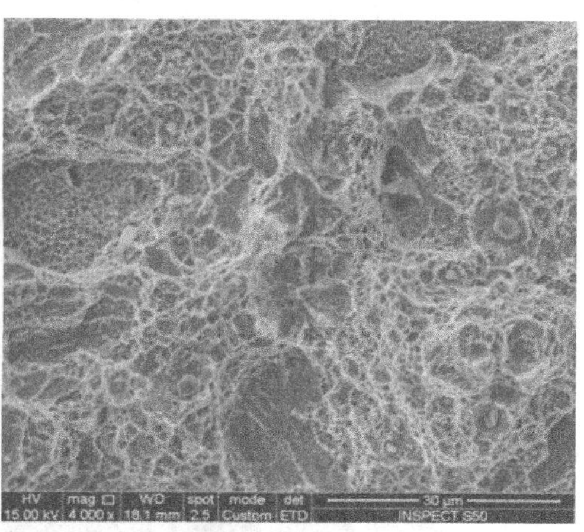

图 13-2　5CrNiMo 钢冲击断口形貌扫描电镜照片

从图 13-2 中可以明显看出断口存在许多韧窝，此冲击断口为韧性断裂。

五、原子序数衬度——背散射电子像

1. 原子序数衬度形成机理

原子序数衬度是由于试样表面物质原子序数（或化学成分）差别而形成的，是利用背散射电子信号作为调制信号而得到的一种像衬度。背散射电子、吸收电子和特征 X 射线等信号对微区原子序数或化学成分的变化敏感，都可以作为原子序数衬度或化学成分衬度。

背散射电子是被样品原子反射回来的入射电子，样品背散射系数 η 随元素原子序数 Z 的增加而增加，如图 13-3 所示。即样品表面平均原子序数越高的区域，产生的背散射电子信号越强，在背散射电子像上显示的衬度越亮；反之较暗。因此可以根据背散射电子像（成分像）亮暗衬度来判断相应区域原子序数的相对高低。

背散射电子能量较高，离开样品表面后沿直线轨迹运动（图 13-4），检测到的背散射电子信号强度要比二次电子小得多，且有阴影效应。由于背散射电子产生的区域较大，所以分辨率较低。

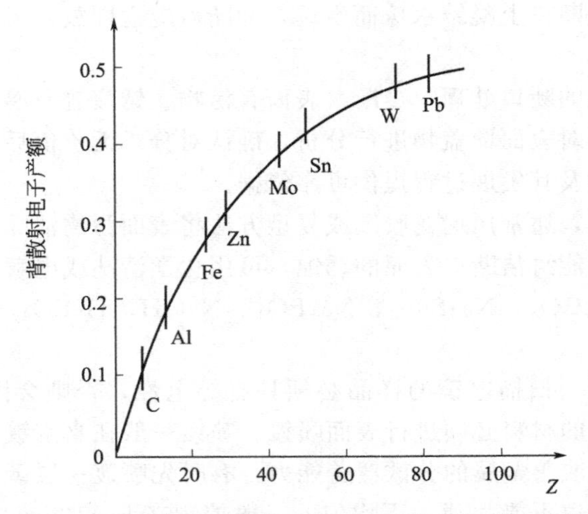

图 13-3　原子序数和背散射电子产额之间的关系曲线

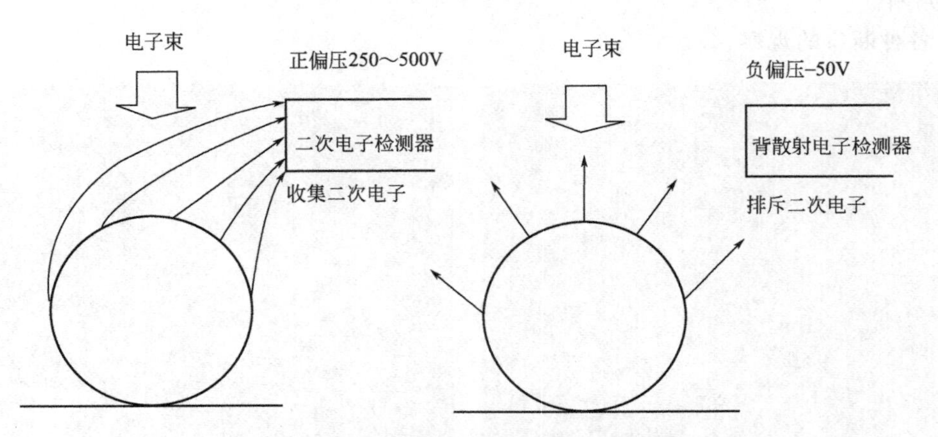

图 13-4　背散射电子和二次电子的运动路线

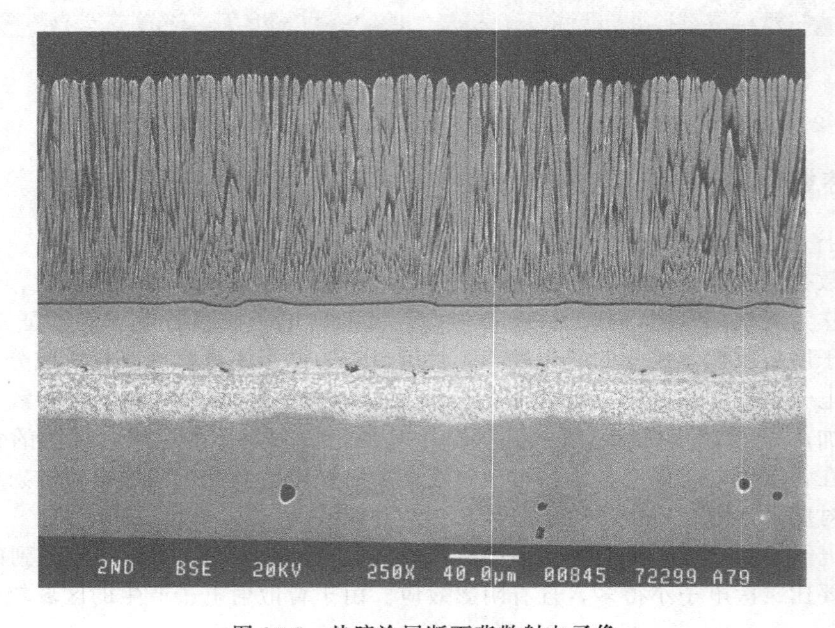

图 13-5　热障涂层断面背散射电子像

2. 背散射电子像的观察

把试样表面抛光放入样品室，接通背散射电子像附件，它与二次电子信号检测器的区别是将栅网加－50V的负偏压，以阻止二次电子到达检测器。接收到的背散射电子信号经放大后可作为调制信号，在荧光屏上显示背散射电子像。

图13-5所示为热障涂层断面背散射扫描电镜照片。

六、实验报告

1. 详细了解扫描电镜的各部分构造原理，并画出扫描电镜结构示意图。
2. 扫描电镜利用二次电子像可进行断口形貌的观察，试分析二次电子像的衬度原理。
3. 对比二次电子像，了解背散射电子像都有哪些特点和应用。

实验十四 电子探针X射线显微成分分析

一、实验目的

1. 了解电子探针X射线谱仪的结构和工作原理。
2. 了解X射线显微成分分析对样品的要求及制备方法。
3. 了解X射线谱仪的分析方法，学会能谱仪的定性定量分析。
4. 了解X射线谱仪的适用性和局限性，学会正确选用微区成分分析方法。

二、电子探针X射线显微分析仪的结构原理

电子探针X射线显微分析仪，简称电子探针，由电子光学系统（镜筒）和X射线谱仪构成。图14-1为其结构原理示意图。镜筒部分与扫描电镜相同，由电子枪、聚光镜、扫描发生器和样品室等部件组成。X射线谱仪有X射线能量色散谱仪（简称能谱仪，EDS）和X射线波长色散谱仪（简称波谱仪，WDS）两种。X射线显微分析是用细聚焦的高能电子束

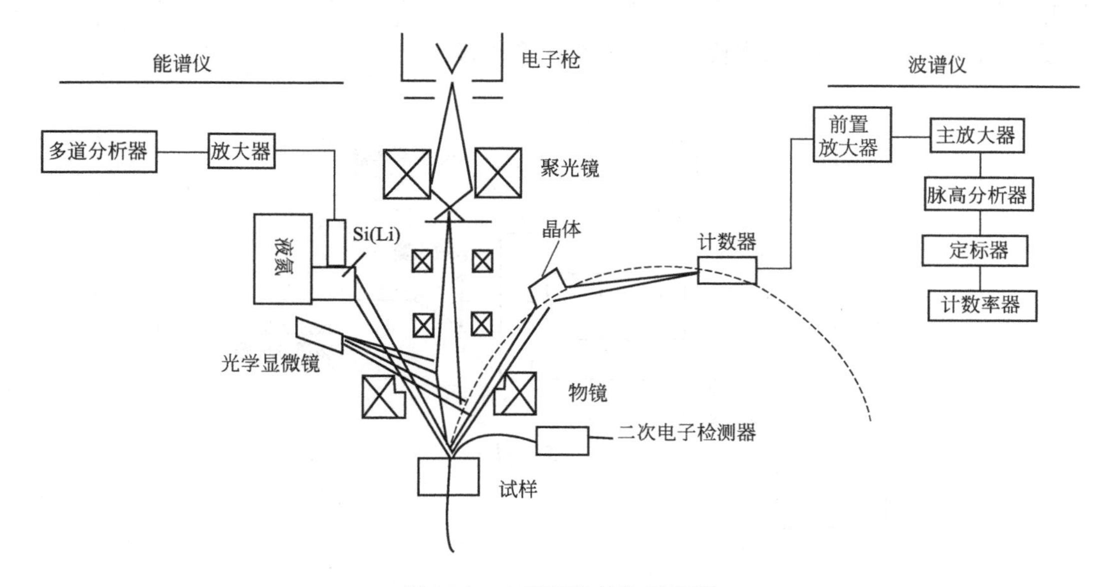

图14-1 电子探针结构示意图

（直径约为 1μm）照射样品表面所要分析的微区，激发出物质的特征 X 射线，其能量或波长取决于组成该物质的元素种类，其强度取决于元素的含量。能谱仪用半导体探测器检测 X 射线的能量并按其大小展谱，根据能量大小确定产生该能量特征 X 射线的元素。波谱仪根据晶体对 X 射线的衍射效应，利用已知面网间距的分光晶体把不同波长的 X 射线按衍射角 θ 展谱，根据 θ 角，由布拉格方程计算出 X 射线波长，确定产生该波长特征 X 射线的元素。

（一）能谱仪的结构原理

能谱仪的结构原理见图 14-2，按各部件的功能可分为以下五部分。

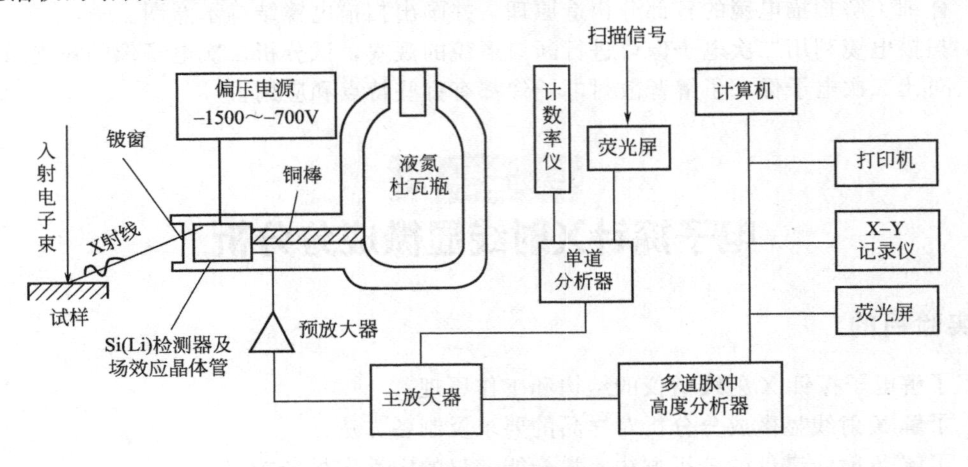

图 14-2 能谱仪的结构原理图

1. 控制系统

该系统主要包括磁盘、磁盘驱动器和键盘等部件。操作者通过键盘上的按键和字符向计算机发出指令，调用所需的分析计算程序并回答计算机的提问。

2. X 射线探测系统

该系统主要由 Si(Li) 检测器、场效应晶体管、前置放大器（预放大器）和主放大器等部件组成，其作用是将 X 射线电子信号进行转换放大，以获得与 X 射线光子能量成比例的电压脉冲信号。

图 14-3 所示为 Si(Li) 固态检测器作探头的能谱仪。

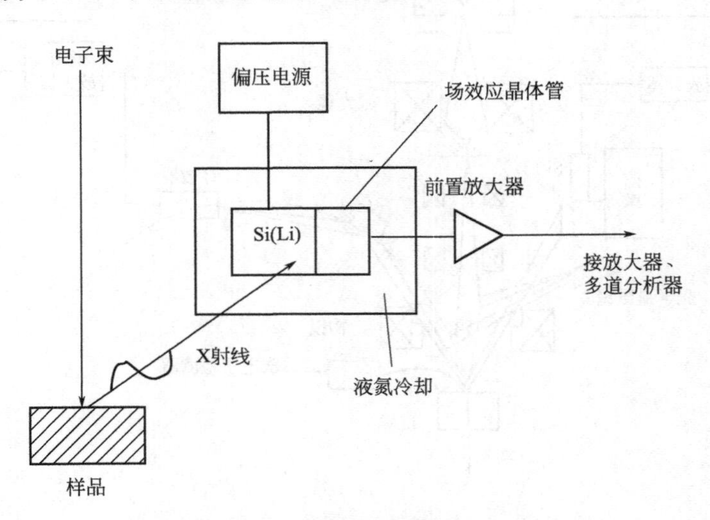

图 14-3 Si(Li) 固态检测器作探头的能谱仪

（二）波谱仪的结构原理

波谱仪（图 14-4）主要由分光晶体、X 射线探测器、X 射线计数器和记录部分组成。为了提高波谱仪的测试效率，必须采用聚焦方式，如果把分光晶体作适当弯曲，并使射线源、弯曲晶体表面和检测器窗口位于同一圆周上，这样可以达到聚焦的目的，这种圆称为罗兰圆或聚焦圆（图 14-5）。

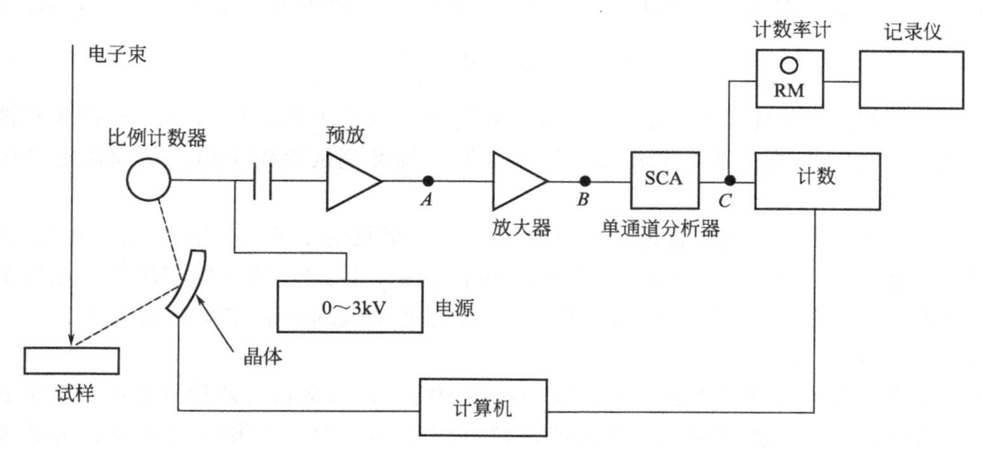

图 14-4 波谱仪示意图

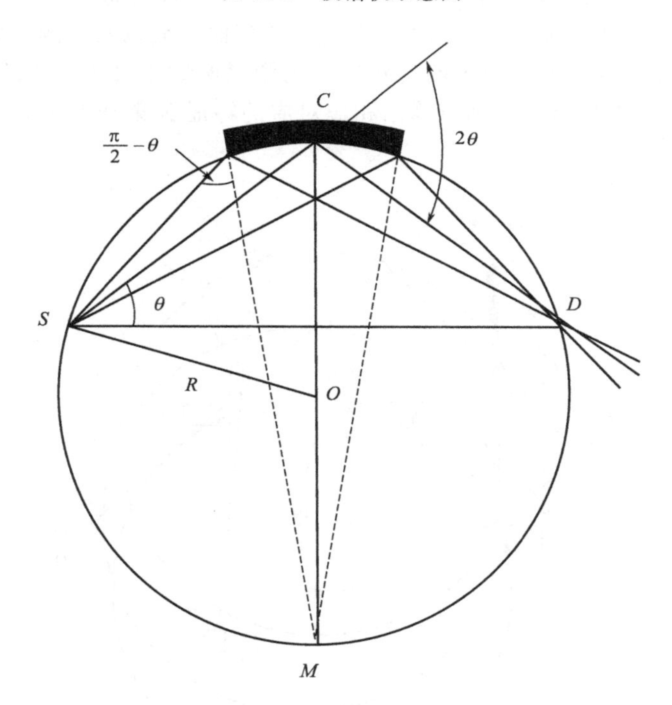

图 14-5 波谱仪的全聚焦方式

该部分由分光晶体和机械部分构成。X 射线源 S（电子束在样品表面的照射点），弯曲分光晶体 C 的内表面和探测器狭缝 D 同时位于一个半径为 R 的聚焦圆上。分光晶体的内表面平行于特定面网间距 d 的衍射面网（hkl），其曲率半径为 $2R$。在实验过程中，分光晶体和探测器通过精密的机械装置联动。分光晶体沿着固定的导臂 SC（平行于被检测的 X 射线出射方向）滑动，不断改变与样品的距离 L（mm），同时绕垂直于聚焦圆平面的轴转动以

改变 θ 角，探测器随之沿另一个可以绕晶体的转动轴摆动的导臂滑动。在运动过程中，聚焦圆半径不变，其圆心则在以 S 为圆心，R 为半径的圆周上运动，以满足不同波长 X 射线的衍射条件，而获得相应的 L 值。直进式波谱仪的这种运动方式可以保持被检测的那一部分 X 射线与样品表面的夹角 φ（即 X 射线出射角）不变，从而也就保持所检测的 X 射线在穿出样品表面过程中受到的吸收条件不变，这样可以简化定量分析对吸收效应的修正。不难看出，发射源 S 至分光晶体的距离 L（称为谱仪长度）与聚焦圆的半径 R 有下列关系：

$$L=2R\sin\theta=\frac{R}{d}\lambda \tag{14-1}$$

对于给定的分光晶体（d 固定），L 与 λ 有简单的线性关系。L 由小变大意味着被检测的 X 射线波长由短变长。只要读出谱仪上的 L 值，就可直接得到 λ 值，从而确定产生该波长 X 射线的元素。

由于分光晶体的内表面的面网间距 d 是固定的，谱仪的 θ 角（一般为 15°～65°）及相应的 L 值（一般为 10～36cm）只能在有限的范围内变动，因此，某一特定晶体只能检测某个波长范围内的 X 射线。为了使可分析的元素尽可能地覆盖周期表中所有的元素，必须配备多块晶体。

根据波谱仪在测试过程中分光晶体运动轨迹的特点，波谱仪有两种常见的布置形式，即直进式波谱仪和回转式波谱仪。直进式波谱仪（图 14-6）中，由聚焦电子束轰击试样产生的 X 射线从 S 点发射出来、分光晶体沿固定的直线 SC_1 移动并进行相应的转动；探测器也按一定的规律移动和转动。确保发射源 S、分光晶体弯曲表面以及探测器始终维持在半径为 R 的聚焦圆上。显然，圆心位置会不断变化。因为聚焦圆的半径 R 是已知的，根据测出的 L_1 便可求出 θ_1，再由布拉格方程即可算出相应对应的特征 X 射线波长 λ_1。

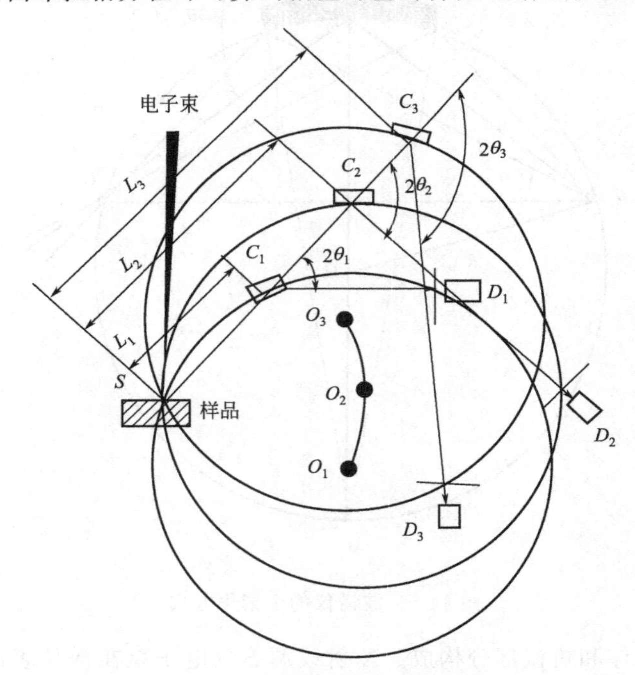

图 14-6　直进式弯曲晶体谱仪原理示意图

1. 检测系统

检测系统包括探测器、放大器和波高分析装置等部件。

波谱仪常用气体正比计数管作探测器，接收 X 射线光子信号并将其转换成电子信号。

计数管有一个圆筒状外电极（负电位）和一个线状内电极（正电位），管内充填有气体。当一束X射线射入计数管，与管内气体作用使其电离，气体离子跑向外电极，电子跑向内电极，形成电子离子对，产生电流脉冲信号。不同能量（或波长）的X射线光子产生的电子-离子对数N亦不同（$N=E/\varepsilon_{Ar}$，E为X射线光子的能量，ε_{Ar}为氨气的电离能，约为25～30eV），相应的电流脉冲信号强度亦不同。管内充填90%氩气和10%甲烷或97.5%氩气和2.5%二氧化碳的混合气体（称PR气体）的称为流动式正比计数管，用于检测轻元素及超轻元素。管内封入氙气的称为封闭式正比计数管，用于检测重元素。

放大器将计数管输出的电流脉冲信号放大并转换成电压脉冲信号。

波高分析装置包括波高甄别器和波高分析器。波高甄别器是以比例放大器的零电位为基准设定一个临界电位（基线），凡脉冲信号电压低于基线者均被滤除，连续X射线和电路噪声的能量都比较低而被滤掉，从而降低背底。不同元素线系的特征X射线可能同时满足布拉格方程而产生衍射。但反射级次不同，也会造成峰重叠。波高分析器在电路设计上设置了接受能量的上限和下限，即道宽或窗口，只允许一定能量，即一定电子-离子对数N的电压脉冲信号在一定的衍射角时通过，以消除峰重叠现象。当不同反射级次的X射线都符合衍射条件时，分光晶体无法区分，都将进入计数管，但它们的能量不同，产生的电子-离子对数N也会不同，在通过波高分析器时将被滤除。

2. 数据显示记录系统

这部分包括定标器、计数率计、记录仪和显示器等部件。定标器和计数率计对波高分析器输出的脉冲信号进行计数。前者采用定时计数的方法获得每秒的平均脉冲速率（cps），以便定量计算。后者连续显示每秒钟的平均脉冲数目。显示器和记录仪用于显示和记录分析结果。

波谱仪虽然结构比较复杂，但分辨能力比较高（可达10eV），能分析1μm范围内的微区成分，可检测元素周期表中4号（Be）～92号（U）元素，检测的最小含量为万分之一，所以波谱仪也得到了广泛应用。

三、电子探针X射线显微分析的样品制备

样品制备质量的好坏直接影响分析结果的准确性。用于X射线分析样品应满足以下要求。

① 样品大小要符合仪器的样品台要求。原试样较大时，可直接加工成合适的尺寸。对于小的或微粒样品需进行镶嵌。镶嵌材料应有良好的黏结性、导电性、热塑冷硬性、可磨性和稳定性，对样品的特征X射线不发生或很少有吸收效应和干扰作用。常用的镶嵌材料有纯铝、导电胶木、导电塑料和导电胶等。

② 样品表面要平整清洁。对于定性和半定量分析，按传统的金相和矿相表面抛光方法即可。对于定量分析必须仔细抛光以保证其平整光滑，清洁无异物。抛光材料要选用不含样品元素的物质。对于能谱分析，由于所用探测器尺寸小，且不需像波谱仪那样聚焦，因此探测器不受聚焦圆限制，可以靠近样品放置，接收X射线的立体角大，能够以较小的电子束流获得较强的X射线，试样表面也不需要抛光，可以对粗糙表面进行成分分析。

③ 样品制备好后，需在光学显微镜下选定所要分析的区域，用显微硬度计或其他方法做好标记，并画出示意图，以便在分析时寻找分析区。

④ 表面应有良好的导电性。对于非导电样品要在表面喷镀一层碳膜或不含样品元素的金属薄膜，膜的厚度一般不大于10nm。在用标样分析时，被测试样和标样要在相同条件下喷镀。

四、能谱仪分析方法

1. 电镜参数的设定

在分析过程中必须保持电镜镜筒良好对中，保证电子束准确打在所需分析的微区。选择合适的加速电压，对于扫描电镜块状样品尽量用低电压，一般用15～25kV；对于透射电镜薄样品一般用50～80kV。当用扫描电镜分析断口样品时，由于断口的局部表面往往与样品台表面有一定的倾斜角，会影响X射线的发射效率和探头的接收效率，导致分析误差，因此必须根据扫描电镜参数和所确定的倾斜角计算出X射线的出射角。

2. 能量标定

为了获得正确的分析结果，必须使显示器上各个元素的特征X射线峰位与其相应的能量准确一致，即对峰的能量位置进行标定。其方法是首先收集一个有两条已知能量的强X射线峰的标样谱，一般用含Cu（$E_{ka}=8.04$keV）和Al（$E_{ka}=1.48$keV）的样品作标样，然后用游标测定这两个峰的能量，若与上述能量不符，则按标定程序自动或手动反复调节多道分析器的增益和零点，使两个峰都恰好落在所对应的能量位置上即可。

3. 数据收集

按给定计算机程序操作，使能谱仪处于数据收集状态，在显示器上将显示出反映样品化学成分且有一定强度的X射线谱，以供定性和定量分析。在收集数据时应先在显微电子图像上找到所需分析的微区或点，然后将X射线探测器插入镜筒。收集数据的时间一般需100s以上，当操作者观察到所收集的数据已满足实验要求时即可停止数据收集。

4. 定性分析

当数据收集后就可执行峰鉴别程序，根据所收集的能谱图上各峰的能量确定其所属的元素及其线系。在数据收集过程中可同时进行峰鉴别。为了正确定性分析，不能仅根据某一个峰位的能量来确定元素，还必须考虑其他线系峰的能量，只有当某个元素的所有可能线系的能谱与能谱图上相应能量的峰相一致时，则该元素就被鉴定了，然后在谱线的下方标记该元素的符号并储存到谱线清单中。

在能谱图上有时会出现一些虚假峰，它们根本不是元素周期表中任何元素所可能有的峰，也不是样品中所含元素可能有的峰，必须对它们进行分析和鉴定。虚假峰主要来自以下几个方面：

（1）重叠峰　当前一个脉冲还未受理完，下一个脉冲又来了，多道分析器无法将二者区分开而作为一个脉冲受理，则发生脉冲堆积。这样前后两个脉冲都不出现在它们的准确位置上，而在较高能量处记录一个假脉冲。在能谱图上出现了对应于主峰能量之和的假峰，这就是叠加峰。其识别方法是：叠加峰能量应精确地等于某些能量之和，即小峰只会出现在能量为某一主峰的两倍，或某两个主峰能量之和的地方。叠加峰不具有精确的高斯峰形状，在高能侧稍尖锐些，在低能侧有拖尾现象。这是因为只有当两个脉冲精确地重合时才能产生最大能量（A+A或A+B），而当两个脉冲稍有一点时间间隔时，则叠加峰的能量会稍小于此最大值而呈现拖尾现象。

（2）逃逸峰　当某元素的特征X射线进入探头后激发了探头Si的K层电子，而且SiK_{α}射线从探头中逃逸出去，就使元素的X光子能量损失了1.74keV的能量，结果在能谱图上除了主峰外，还出现一个能量为1.74keV的小峰，Si逃逸峰主要出现在低能量区。

（3）硅峰　电镜中许多部件都涂有硅润滑油，其蒸气常污染样品，另外探头中硅的失效层均可产生SiK小峰。这在分析含微量Si的样品时应予以注意。

（4）非样品测区的小峰　这是由于镜筒中的杂散信号以及测定样品上某一微区时，较重元素的X射线激发物体中轻元素产生的荧光辐射等均可导致出假峰。为了防止出现这些小峰，镜筒必须严格对中，镜筒中要设置挡板光阑。挡掉杂散电子和X射线，应使用低原子序数元素（如铍或碳）制作的样品台。

5. 定量分析

当定性分析结束后，即可按给定程序使系统进入定量分析状态。执行定量分析程序，进行定量分析。定量分析方法有全标样法、部分标样法和无标样法三种。对于前两者应有标样数据或标样文件，后者不需要标样数据，是能谱分析中最常使用的方法。

（1）标样数据（文件）的建立　对于标样分析可以用过去存储的标准数据，也可以用已知成分的样品当场建立标样文件，其程序是：对已知样品收集数据→峰鉴别→峰剥离和背底扣除→输入每个元素的质量分数→计算各元素的ZAF校正因子、纯强度和统计误差并列表在显示器上。操作者此时应根据每种元素的统计误差大小，决定是否用该元素的数据作为标样。一般情况下，当误差小于2%时就可用作标样。若被采用，则给每种元素的标样数据命名（用字母或数字，不可超过六十字符）并保存，以便随时调用。

（2）标样定量分析的程序　对未知样品收集数据—峰鉴别—峰剥离和背底扣除，获得净强度—调用标样数据—输入电镜参数（加速电压、样品倾斜角和X射线出射角，在实验过程中尽量使用与标样相同的条件参数），计算各元素的强度比K—将所有元素的K因子归一化作为各元素的初始含量—进行ZAF因子校正—经迭代计算直至收敛，给出各元素的原子数比、质量分数及统计误差，还可给出各元素的ZAF因子。在程序中一般只需迭代三次就可得到较准确的结果。

（3）无标样分析　是假定未知样品中所有元素的含量总和为已知数，如100%，则根据相对强度比找出绝对强度比，从而求出各元素的含量，其具体步骤与标样分样法基本相同，但无“调用标样数据”一项。

应注意，要获得准确的能谱定量分析结果，除了正确选用ZAF修正公式和有关参数外，还需考虑下列影响因素。

① 样品污染　入射电子束使镜筒中的气体（主要是碳氢化合物）电离，并在样品上电子束照射区堆积起来，形成非晶质碳层污染斑，使电子束扩展，导致样品上受激发区大于所选区域，产生一些不应有的信号，同时使电子束进入样品前受到散射，降低入射电子的能量，改变信号的峰值强度，产生分析误差，而且入射束越细，污染物越集中，影响也越严重。为克服污染影响，镜筒必须保持高真空，使用带液氮冷阱的样品台并尽量缩短分析时间。

② 样品化学成分的影响　在电子束照射下，镜筒中的气体被电离，并和样品表面被照射区的物质相互作用，由于各元素化学性质的差异，其中一种或几种元素将优先从样品表面被“打跑”（剥离），从而影响分析结果。如在测定陶瓷材料中Mg和Si的特征X射线计数比（此比值应为常数）时曾发现，随着分析时间的延长，比值逐渐降低。这是由于Mg被优先“打”出样品所致。

③ 制样方法的影响　在化学浸蚀法减薄样品过程中，常常在样品表面产生很薄一层异物，影响X射线计数，样品越薄，影响越明显。用离子减薄法制样不存在此种影响。因此，用化学法减薄后再进行短时间离子减薄可获得准确的分析结果。

④ 样品厚度及被测区环境的影响　由于入射电子束在穿过样品时受到多次散射，使电子束变宽，从而降低成分分析的空间分辨率，或使产生信息的体积大于所需分析区的体积，从而增大分析误差。因此，为得到准确的分析结果，应采用细电子束及薄样品，被分析区样品的厚度一般不要超过电子束直径的3～4倍。

元素的定性及定量分析是在点分析方式下进行的。点分析是首先用电子探针上的光学显微镜或用扫描电子图像选定要分析的点，然后关掉扫描线圈，使电子束固定照射在样品上所要分析的位置，激发该点各元素的特征 X 射线，以确定该点所含元素的种类及含量。此外，X 射线显微分析仪还可以进行线分析和面分析。

线分析是将电子束沿试样表面某一直线扫描，根据 X 射线的强度变化分析各元素在该直线上的浓度变化。在实验时，在扫描电子图像上选好线分析的位置，按下线扫描键，即关闭 Y 方向的扫描线圈，把直线移到所需分析的线位置，使电子束在样品表面选定的直线上扫描，能谱仪固定接受某一元素的特征 X 射线，即可获得该元素在分析线上的分布状态。

面分析是电子束在试样表面某一区域作面的扫描，从而获得某一元素的面分布状态。在实验时，在扫描电子图像上选定面分析的区域，按下面扫描键，柱电子束在样品表面作光栅扫描，能谱仪固定接收某一元素的特征 X 射线，便可得到该元素在所选区域内的分布状态。当微区面上该元素含量越高，发射的 X 射线信号也就越多，于是荧光屏上得到较亮的像点；反之，则是较暗的像点。面分析能够准确地显示与基体成分不同的夹杂物形状，定性地显示出元素的偏析状态。必须注意，若样品表面不平整，则面分析时往往会出现假象。

五、波谱仪分析方法

1. 波谱仪参数的选择

（1）样品位置的调整　用镜筒上的光学显微镜寻找分析位置，调节样品高度位置旋钮，使样品聚焦在光学显微镜的十字丝交点上，该交点恰与电子束轰击点准确重合，并正好落在谱仪的聚焦圆上。

（2）加速电压的选择　应随待测元素及其线系而异。一般认为加速电压应为待分析元素线系激发电压的 3～4 倍较合适。太低则不能激发出样品元素的特征 X 射线；太高会使背底增高，也扩大了产生 X 射线的区域，加大分析误差。在实际分析中可参考下列数值：

对于超轻元素	B～O	10kV
对于轻元素	F～K	15～20kV
对于重元素	Ca～U	25～30kV

当分析区域很小或很薄时，应选用较低的加速电压，样品中同时含有轻元素和重元素时，在不影响重元素激发效果的前提下，往往采用低的加速电压。

（3）入射束流和计数时间的选择　射线的强度除与加速电压有关外，还与电子束束流及计数时间有关，均为线性关系。在分析过程中要保证束流稳定，通常选用束斑直径为 0.5μm，束流为 10^{-8}～10^{-7}A，为此要选大孔径的末级光阑孔。束斑的选择视样品的性质而定，对于易污染和易烧损的样品最好用较小的束流和较大的束毫，对于低浓度的元素和轻元素则可用较大的束流。对于同一组样品要在完全相同的电压、束流下分析，才能获得可相互比较的准确结果。一般用法拉第杯法测量束流，在铝块上钻一个小孔，使电子束全部射入孔中，防止背散射电子和二次电子逃逸。在定量分析时必须保证有足够的计数，才能得到准确的分析结果，由于 X 射线强度计数统计的相对误差可以通过增加束流和分析时间得以改善。但束流过大会烧损样品，导致成分变化，计数时间太长又会引起试样表面污染和电子束漂移等仪器不稳定的因素影响。因此，除了选用合适的束外，还必须选择合适的计数时间，一般为 20～100s。对于低浓度元素可选用较大的束流和较短的计数时间。

（4）分光晶体的选择　根据试样中所含的元素，选用合适的分光晶体，应尽量避免使用 d 值过小或过大的晶体。因为晶体到样品的距离太近，即 L 过小时，噪声和背底信号增多，使峰背比较低，若 L 过大则由于信号的衰减，检测效率降低。在实际分析过程中，有时一个样品需要用几块晶体才能分析出所含的元素，而不同物相中的同种元素也常选用不同的分光晶体。

（5）计数管内 PR 气体的气压调节　计数管内的气流应保持均匀，有一定的压力和流速。一般要求气压在 2.45Pa 左右气体出口的塑料管放入水中，以每分钟冒出 50～60 个气泡为宜。

2. 定性分析

调好样品位置后，打开驱动分光晶体的同步电机。使 L 值由大到小扫描，画出包括样品所有元素线系峰的谱线图，根据各衍射峰的 L 值，查 L-λ 关系表，就可确定样品中所含的元素。在分析前应根据样品的物理及光学性质等特点估计样品中可能有哪些元素，以便减小 L 扫描范围，节省分析时间。当样品中含有轻元素时，L 扫描速度应慢一些。要选用适当的时间常数，使衍射曲线不要波动太大。图 14-7 可以看出能谱仪和波谱仪在元素的鉴别能力和检测浓度极限方面有明显的差异。

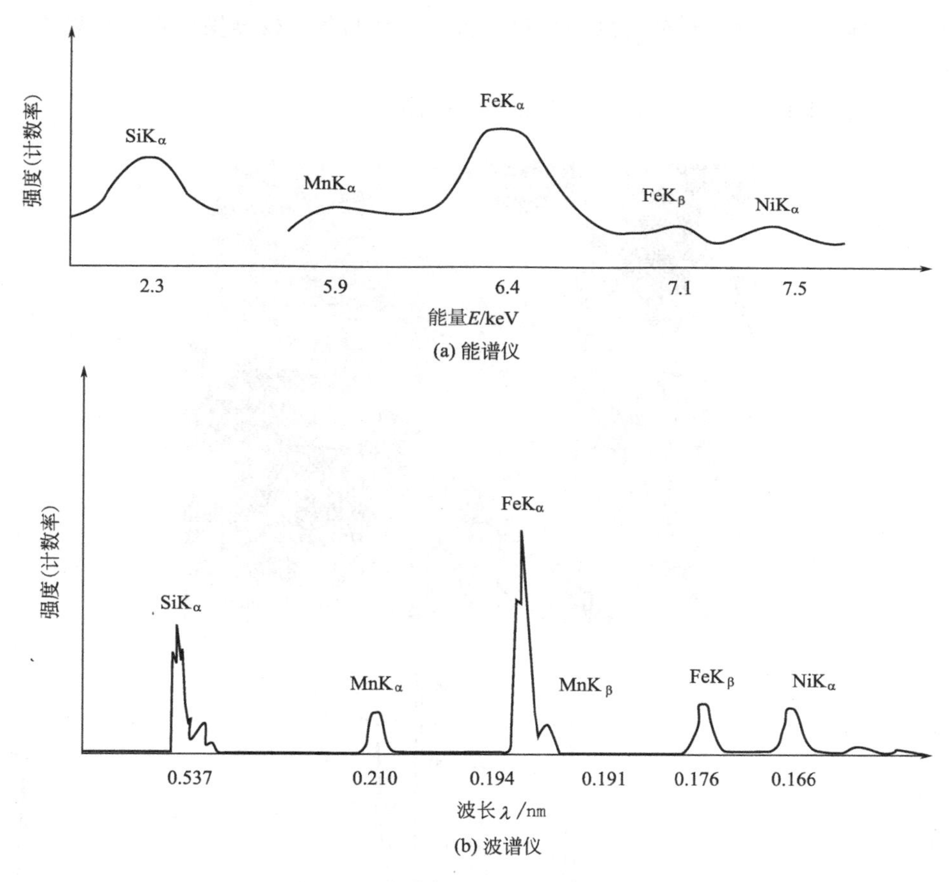

图 14-7　能谱仪和波谱仪的谱线比较

3. 定量分析

定量分析要有精确的强度数据，为排除谱仪条件的影响，必须采用标样分析，在实验过中应严格制样，在分析过程中要防止样品污染。为保证有足够的累积强度计数，测量时间应在 20s 以上，必须在完全相同的加速电压、束流等参数条件下精确测定未知样品和标样中同一元素 A 的同名特征谱线（通常用 Ka，对于高原子序数的元素也可用 Ma 或 La 线系）的强度 I_{UA} 和 I_{SA}，并计算出强度比 $KA=I_{UA}/I_{SA}$。由于未知样品和标样的化学成分差异引起了基体效应，使得由 KA 计算出的 A 元素含量并不是 A 元素在未知样品中的真实含量。因此，必须进行原子序数校正（Z）、吸收校正（A）和荧光校正（F），即 ZAF 校正。才能由 KA 换算出样品中 A 元素的真实含量。由于电子束进入试样和 X 射线从试样内射出都伴随着若干物理过程，整个过程是复杂的，因此，进行 ZAF 因子校正是一个冗长而复杂的计算过程，现在都借助于计算机完成。定量分析计算的一般程序是：实测强度→背底扣除和死时间校正→计算强度比 KA→对样品中所有元素的强度比归一化作为初始浓度→ZAF 校正→迭代计算直至收敛→计算出各元素的百分含量。目前各厂家都编制了专用程序，不同厂家的程序在校正方法、分析能力和精度以及扩展应用范围的可能性等方面各有特点。只要按照各自的操作程序进行，就能得到满意的结果。其相对精度一般可达 1%～2%。

波谱仪同样可以进行线分析和面分析，研究元素在试样中的分布状态，其分析方法与能谱仪相同。

六、实验内容

完成一个样品能谱测试与分析的全过程，包括样品制备、仪器操作直至结果输出，并写出实验报告。

图 14-8～图 14-10 所示为点、线、面能谱扫描图。

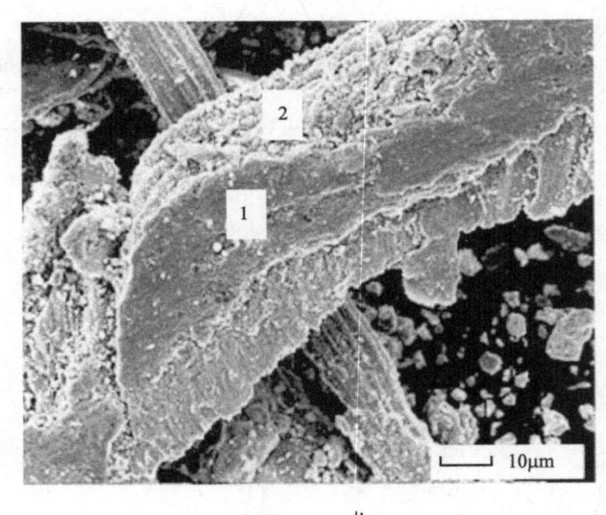

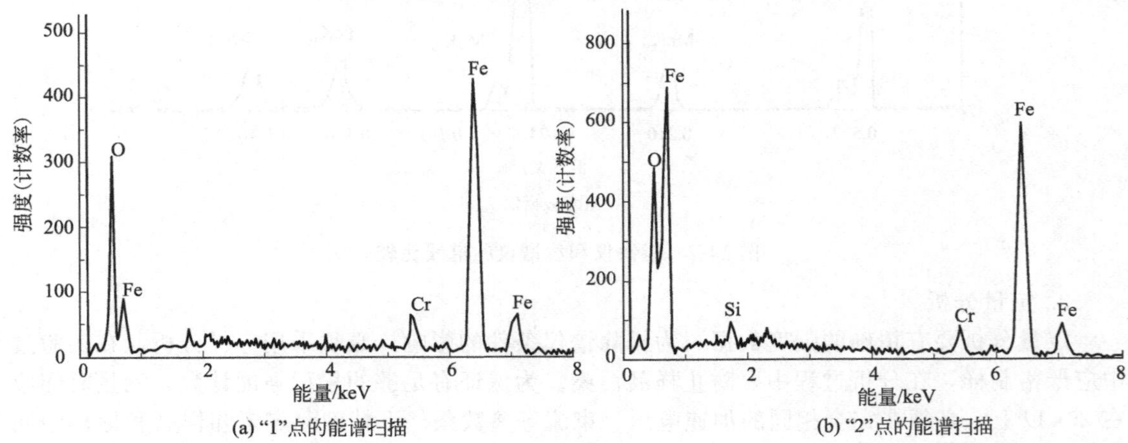

(a) "1"点的能谱扫描　(b) "2"点的能谱扫描

图 14-8　钢磨损表面磨屑的点能谱扫描分析图

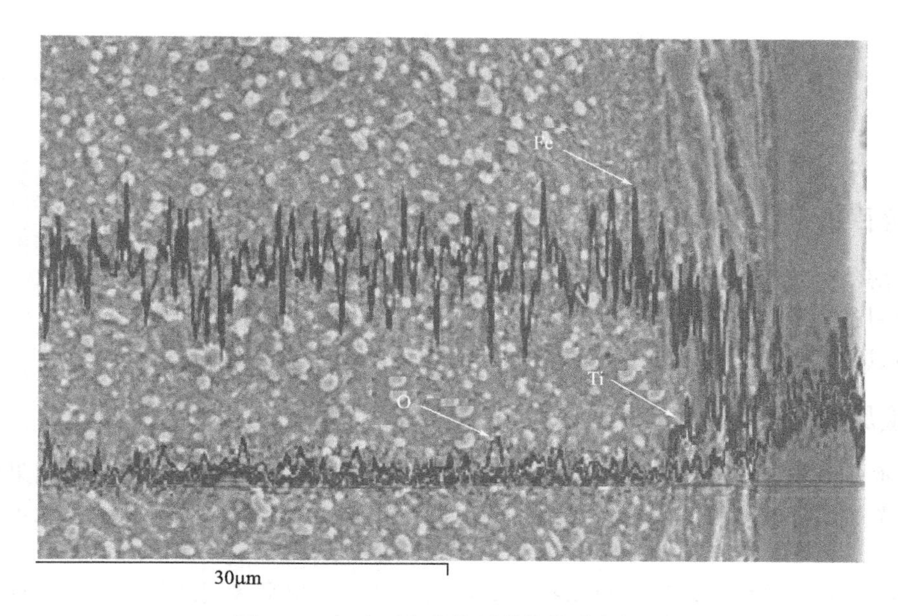

图 14-9　钢表面氧化物层的线能谱扫描图

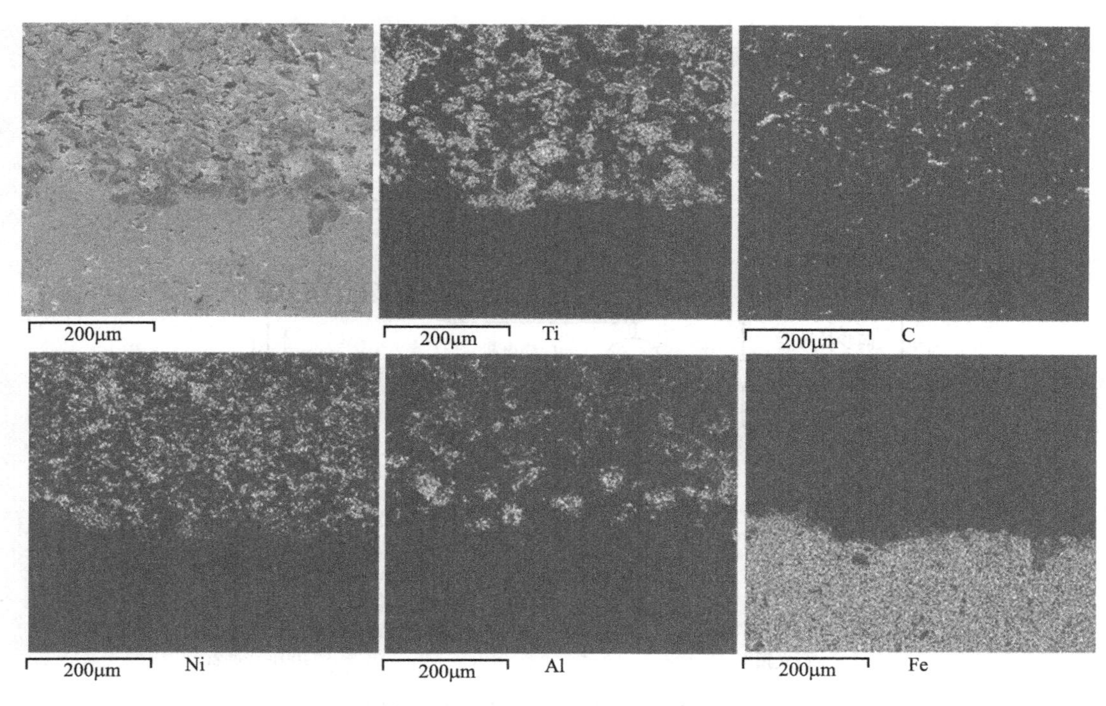

图 14-10　钢表面涂层的面能谱扫描

七、思考题

1. 试对比能谱仪和波谱仪的结构原理。
2. 简述 X 射线显微分析对样品的要求及制备方法。
3. X 射线显微分析中定性及定量分析的依据是什么？
4. ZAF 校正因子的含义是什么？
5. 点、线、面分析反映了试样中化学成分的哪些特点？

实验十五 红外光谱分析

一、实验目的

1. 了解红外光谱的仪器装置及工作原理。
2. 学习红外光谱的实验技术。
3. 通过测绘红外光谱，并对不同类型样品进行红外光谱解析。

二、实验原理

若物质分子或原子基团的振动引起偶极矩变化，将产生对红外光的吸收。如果将透过物质的红外光加以色散，使波长依次排列，同时测量在不同波长处的辐射强度，就可得到红外光谱。

测绘红外光谱的仪器多数为自动扫描式双光束光学零位平衡型红外分光光度计。它包括红外辐射光源、单色器、检测器、电子放大器和记录机械装置，有的还附有计算机数据处理系统。

典型的双光束光学零位平衡红外分光光度计的结构原理如图 15-1 所示。

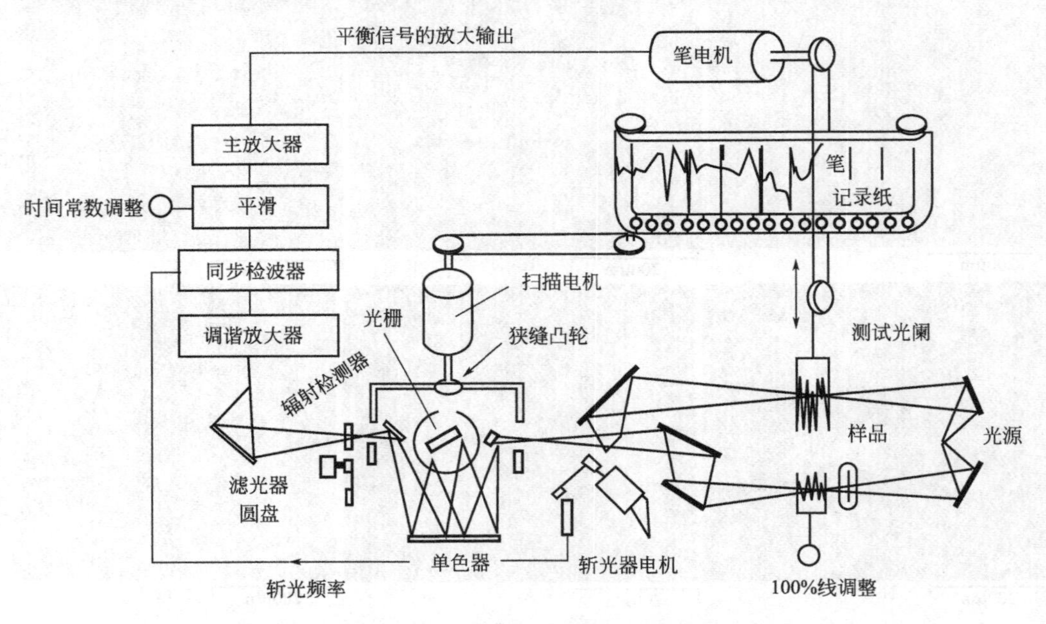

图 15-1　红外分光光度计结构示意图

由图 15-1 可以看到，辐射光源射到两个凹面镜，反射成样品光束和参比光束，分别通过样品室和参比室到达斩光器。斩光器是一个半圆形或两个直角扇形的反射镜。由电机带动，以一定的频率旋转，使样品光束透射和参比光束反射交替通过并经入射狭缝进入单色器，被单色器色散的红外光按频率高低依次通过出射狭缝，滤光器再聚焦在检测器上。

如果两光束具有相等的强度，或在样品光路中未放试样，则在检测器上产生相等的光电效应而输出稳定的直流信号。若样品光路中的光被样品吸收而减弱，由于两光路能量不等，以致达到检测器上的光强以斩光器的频率为周期交替变化，使检测器输出一个交变信号，这个交变信号经放大后驱动伺服电机转动使一楔形减光器插入参比光路降低光强。减光器插入越深，光强减少越多，直至两光束的光强相等为止。记录系统中记录透射光的笔和减光器联动，在参比光束的强度降低后，由于样品吸收光能减少，样品光束逐渐增强。两光路的强度再一次不平衡，伺服电机反方向转动，使减光器逐渐退出参比光路，记录笔也相应地向透射100%线方向移动，这个周期即完成了一条吸收谱带的记录。

波数扫描是靠扫描电机转动波数凸轮进而控制单色器转动，使色散后的单色光按波数线性关系依次通过出射狭缝到达检测器。扫描电机同时使记录纸同步等速移动，使记录的图谱对波数呈线性变化。狭缝凸轮也与扫描电机同步运转，在扫描过程中控制狭缝宽度，以补偿光源的辐射强度随频率变化，使到达检测器上的光强维持恒定。

三、实验内容和步骤

测绘红外光谱的实验方法主要有准备工作和样品测绘等。

（一）准备工作

准备工作包括试样制备、实验条件选择和仪器校正。

1. 固体样品制备（KBr 压片法）

无机非金属材料多数是固体物质。固体样品通常研成细粉，用不同的分散介质将其制成糊状物、薄膜或薄片。本实验采用压片法，固体粉末分散在 KBr 粉末中在压片机上压成透明薄片，制样步骤如下：

（1）待测固体研磨至 2μm 左右，从干燥箱中取出已准备好的 KBr 粉末。

（2）在天平上称取 0.3～3mg 待测样品，以 1∶(100～200) 的比例称量 KBr 粉末。将称量好的待测样与 KBr 粉末倒入玛瑙研钵，在干燥箱或红外灯下研磨混合均匀。

（3）将研磨均匀的样品小心倒入压模中，如图 15-2 所示，使之均匀堆积在模砧上，并用压杆略转动使之完全铺平，慢慢拔出压杆，填入压舌，装好压模。

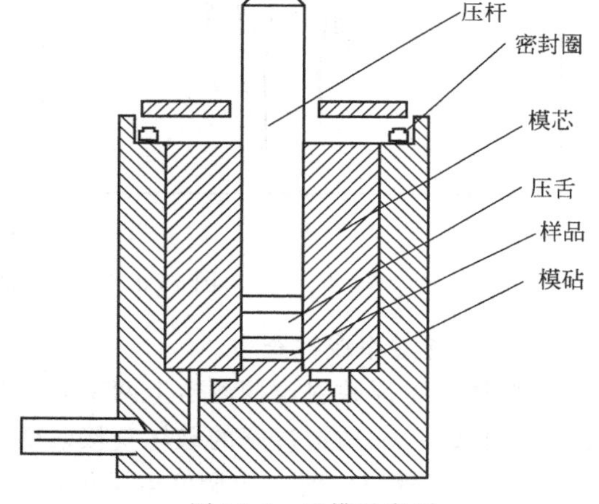

图 15-2　压模示意图

（4）把压模置于油压机下，连接好真空系统，抽真空，缓慢加压至 0.015MPa，维持 5min。

（5）将压模转 90°，再加压一次。

（6）拆卸压模，用镊子取出样品薄片放入干燥器中备用。

2. 液体样品、气体样品的制备

由教师简要介绍、示范。

3. 实验条件

红外分光光度计的分辨率、测量准确度和扫描速度等操作参数是决定光谱图质量的关键因素。

分辨率的高低主要取决于狭缝的宽度。狭缝宽度越小，分辨率越好。但狭缝小，光强减弱，使信噪比减小，因而红外光谱测绘时不要过分追求分辨率，而是要控制适当的狭缝宽度以保持一定的分辨率。

测量的准确度受噪声、杂散光和仪器动态响应制约。检测放大电路中的噪声过大和仪器的动态响应不好，均可使记录笔抖动而使强度及波数变化，杂散光严重也使波数位移。通常用降低记录笔速度和选择合适的增益来保证测量的准确度。

扫描速度是影响分辨率和测量准确度的重要因素。一般是慢速扫描来改善分辨率和提高测量准确度。

从图 15-3 可以看出聚苯乙烯薄膜在 2800～3200cm^{-1}的 C—H 伸缩振动 7 个吸收区，当采用较小的狭缝，较长的扫描时间和适宜的增益如图 15-3(a) 所示，7 个吸收峰都明显可分，图谱质量很好。但当采用较大的狭缝和较小的增益，又不延迟扫描时间，降低记录笔速度，如图 15-3(b) 所示，将使图谱质量下降，7 个吸收峰只有 4 个明显可分。

由此可见，要获得一张高质量的红外光滑，选择合适的实验参数是很重要的。

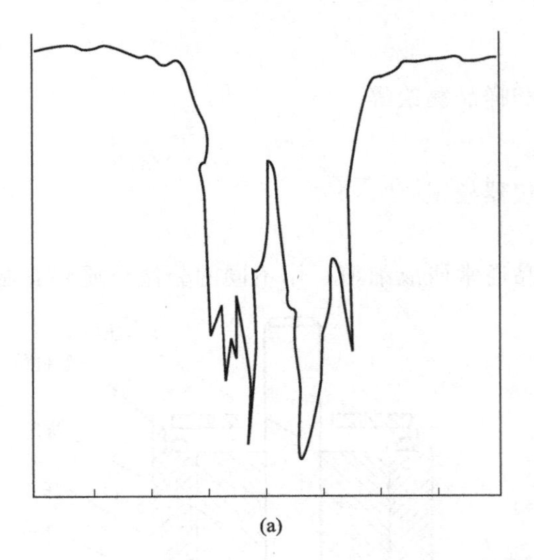

(a)

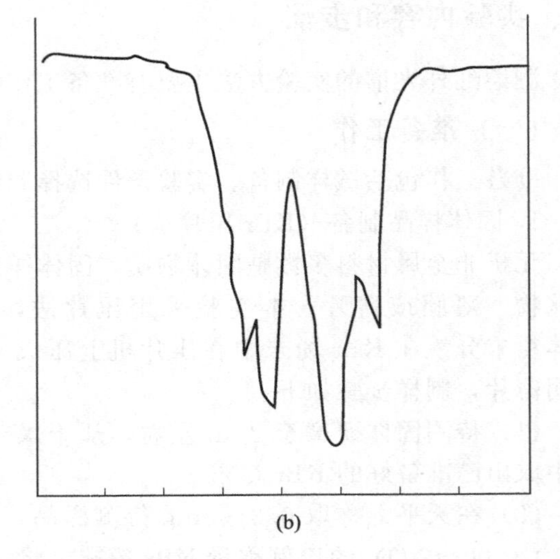

(b)

图 15-3 实验参数对光谱测绘的影响

4. 100%透过率线检查

100%透过率反映射至探测器上两束光在整个波段范围的平衡程度。它在整个波长范围应是一条直线。100%透过率的破坏直接改变红外光谱图的形貌，必须定期检查和调整。

测量 100%透过率时，应调好电平衡，把记录笔调到 95%透过率位置，在样品室无样品时，作全程扫描。要求透过率误差在 3%以内，视 100%透过率情况调整有关部位（100%透过率的情况检查由教师在实验前完成。）

5. 波数校正

尽管在实验中选择了最合适的实验条件，但仪器的精度、光路的调整质量及温度变化都将引起测量精度和读数误差，因而在测量前应进行波数校正。

波数校正通常采用扫描标准厚度的聚苯乙烯薄片，把测定值与表 15-1 所列标准值对照，若波数测定有误差，可调整波长刻度。棱镜或光栅位置等波数无法校正时，应根据测定值与标准值绘出误差曲线，以此作为样品波数校正的依据。

表 15-1 聚苯乙烯谱带的波长和波数

编号	1	2	3	4	5	6
波长/μm	3.266	3.303	3.420	3.508	5.144	5.549
波数/cm^{-1}	3062	3027	2924	2851	1944	1802

续表

编号	7	8	9	10	11	12
波长/μm	6.243	6.692	8.662	9.742	11.03	14.29
波数/cm^{-1}	1602	1494	1154	1028	907	700

（二）样品测绘

样品测绘的基本操作步骤如下：

① 开启红外分光光度计的总电源；

② 装上记录纸和记录笔，调整记录笔到适当透过率位置；

③ 打开试样室，拿出干燥管，将制备好的待测样透明薄片和参比样分别置于样品光路和参比光路中，关闭试样室；

④ 调节仪器按键，选择适当的狭缝宽度、增益大小和扫描延迟时间，调整好扫描的起始波数位置；

⑤ 启动扫描按键，仪器开始自动扫描测量；

⑥ 测试完毕，取出试样，将干燥管放进试样室；

⑦ 切断总电源，取下记录笔，盖好罩盖。

四、实验注意事项

1. KBr 有严重的吸湿性，使用前应将研成的细粉在 300℃烘干 8h，放在干燥箱中待用。

2. 试样本身不应含游离水分，测绘前应在 110℃烘干。

3. 试样的大颗粒将产生严重的散射（尤其是在短波区），降低信号强度，研磨至 2μm 左右可减小散射。

4. 应调节样品的厚度和浓度，使最高谱峰的透过率在 1%～5%，基线在 90%～95%。

五、实验报告

1. 测绘聚苯乙烯的红外光谱，记录实验条件，标注出各吸收峰的波数，并绘出测定值与标准值的误差曲线。

2. 测绘红外光谱，记录测试条件，标注各吸收峰的波数，并用误差曲线校正所测波数值，分析产生误差的原因。

六、思考题

1. 用 KBr 作基质材料压片有何优越性？

2. 影响红外光谱质量的因素有哪些？可采取什么样的措施来消除？

3. 可否用 ATR-FTIR 实验获取牙刷柄（尼龙材料）的红外光谱图？为什么？

碳钢相变点的差热分析

一、实验目的

1. 了解 DTA 分析仪的结构和工作原理。

2. 学会分析碳钢 DTA 的实验曲线和确定相变点的转变原理。

3. 掌握 DTA 测量时应注意的要点。

二、实验原理和设备

差热分析是在程序控温条件下，测量试样与参比的基准物质之间的温度差与环境温度的函数关系，其工作原理如图 16-1 所示。

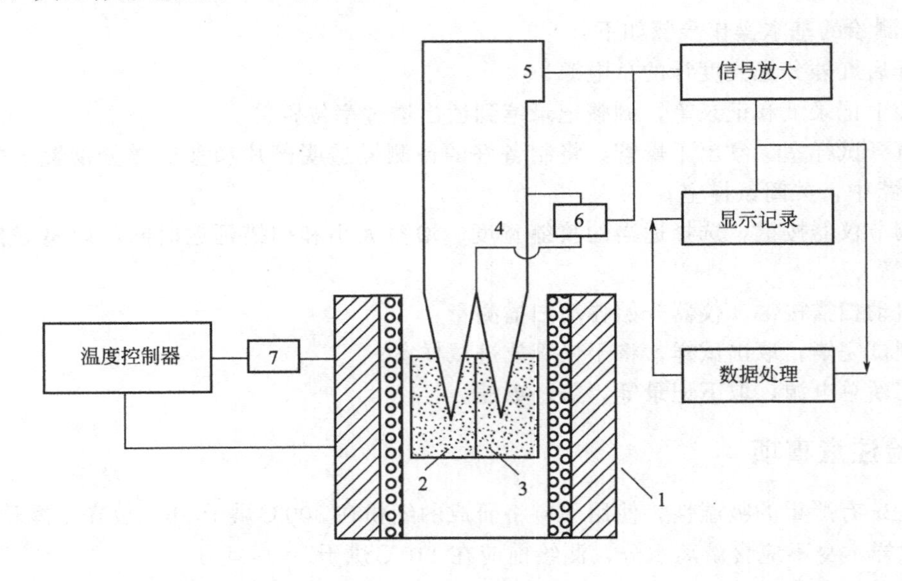

图 16-1 DTA 工作原理图

1—加热炉；2—样品；3—参比物；4—测温热电偶；5—温差热电偶；6—测温元件；7—温控元件

实验中用两个尺寸完全相同的白金坩埚，一个装参比物（一种在测量温度范围内没有任何热效应发生的惰性物质，如 α-Al_2O_3 及 MgO 等）；另一个坩埚装欲测样品。将两只坩埚放在同一条件下受热——可将金属块开两个空穴，把两只坩埚放在其中，也可在两只坩埚外面套一个温度程控的电炉。热量通过坩埚传给试样和参比物，使其温度升高。测温热电偶插入试样和参比物中，也可放在坩埚外的底部。考虑到升温和测量过程中，样品若有热效应发生（如升华、氧化、聚合、固化、硫化、脱水、结晶、熔融、相变或化学反应），而参比物是无热效应的，这样就必然出现温差。由图 16-1 可见，两个热电偶是同极相连，它们产生的热电势的方向正好相反。当炉温缓慢上升，样品和参比物受热达到稳定态。如果试样与参比物温度相同，$\Delta T=0$，那么它们的热电偶产生的热电势也相同。由于反向连接，所以产生的热电势大小相等，方向相反，正好抵消，记录仪上没有信号。如果样品由于热效应发生，而参比物无热效应，这样 $\Delta T\neq 0$，记录仪上记录下 ΔT 的大小。当样品的热效应（放热或吸热）结束时，$\Delta T=0$，信号指示也回到零。如图 16-2 所示。

三、DTA 曲线分析

DTA 曲线是以温度为横坐标，以试样和参比物的温差 ΔT 为纵坐标，以显示试样在缓慢加热和冷却时的吸热与放热过程，吸热时呈谷峰，放热时呈高峰，见图 16-3。

由于热电偶的不对称性，试样、参比物（包括它们的容器）的热容、热导率不同，在等速升温情况下画出的基线并非 $\Delta T=0$ 的线，而是接近 $\Delta T=0$ 的线，如图 16-3 中的 ΔT_a 线。另外升温速度的不同，也会造成基线的漂移。

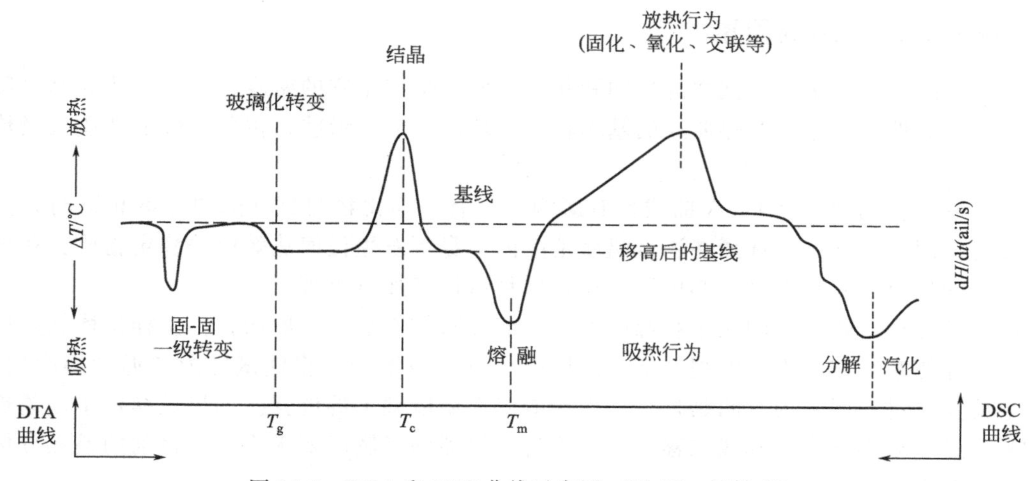

图 16-2 DTA 和 DSC 曲线示意图（固-固一级转变）

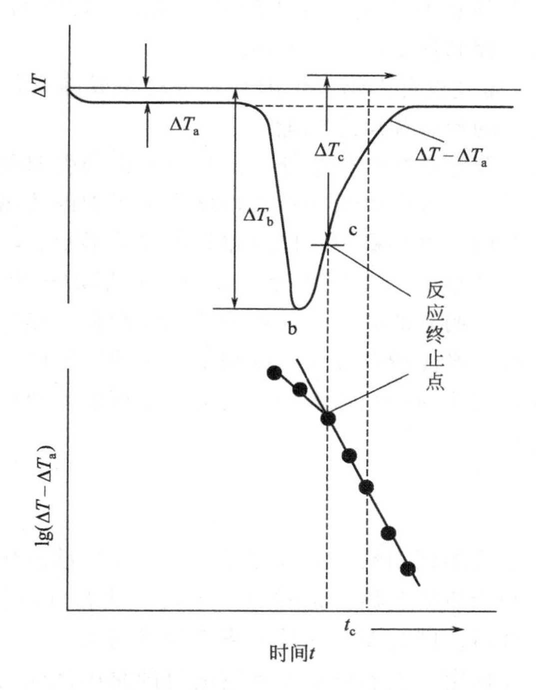

图 16-3 DTA 吸热转变曲线及反应终点的确定图

当加热温度超过了某点后，试样发生了某种吸热反应，ΔT 不再是定值，而随温度的升高急剧增大，即试样发生了吸热反应。就需要环境（保温金属块）向试样提供热量。由于环境提供热量的速度有限。吸热使试样的温度上升变慢，从而使 ΔT 增大。达到 b 点时出现极大值，吸热反应开始变缓，直到 c 点时反应停止，试样自然升温。

关于反应终点 c 的确定方法是假设物质的自然升温（或降温）的过程是按指数规律变化的，则可用 b 点以后的一段曲线数据，以 $\lg(\Delta T-\Delta T_a)$ 对 T 作图，即可得到图 16-3 下端的曲线。曲线上开始转折（即不服从指数规律）的点即为 c 点。

应当注意，从 DTA 曲线上可以看到物质在不同的温度下所发生的吸热及放热反应，但不能得到热量的定量数据。因为试样与参比物都通过容器与外界有热交换，而这种热交换与仪器的结构有关，不便于热量定量。能够准确获得热量数据的是示差扫描量热计（DSC）。

四、DTA 曲线的影响因素

(1) 样品因素中主要是试样的物理和化学性质，特别是它的密度、热容、热导率，反应类型和结晶等性质决定了差热曲线的基本特征，峰的个数、形状、位置和峰的性质（吸热或放热）。

(2) 参比物的性质对 DTA 曲线也有影响。只有当参比物与试样的热导率相近时，其基线才接近。因此参比物多选择在测量温度范围内本身不发生任何热效应的稳定物质。在试样与参比物的热容相差较大时，亦可用参比物稀释试样来加以改善。

(3) 试样量对热效应的大小和峰的形状有着显著的影响。一般而言，试样量增加，峰面积增加，并使基线偏离零线的程度增大。同时，试样量增加，将使试样内的温度梯度增大，相应地使变化过程所需的时间延长，从而影响峰在温度轴上的位置。如果试样量小，差热曲线出峰明显，分辨率高，基线漂移也小，不过对仪器的灵敏度要求也高。目前的差热分析仪所需样品在 50mg 左右。

(4) 升温速率对差热曲线也有影响，较快的升温速度，使峰面积增大和使峰顶移向高温。升温速度一般根据需要控制在 1～30℃/min。

(5) 炉内气氛对 DTA 曲线也有影响。炉内气氛是动态或静态，是活性或惰性，是常压或高压、真空等都会影响峰的形状和反应机理。

(6) 试样的预先处理（测定前某些化学处理或粉碎）也会引起曲线的波动。

(7) 加热方式、炉子形状和大小以及样品支持器决定了炉内传热方式、热容量和热分布等，它们影响差热曲线基线的平直和稳定，以及差热曲线的形状、峰面积的大小和位置。

(8) 温差检测灵敏度、热电偶及走纸速度对差热的峰形均产生影响。温度检测灵敏度高，微小的温度差可以获得较明显的峰，但这可能使基线漂移。热电偶的接点位置、类型和大小可影响差热曲线上峰形、峰面积及峰在温度轴上的位置。不同的走纸速度对差热曲线的峰形也有影响，对于快速反应或两个相邻的快速反应，走纸速度快可明显反映出反应的变化过程，并使曲线上峰形合理。

五、实验内容

(1) 试样准备　取一定量的碳钢粉末放入样品室中，实验前应作好记录，包括测试目的和要求，试样来源，纯度和杂质的名称，试样的分子式、状态（块状、粉状或液体）、熔点或沸点、颜色及其他有关资料。同时要消除试样表面的吸附水。

(2) 仪器可靠性检查及标定　仪器可靠性检查的目的是确认仪器正常状态，应按说明书进行，其中以检查分辨率和基线校准最重要。仪器标定主要是确定升温速率的实际值和温度修正值。

(3) 实验方法的设计和实验条件的选择　将仪器连接好，升温速率控制在 10℃/min，最高温度设置为 950℃，采用氩气保护。

(4) 数据处理和误差分析　差热曲线的数据处理主要是转变（反应）温度的确定和峰面积的测量。转变温度的确定可利用切线法求出曲线的拐点，该拐点即为温度转变点。

六、实验报告

1. 将所得热分析曲线，用 Origin 软件画出并粘贴在实验报告纸上。
2. 在热分析曲线上确定热效应发生的温度范围，并解释其产生的原因。
3. 解释热分析曲线升温降温过程中相变温度变化的原因。

实验十七 热导率的测定

一、实验目的

1. 巩固和深化稳定导热过程的基本理论，学习用平板法测定材料热导率的实验方法和技能。

2. 测定试验材料的热导率。

3. 确定试验材料热导率与温度的关系。

二、实验原理

热导率是表征材料导热能力的物理量。对于不同的材料，热导率是不同的；对同一材料，热导率还会随着温度、压力、湿度、物质的结构和重度等因素而变化。各种材料的热导率都用实验方法来测定，如果要分别考虑因素的影响，就需要针对各种因素加以实验，往往不能只在一种实验设备上进行。稳态平板法是一种应用一维稳态导热过程的基本原理来测定材料热导率的方法，可以用来测定热导率，测定材料的热导率及其和温度的关系。

平板稳态法测定热导率按下式计算

$$\lambda=-mC\frac{2h_{\mathrm{p}}+R_{\mathrm{p}}}{2h_{\mathrm{p}}+2R_{\mathrm{p}}}\times\frac{1}{\pi R^{2}}\times\frac{h}{T_{1}-T_{2}}\times\frac{\mathrm{d}T}{\mathrm{d}t}\bigg|_{T=T_{2}} \tag{17-1}$$

式中 R——样品半径；

h——样品高度；

m——下铜板质量；

C——铜块的比热容；

R_{p}——下铜板的半径；

h_{p}——下铜板的厚度；

T_1，T_2——温度。

三、实验设备

DRP-Ⅱ型热导率测试仪。

四、实验内容和步骤

1. 用自定量具测量样品、下铜板的几何尺寸和质量等物理量，多次测量取平均值。其中铜板的比热容 $C=0.385\mathrm{kJ/(K\cdot kg)}$。

2. 先放置好待测样品及下铜板（散热盘），调节下圆盘托架上的三个微调螺钉，使待测样品与上、下铜板接触良好。

3. 合上“加热开关”，参照其温度控制器使用说明书设定好上铜板的温度，对上铜板进行加热。

4. 上铜板加热到设定温度时，同时通过热电偶选通开关，将信号选通开关拨到Ⅰ挡测量上铜板的温度。当上铜板的温度保持不变时，记录此时上铜板的温度（T_1），再不断给高温侧铜板（上铜板）加热，经过一定时间后，当下铜板的温度基本不变时，将信号选通开关拨到Ⅱ挡上测量下铜板的温度。记录此时下铜板的温度值（T_2）。此时可认为已经达到了稳态（大约2min以内下铜板的温度保持不变）。

5. 移去样品，继续对下铜板加热，当下铜板温度比 T_2 高出10℃时，移去圆筒，让下铜板所有表面均暴露于空气中，使下铜板自然冷却。每隔30s记录下铜板的温度，直至下降到 T_2 以下一定值。作铜板的 T-t 冷却速率曲线（选取邻近的 T_2 测量数据来求出冷却速率）。

6. 根据计算样品的热导率 λ。

五、实验注意事项

1. 稳态法测量时，要使温度稳定约需要40min，同时每隔30s记下样品上、下铜板的温度 T_1、T_2，待 T_2 数值在2min内不变即认为达到稳态。

2. 圆筒发热体盘侧面和散热盘侧面，都有供安插热电偶的小孔，安放发热盘时这两个小孔都应与杜瓦瓶在同一侧，以免线路错乱。热电偶插入小孔时，要抹上些硅脂，并插到洞孔底部，保证接触良好，热电偶冷端浸入冰水混合物中。

3. 样品铜板和散热盘的几何尺寸，可用游标卡尺多次测量取平均值。

实验十八 线膨胀系数的测定

一、实验目的

1. 掌握线膨胀系数测定的方法及仪器装置。
2. 学会测定玻璃线膨胀系数的方法。

二、实验原理

物质在受热时会产生膨胀，固体在某个方向上的长度随温度的增加而增加的现象叫做膨胀。可利用被测物质与石英玻璃线膨胀系数不同，测定两者在加热过程中的相对伸长量。

线膨胀系数是指与单位温度变化对应的试样单位长度的线膨胀量。当固体物质的温度从 T_1 到 T_2，试样的长度相应地从 L_1 到 L_2，相应的线膨胀系数

$$\alpha=\frac{L_2-L_1}{L_1(T_2-T_1)}=\frac{\Delta L}{L_1\Delta T}$$

上式说明，固体的线膨胀系数就是当温度升高时它的单位长度伸长量，其单位是mm/(mm·℃)。

固体受热时各方向都会伸长，因而整个体积会增加，同理体积膨胀系数为 $\beta=\frac{V_2-V_1}{V_1(T_2-T_1)}=\frac{\Delta V}{V_1\Delta T}$。由于体积膨胀系数测量较为复杂，有各向同性与各向异性之分，具体不展开。

不同的固体材料有不同的线膨胀系数。同一种固体材料在不同的温度线膨胀系数也不同，但在温度变化范围不大时相差很小，通常以其平均值来表示。测定材料的线膨胀系数在生产加工和使用过程中有重要的意义。例如，玻璃球和平板玻璃的退火以及玻璃的磨光过程都要求线膨胀系数较小，以避免炸裂和破损。

三、实验方法

测定线膨胀系数的方法很多，实验室常采用示差法（又称石英膨胀计法），在工厂快速

测定常用双线法，进行精确测定时用光干涉法。

本实验采用石英膨胀计法来测定，此法利用材料受热膨胀伸长推动千分表，从千分表上可以读出膨胀的长度，因石英具有较小的线膨胀系数 $5.8\times10^{-7}℃^{-1}$，根据它随温度变化改变很小这一特点，将试样放入石英玻璃套管中。试样通过石英玻璃与千分表相连，石英玻璃套管插在加热炉内的金属管中，受到均匀加热，试样便与玻璃管和玻璃棒同时受热而膨胀。由于试样受热膨胀量远比石英玻璃大得多，因此千分表上可以读出其在该温度下线膨胀值。

由于玻璃的线膨胀系数一般是 $(60\sim100)\times10^{-7}℃^{-1}$，石英的线膨胀系数一般是 $5.8\times10^{-7}℃^{-1}$，两者的膨胀差可以测定。因为 $\alpha_{玻璃}>\alpha_{石英}$，所以 $\Delta L_1>\Delta L_2$。千分表的指示为 $\Delta L=\Delta L_1-\Delta L_2$，而玻璃的净伸长 $\Delta L_1=\Delta L-\Delta L_2$。按照线膨胀系数的定义，玻璃的线膨胀系数

$$\alpha=\frac{1}{L}\times\frac{\Delta L_1}{\Delta T}=\frac{1}{L}\times\frac{\Delta L+\Delta L_2}{T_2-T_1}=\frac{1}{L}\times\frac{\Delta L}{T_2-T_1}+\frac{1}{L}\times\frac{\Delta L_2}{T_2-T_1}=\frac{1}{L}\times\frac{\Delta L}{T_2-T_1}+\alpha_{石英}$$

只要材料的线膨胀系数小于石英的线膨胀系数，如金属、无机非金属、有机材料等，都可用这种膨胀仪测试它。石英膨胀仪内部结构热膨胀分析见图 18-1。

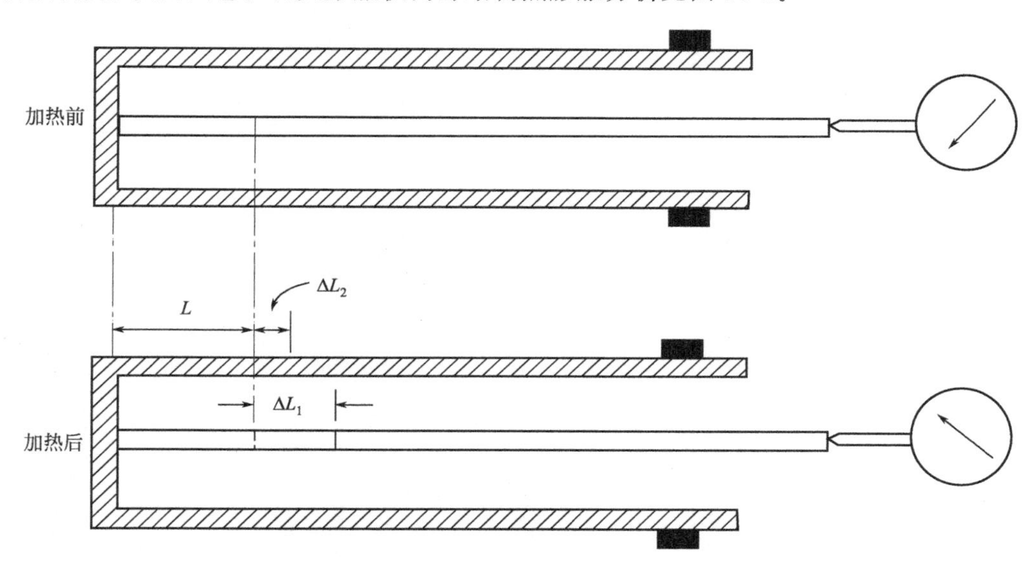

图 18-1　石英膨胀仪内部结构热膨胀分析

四、实验步骤

1. 取一根长约 6cm 的试样，用游标卡尺精确测量长度（精确到 0.01mm）。注意试样必须经过退火，两端用金刚砂磨平，以保证与石英玻璃接触良好。

2. 将试样放入石英玻璃管中，再将石英玻璃棒放在试样的前端，将石英套插在高温炉内铜芯中。注意：试样与石英玻璃棒可用深浅线区别。

3. 将石英套管的管口固定在金属支架大孔上（注意勿使石英管接触铜芯底部），再将千分表固定在金属支架另一端小孔中，使千分表两接触头与石英玻璃棒紧密接触。

4. 接触电源，控制升温速度（每分钟 3～5℃），每隔 10℃记录一次千分表的读数，直到温度达到 600℃为止。

5. 实验结束后，将变压器关至零点，切断电源。

五、实验注意事项

1. 千分表与石英玻璃棒必须装正并对准中心，以保证读数的准确性，为了使千分表的接触杆与石英玻璃棒紧密接触，可将千分表下压回转两圈后固定，安装完毕后可轻敲千分表支架，使读数稳定才可开始实验。

2. 严格控制升温速度的均匀性，起始电流为 2.5A，每隔 10min 升 0.2A，最大电流不宜超过 3A。

六、仪器常数的测定

仪器常数是在相同的实验条件下，用一根与试样相同长度的石英玻璃棒代替试样进行测定，如果仪器无误差，则石英玻璃套管与石英玻璃棒伸长值正好抵消。千分表的读数应无偏差，若有偏差仍按线膨胀系数公式来计算，其计算值即为仪器常数。

第三部分
金属材料性能测试

实验十九
金属材料室温拉伸试验

一、实验目的

1. 绘制拉伸曲线，测定低碳钢的弹性模量 E、屈服强度 R_{eL}、抗拉强度 R_m、断后伸长率 A 和断面收缩率 Z；测定铸铁的抗拉强度 R_m。

2. 观察和比较塑性材料低碳钢和脆性材料铸铁的拉伸试验过程及破坏现象。

二、实验原理

本实验按照国家标准 GB/T 228.1—2010《金属材料　拉伸试验　第一部分：室温试验方法》规定进行。

拉伸试样横截面可以为圆形、矩形、多边形、环形，特殊情况下可以为某些其他形状，金属拉伸试样通常采用圆形和板状两种试样，如图 19-1、图 19-2 所示。试样由平行、过渡和夹持三部分组成。平行部分的试样段长度 L_0 称为试样的标距，按试样的标距 L_0 与横截面面积 S_0 之间的关系，分为比例试样和定标距试样。圆形截面比例试样通常取 $L_0=10d_0$ 或 $L_0=5d_0$，矩形截面比例试样通常取 $L_0=11.3\sqrt{S_0}$ 或 $L_0=5.65\sqrt{S_0}$，其中，前者称为长比例试样（简称长试样），后者称为短比例试样（简称短试样）。定标距试样的 L_0 与 S_0 之间无上述比例关系。过渡部分以圆弧与平行部分光滑连接，以保证试样断裂时的断口在平行部分。夹持部分稍大，其形状和尺寸根据试样大小、材料特性、试验目的以及万能试验机的夹具结构进行设计。

1. 测定低碳钢的弹性模量

在比例极限内测定弹性常数，应力与应变服从胡克定律，其关系式为

$$R=E\varepsilon \tag{19-1}$$

上式中的比例系数 E 称为材料的弹性模量。

$$E=\frac{R}{\varepsilon}=\frac{F}{S_0\dfrac{\Delta L}{L_0}}=\frac{FL_0}{\Delta LS_0} \tag{19-2}$$

为了验证胡克定律并消除测量中可能产生的误差，一般采用增量法。增量法就是把欲加

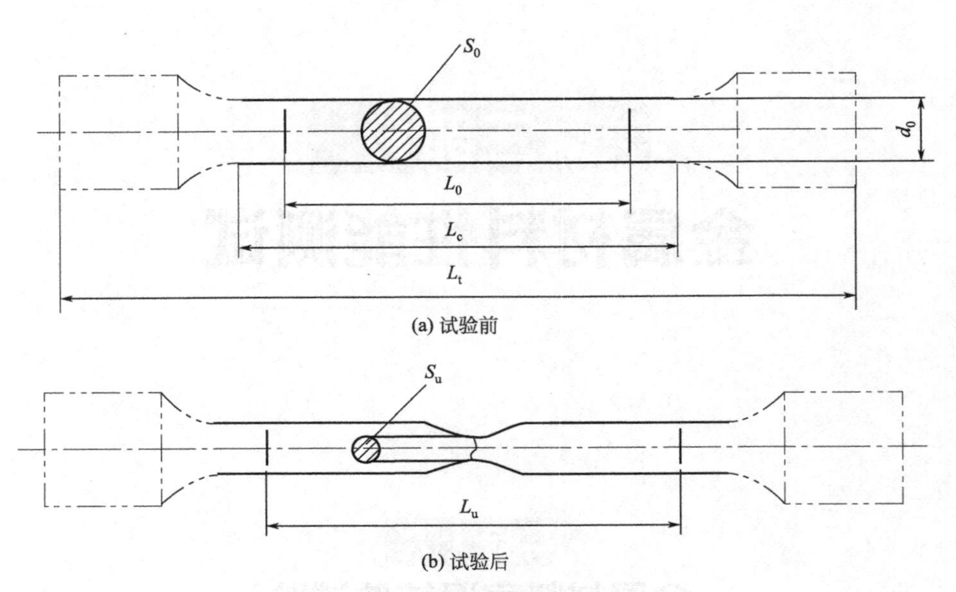

(a) 试验前

S_u
L_u

(b) 试验后

图 19-1 圆形截面拉伸试样

d_0—圆试样平行长度的原始直径；L_0—原始标距；L_c—平行长度；L_t—试样总长度；L_u—断后标距；S_0—平行长度的原始横截面积；S_u—断后最小横截面积

（试样头部形状仅为示意性）

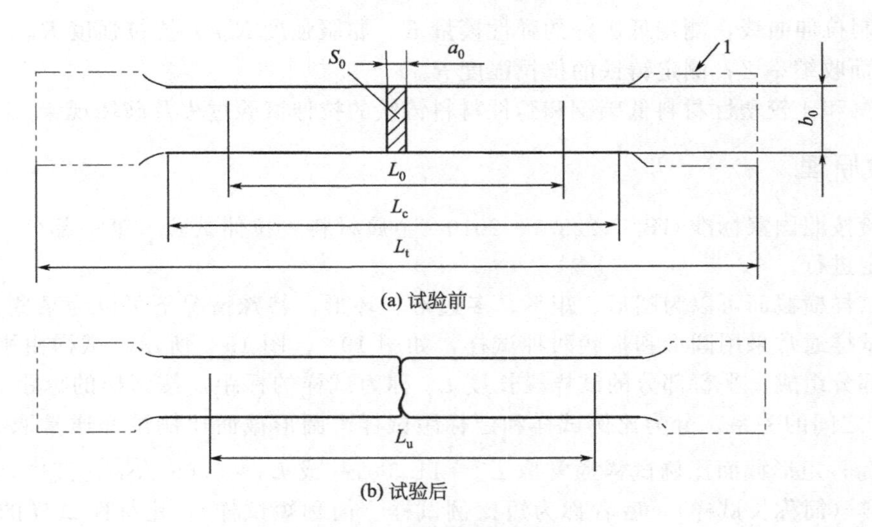

(a) 试验前

L_u

(b) 试验后

图 19-2 矩形截面拉伸试样

a_0—板试样原始厚度；b_0—板试样平行长度的原始宽度；L_0—原始标距；L_c—平行长度；L_t—试样总长度；L_u—断后标距；S_0—平行长度的原始横截面积；1—夹持头部

（试样头部形状仅为示意性）

的最终载荷分成若干等份，逐级加载来测量试样的变形。设试样横截面面积为 S_0，引伸计的标距为 L_0，各级载荷增加量相同，并等于 ΔF，各级伸长的增加量为 ΔL，则式(19-2) 可改写为

$$E_i=\frac{\Delta F L_0}{S_0(\Delta L)_i} \tag{19-3}$$

式中　i（下标）——加载级数（$i=1，2，\cdots，n$）；

ΔF——每级载荷的增加量。

由实验可以发现：在各级载荷增量 ΔF 相等时，相应地由引伸计测出的伸长增加量 ΔL 也基本相等，这不仅验证了胡克定律，而且还有助于我们判断实验过程是否正常。若各次测出的 ΔL 相差很大，则说明实验过程存在问题，应及时进行检查。

2. 测定低碳钢拉伸时的强度和塑性性能指标

弹性模量测定完后，将载荷卸去，取下引伸仪，载荷清零，再次缓慢加载直至试样拉断，观察试样的受力、变形直至破坏的全过程，测出低碳钢在拉伸时的力学性能。

(1) 强度性能指标

① 屈服强度（下屈服强度 R_{eL}） 试样在拉伸过程中载荷不增加而试样仍能继续产生变形的现象为屈服。下屈服强度为不计“初始瞬时效应”时屈服阶段中的最小力所对应的应力，即

$$R_{eL}=\frac{F_{eL}}{S_0} \tag{19-4}$$

② 抗拉强度 R_m 试样在拉断前所承受的最大载荷 F_m 除以原始横截面面积 S_0 所得的应力值，即

$$R_m=\frac{F_m}{S_0} \tag{19-5}$$

低碳钢是具有明显屈服现象的塑性材料，在均匀缓慢的加载过程中，屈服阶段反映在拉伸图上为一水平波动线，去除初始瞬时效应后波动的最低点所对应的载荷为屈服载荷。对于其他金属材料下屈服强度位置判定的基本原则如下：

a. 屈服阶段中如呈现两个或两个以上的谷值应力，舍去第一个谷值应力（第一个极小值应力）不计，其余谷值应力中最小者判为下屈服强度。如只呈现一个下降谷，次谷值应力判为下屈服强度。

b. 屈服阶段中呈现屈服平台，平台应力判为下屈服强度。如呈现多个后者高于前者的屈服平台，判第一个平台应力为下屈服强度。

(2) 塑性性能指标

① 伸长率 A 断后试样标距的残余伸长（L_u-L_0）与原始标距 L_0 之比，即

$$A=\frac{L_u-L_0}{L_0}\times 100\% \tag{19-6}$$

式中 L_0——试样的原始标距；

L_u——将拉断的试样对接起来后两标点之间的距离。

② 断面收缩率 Z 断裂后试样横截面积的最大缩减量（S_0-S_u）与原始横截面面积 S_0 之比，即

$$Z=\frac{S_0-S_u}{S_0}\times 100\% \tag{19-7}$$

式中 S_0——试样的原始截面面积；

S_u——试样拉断后颈缩处的最小截面积。

3. 测试灰铸铁拉伸时强度性能指标

由于铸铁在拉伸过程中没有屈服阶段，且在很不显著的变形下即断裂，故对铸铁只能测得其强度极限 F_m，试验机上最大载荷除以原始截面面积 S_0 所得的应力值为抗拉强度 R_m，即

$$R_m=\frac{F_m}{S_0} \tag{19-8}$$

三、实验设备和材料

仪器：电子万能试验机、引伸仪、游标卡尺。

实验材料：低碳钢 Q235 和灰铸铁圆形长试样。

四、实验内容和步骤

① 熟悉万能试验机的构造，并按要求装夹试样。

② 得到材料的应力应变曲线，观察试样的变形过程及变形规律。

③ 观察试样断口的宏观形貌特征。

具体步骤如下。

1. 低碳钢的拉伸试验

(1) 测量试样尺寸。用游标卡尺测量试样的直径 d_0 和标距 L_0。在标距的两端及中央三个位置上，沿两个相互垂直的方向各测一次试样直径，取其平均值，再选用三个数据中的最小值作为直径计算试样的横截面面积。用划线机在低碳钢材料上划上试样的标距 L_0，并将其 10 等分，以便观察变形沿轴线的分布情况。

(2) 安装试样。首先，根据测试要求和试样的形状、尺寸选择相应的夹具。其次，正确安装试样和引伸仪。将试样夹装在上夹头中，再把试样夹在下夹头中，引伸仪安装在试样中间部分，用于测量试样中部长度 L_0（引伸仪两刀刃间的距离）内的微小变形。

(3) 开启试验机进行拉伸。按使用的万能试验机的操作规程进行试验。载荷清零，位移清零，预加一定的初载荷，同时读取引伸仪的初读数。超过弹性极限，取下引伸仪，继续缓慢轴向加载，使试样伸长，直至被拉断。由试验机自动记录施加于试样的外力与伸长变形量之间的关系曲线。试验过程中，注意观察拉伸曲线变化及试样的变形，特别是弹性、屈服、强化和颈缩各阶段的特征。试样断裂后，立即停止拉伸，取下试样，将试验机回复原状。

(4) 测量拉断后试样尺寸。测量试样颈缩处之最小直径 d_u 和标距长度 L_u，对于圆形试样，在颈缩最小处两个垂直方向上测量其直径，用两者的平均值作为 d_u。

(5) 拉断后标距长度 l_u 的测量。将试样断裂的部分仔细地配接在一起，使其轴线处于同一条直线上，并采取特别措施确保试样断裂部分适当接触后测量试样断后标距。原则上只有试样断裂处距离不小于 $1/3L_0$ 方为有效，可直接测量标距两端点之间的距离作为 L_u。若断口与标距标点的距离小于 $1/3L_0$ 时，因为试样头部较粗部分将影响颈缩部分的局部伸长量，使 A 偏小，则应采用“移位法（亦称为补偿法或断口移中法）”测定 L_u，见图 19-3。试验前，将试样原始标距细分为 5～10mm 的 N 等份。试验后，以符号 X 表示断裂后试样短段的标距标记，以符号 Y 表示断裂试样长段的等分标记，此标记与断裂处的距离基本上等于短段长度。如 X 与 Y 之间的分格数为 n，按如下测定断后 L_u。如 $N-n$ 为偶数，测量 X 与 Y 之间的距离 L_{XY} 和 Y 至距离为 $\frac{N-n}{2}$ 个分格的 Z 标记之间的距离 L_{YZ}。则 $L_u=L_{XY}+2L_{YZ}$。如 $N-n$ 为奇数，测量测量 X 与 Y 之间的距离 L_{XY}，及 Y 至距离分别为 $\frac{N-n-1}{2}$ 和 $\frac{N-n+1}{2}$ 个分格的 Z′ 和 Z″ 标记之间的距离 $L_{YZ'}$ 和 $L_{YZ''}$，则 $L_u=L_{XY}+L_{YZ'}+L_{YZ''}$。

(6) 观察和比较两种材料的破坏现象并画出断口的草图。

(7) 切断电源，整理现场。

2. 铸铁拉伸实验

参照低碳钢拉伸实验步骤进行。

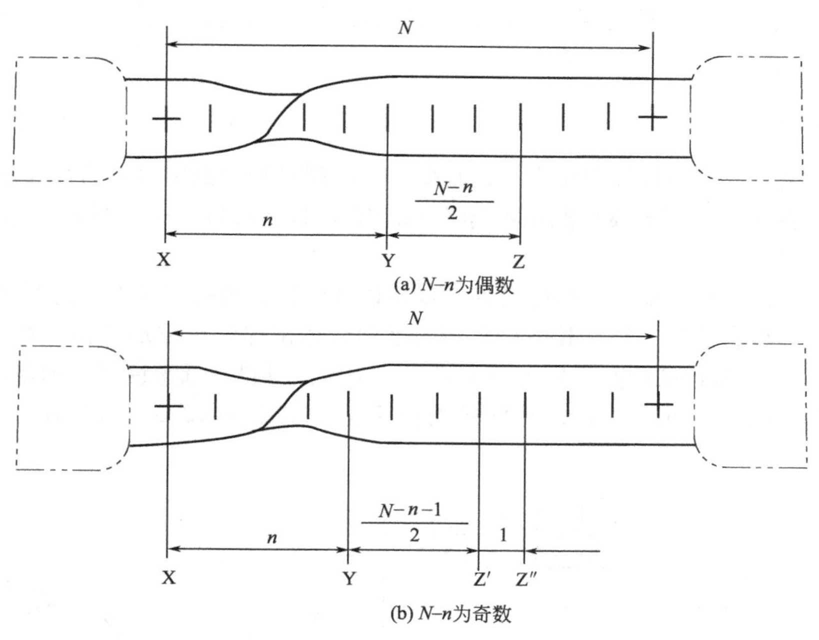

图 19-3　移位法的示意图

五、实验注意事项

1. 测量断后标距时，两段在断口处应紧密对接，尽量使两段的轴线在一条直线上。若在断口处形成缝隙，则此缝隙应计入 L_u 内。

2. 如果断口在标距以外，或者虽在标距之内，但距标距端点的距离小于 $2d_0$，则试验无效。

六、实验报告

1. 说明实验目的、实验原理及实验内容。
2. 记录实验设备、材料。
3. 实验数据记录与处理。
4. 描述实验结果。画出力-伸长曲线或应力-应变曲线，获得试样的刚度、强度、塑性指标。绘出试样断口的宏观形貌特征。
5. 分析影响拉伸试验结果的主要因素。

七、思考题

1. 低碳钢拉伸图可分为几个阶段？每一阶段，力与变形有何关系？出现什么现象？
2. 低碳钢和铸铁在拉伸时可测得哪些力学性能指标？用什么方法测得？

金属材料室温压缩试验

一、实验目的

1. 测定低碳钢的压缩屈服强度 R_{eLc} 和灰铸铁的抗压强度 R_{mc}。

2. 绘制低碳钢和灰铸铁的压缩图，观察和比较低碳钢和灰铸铁压缩时的变形特点和破坏形式。

二、实验原理

压缩试验是对试样施加轴向压力，在其变形和断裂过程中测定材料的强度和塑性等力学性能指标的试验方法。本实验按照国家标准 GB/T 7314—2017《金属材料　室温压缩试验方法》规定进行。

金属压缩试样的形状随着产品的品种、规格以及试验目的的不同而分为圆柱体试样、正方形柱体试样和板状试样三种。其中最常用的是圆柱体试样和正方形柱体试样，如图 20-1、图 20-2 所示。为了防止试验时试样纵向失稳，对于脆性材料和低塑性材料测定 R_m，其 $L=(1\sim2)d$ 和 $L=(1\sim2)b$。对于塑形材料测定 R_{eLc}，其 $L=(2.5\sim3.5)d$ 和 $L=(2.5\sim3.5)b$。

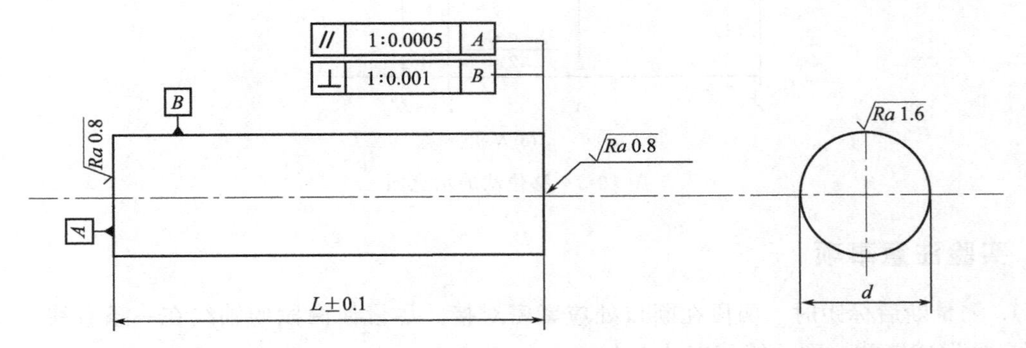

说明：
L——试样长度 [$L=(2.5\sim3.5)d$ 或 $(5\sim8)d$ 或 $(1\sim2)d$]，单位为 mm；
d——试样原始直径 [$d=(10\sim20)\pm0.05$]，单位为 mm。

图 20-1　圆柱体试样

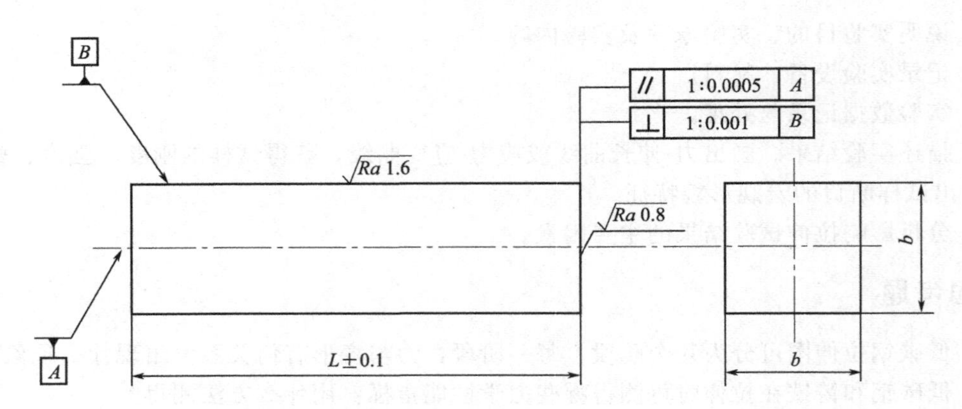

说明：
L——试样长度 [$L=(2.5\sim3.5)b$ 或 $(5\sim8)b$ 或 $(1\sim2)b$]，单位为 mm；
b——试样原始宽度 [$b=(10\sim20)\pm0.05$]，单位为 mm。

图 20-2　正方形柱体试样

1. 测定低碳钢压缩屈服强度 R_{eLc}

低碳钢在压缩过程中，当应力小于屈服应力时，其变形情况与拉伸时基本相同。当低碳钢呈屈服现象时，试样在试验过程中达到力不再增加而仍继续变形所对应的压缩应力，通常取下压缩屈服强度。低碳钢压缩屈服不像拉伸时那样明显，需细心观察。当达到屈服应力后，试样产生塑性变形，随着载荷不断增加，试样的横截面面积不断变大直至被压扁而不发生断裂破坏，故只能测得其屈服载荷 F_{eLc}，屈服强度为

$$R_{eLc}=\frac{F_{eLc}}{S_0} \tag{20-1}$$

式中 S_0——试样的原始横截面面积。

2. 测定灰铸铁的抗压强度 R_{mc}

灰铸铁属于脆性材料，在压缩过程中，当试样的变形很小时即发生破坏，故只能测其破坏时的最大载荷 F_{mc}，抗压强度为

$$R_{mc}=\frac{F_{mc}}{S_0} \tag{20-2}$$

三、实验设备和材料

仪器：电子万能试验机、游标卡尺。

实验材料：低碳钢 Q235 和灰铸铁压缩试样、固体润滑剂。

四、实验内容和步骤

使试样受轴向递增的单向压缩力，观察材料受力情况和变形过程，测定低碳钢的压缩屈服强度 R_{eLc}和灰铸铁的抗压强度 R_{mc}。

1. 量尺寸。用游标卡尺在试样中间截面相互垂直的方向上各测量一次直径，取其平均值作为计算直径。

2. 安装试样。将试样两端面涂上润滑油，置于万能试验机下压头上，并检查对中情况。

3. 加载。开动万能试验机，均匀缓慢加载，注意读取低碳钢的屈服载荷 F_{eLc}和灰铸铁的最大载荷 F_{mc}。

4. 卸载。取下试样，观察试样受压变形或破坏情况，并画下草图。

五、实验注意事项

1. 加载要均匀缓慢，特别是当试样即将开始受力时，要注意控制好速度，否则易发生实验失败甚至损坏机器。

2. 铸铁压缩时，不要靠近试样观看，以免试样破坏时有碎屑飞出伤眼。试样破坏后，应及时卸载，以免压碎。

六、实验报告

1. 给出实验目的、实验原理、实验内容。

2. 列出设备名称、型号、使用量程、最小刻度及试样尺寸。

3. 实验记录与处理。

4. 记录实验结果（列表表示），实验后试样草图。

七、思考题

1. 金属材料的压缩实验能测得哪些力学性能指标？

2. 比较低碳钢和灰铸铁在拉伸与压缩时所测得的 R_{eLc}和 R_{mc}的数值有何差别？

3. 低碳钢压缩后为什么呈现鼓形？分析灰铸铁压缩时的破坏形式及其破坏原因。

实验二十一

金属材料室温扭转试验

一、实验目的

1. 测定低碳钢的扭转屈服强度 τ_{eL}、抗扭强度 τ_m 及铸铁的抗扭强度 τ_m。

2. 观察和比较低碳钢和铸铁的受扭过程及其破坏现象。

二、实验原理

本实验按照国家标准 GB/T 10128—2007《金属材料　室温扭转试验方法》规定进行。对试样施加扭矩，测量扭矩及其相应的扭角，扭至断裂，测量扭转力学性能。

圆柱形扭转试样的形状和尺寸见图 21-1。试样为圆截面，推荐直径为 10mm，标距为 50mm 或 100mm，两端部铣成六方形以便夹持。

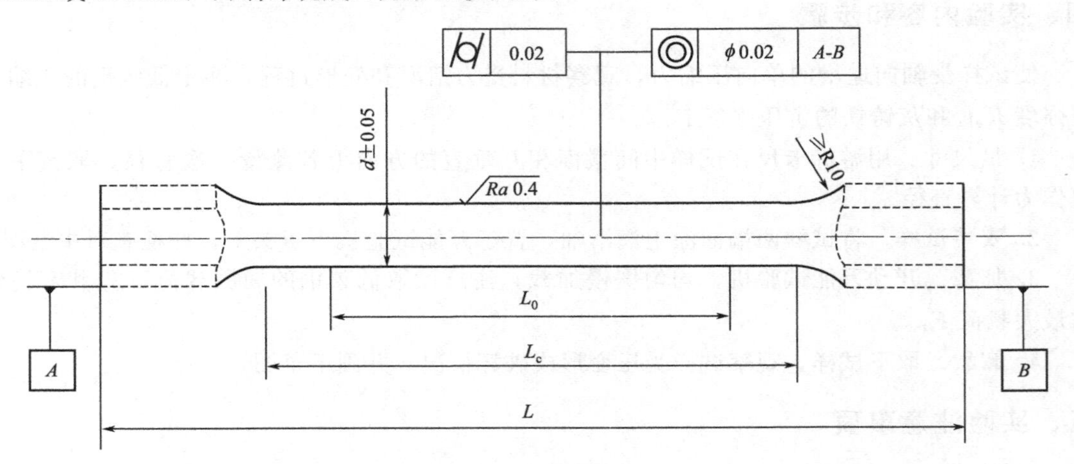

图 21-1　圆柱形扭转试样

1. 测定低碳钢的扭转力学性能

当把扭转试件装在扭力机上进行实验时，机器能自动绘出扭曲图如图 21-2 所示。低碳钢在开始的扭转阶段，T 和 φ 为线性关系，其横截面上的剪应力按线性分布。扭转图直线部分 A 端所对应的扭矩为 T_p，这时横截面上扭转剪应力等于比例极限 τ_b。扭矩超过 T_p 后，试件横截面上的剪应力分布发生变化，在靠近边缘处，材料由于屈服而形成塑性区，同时扭转图变成曲线，此后随着变形的增加，试件的塑性区也不断向内扩展，扭转图到达 B 点时趋于平坦，此时材料呈现屈服现象。而后，试样继续变形，材料进一步强化，扭转曲线缓慢上升，直到 C 点时试样沿横截面被扭断。

(1) 扭转屈服强度 τ_{eL}　当金属材料呈现屈服现象时，在试验期间达到塑性发生而扭矩不增加的应力点，一般取下屈服强度，即屈服阶段中不计初始瞬时效应时的最小扭矩对应的剪应力。根据 B 点的扭矩 T_{eL}，可以近似地算出扭转屈服极限 τ_{eL}。

$$\tau_{eL}=\frac{T_{eL}}{W} \tag{21-1}$$

$$W=\frac{\pi d^3}{16}$$

式中　d——圆截面直径。

（2）抗扭强度 τ_m　相应最大扭矩的剪应力，根据 C 点的扭矩可以近似地算出抗扭强度 τ_m。

$$\tau_m = \frac{T_m}{W} \tag{21-2}$$

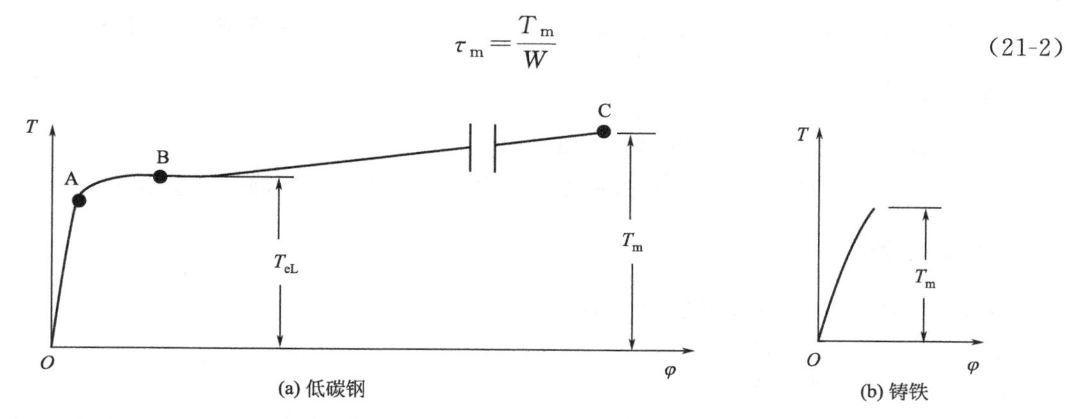

图 21-2　扭转图

2. 测定铸铁的抗扭强度 τ_m

对试样连续施加扭矩，直至扭断。从扭转曲线上读出试样扭断前所承受的最大扭矩。铸铁的扭转曲线近似一根直线，如图 21-2(b) 所示。按式(21-2) 计算抗扭强度 τ_m。

试样受扭，材料处于纯剪切状态，横截面和纵截面受剪应力作用，在与杆轴线成±45°角的面上，分别受到主应力 $\sigma_1=\tau$，$\sigma_3=-\tau$ 的作用，低碳钢的抗剪能力比抗拉能力弱，故从横截面剪断，而铸铁的抗拉能力较抗剪能力弱，故沿与轴线成 45°方向被拉断，断口呈螺旋面（图 21-3）。

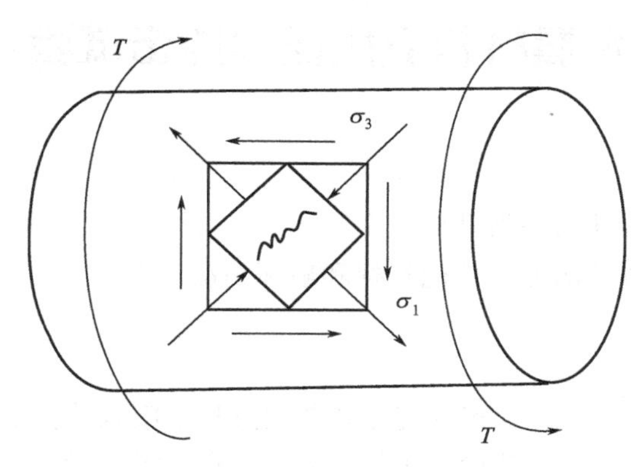

图 21-3　扭转轴力受力分析

三、实验设备和材料

扭转试验机，低碳钢 Q235 和灰铸铁扭转试样。

四、实验内容和步骤

1. 测量试样直径。在标距两端及中间处两个相互垂直的方向上各测一次直径，并取其算术平均值，用 3 处测得直径的算术平均值中的最小值计算试样的截面系数。在试样表面沿轴线方向划一条母线，以便观察试样表面的变形情况。

2. 调整机器的零点与机器的转速。

3. 安装试样。

4. 开动电机，加载，注意观察试样的变形情况，并记下 T_{eL} 和 T_{m}。低碳钢试样加载到 T_{eL} 以后可改为快速。

5. 试样扭断后，立即关闭电机，取下断裂的试样（试样），绘制断口破坏草图。

五、实验注意事项

1. 认清扭力试验机的传动机构和操作机构。

2. 在开动电机以前，一定要检查机器各部分是否正常，以便确保安全运转。

六、实验报告

1. 说明实验目的、原理及实验内容。

2. 列出实验设备、材料。

3. 实验数据记录与处理。

4. 记录实验结果。画出扭转角-扭矩图，获得试样的扭转强度指标。绘出试样破坏草图。

七、思考题

1. 试描述你在实验过程中所观察的两种材料受扭时的扭转图及变形破坏特征。

2. 为什么铸铁受扭时沿 45°螺旋面破坏，而低碳钢受扭则沿横截面扭断？

实验二十二 金属材料夏比摆锤冲击试验

一、实验目的

1. 测定低碳钢和灰铸铁的冲击韧度 α_k。

2. 比较低碳钢和灰铸铁的冲击性能指标和破坏情况。

二、实验原理

材料在冲击载荷作用下，产生塑性变形和断裂过程中吸收能量的能力，称为材料的冲击韧性。测定材料的冲击韧性时，是把材料制成标准试样，置于能实施打击能量的冲击试验机上进行的，并用折断试样的冲击吸收功来衡量。本实验按照国家标准 GB/T 229—2007《金属材料　夏比摆锤冲击试验方法》规定进行。

冲击韧性的数值与试样的尺寸、缺口形状和支承方式有关。金属冲击试验所采用的标准冲击试样尺寸为 10mm×10mm×55mm，试样长度中间有 V 形或 U 形缺口（图 22-1）。

冲击试验机由摆锤、机身、支座、度盘、指针等几部分组成。实验时，将规定几何形状的缺口的试样置于试验机两支座之间，缺口背向打击面放置，举起摆锤使它自由下落将试样冲断，测定试样的吸收能量（图 22-2）。若摆锤质量为 G，冲击中摆锤的质心高度由 H_1 变为 H_2，势能的变化为 $G(H_1-H_2)$，它等于冲断试样所消耗的功，即冲击中试样所吸收的功为

$$K=G(H_1-H_2) \tag{22-1}$$

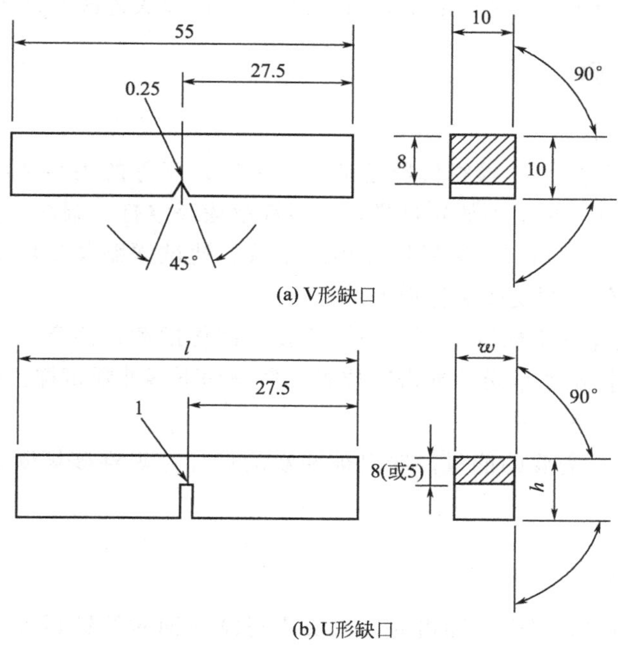

图 22-1　夏比冲击试样

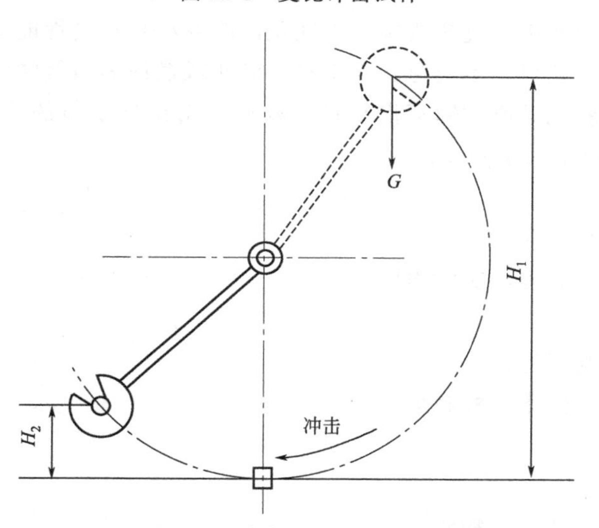

图 22-2　冲击韧性试验原理图

使摆锤从一定的高度自由落下，撞断试样，读取试样在被撞断过程中所吸收的能量 K，冲击韧度为

$$\alpha_{\mathrm{k}} = K/S \tag{22-2}$$

式中　S——试样在断口处的横截面面积；

K——试样在被撞断过程中所吸收的能量。

K 可由指针指示的位置从度盘上读出。K 值越大，表明材料的抗冲击性能越好。K 值是一个综合性的参数，不能直接用于设计，但可作为抗冲击构件选择材料的重要指标。

三、实验设备和材料

仪器：冲击试验机、游标卡尺。

实验材料：尺寸为10mm×10mm×55mm的低碳钢和灰铸铁U形缺口冲击试样。

四、实验内容和步骤

1. 测量试样的尺寸。

2. 检查机器，校正零点。检查机器运动部分和钳口座等的固结情况。校零点用空打试验进行，举起摆锤，试验机上不放置试样，然后释放摆锤空打，调整指针回零。

3. 安装试样。将摆锤抬起，然后用专用对中块，使试样贴紧支座安放，缺口处于受拉面，并使缺口对称面位于两支座对称面上。

4. 冲击试验。使操纵手柄置于“预备”位置，销住摆锤，注意在摆动范围内不得有人和任何障碍物。将手柄迅速推至“冲击”位置，使摆锤下落冲断试样。待摆锤回落至最低位置时，将手柄推至“制动位置”。

5. 记录冲断试样所需要的能量，取出被冲断的试样，观察破坏断面，绘下草图。整理机器，结束实验。

五、实验注意事项

1. 本实验要特别注意安全。冲击时，人员不得站在面对摆锤运动的方向上，以免试样飞出伤人。

2. 试样制备过程应使由于过热或冷加工硬化而改变材料冲击性能的影响减至最小。

3. 试样标记应远离缺口，不应标在与支座、砧座或摆锤刀刃接触的面上。

4. 试样应紧贴试验机砧座，锤刃沿缺口对称面打击试样缺口的背面，试样缺口对称面偏离两砧座间的中点应不大于0.5mm。

六、实验报告

1. 说明实验目的、原理、实验内容。
2. 列出实验设备、材料。
3. 实验数据记录与处理。
4. 记录实验结果。绘出试样破坏草图。

七、思考题

1. 为什么冲击试样要有切槽?
2. 比较低碳钢与灰铸铁的冲击破坏特点。
3. 分析影响冲击性能测定的主要因素。

实验二十三 金属材料磨损试验

一、实验目的

1. 了解金属材料盘销式磨损试验原理及试验方法。
2. 测量金属材料的摩擦系数和磨损量。
3. 观察磨损前后的表面形貌，辨别磨损形式。

二、实验原理

两物体接触区产生阻碍运动并消耗能量的现象称为摩擦。磨损是在摩擦作用下物体相对运动时，表面逐渐分离出磨屑从而不断损伤的现象。摩擦和磨损是物体相互接触并作相对运动时伴生的两种现象，摩擦是磨损的原因，磨损则是摩擦的必然结果。

盘销式磨损试验机的工作原理是利用销在盘上的摩擦，然后在一定时间或摩擦距离后测定销在选定的负荷、速度下的摩擦系数和磨损量来评定材料的摩擦性能。试验原理如图 23-1所示。

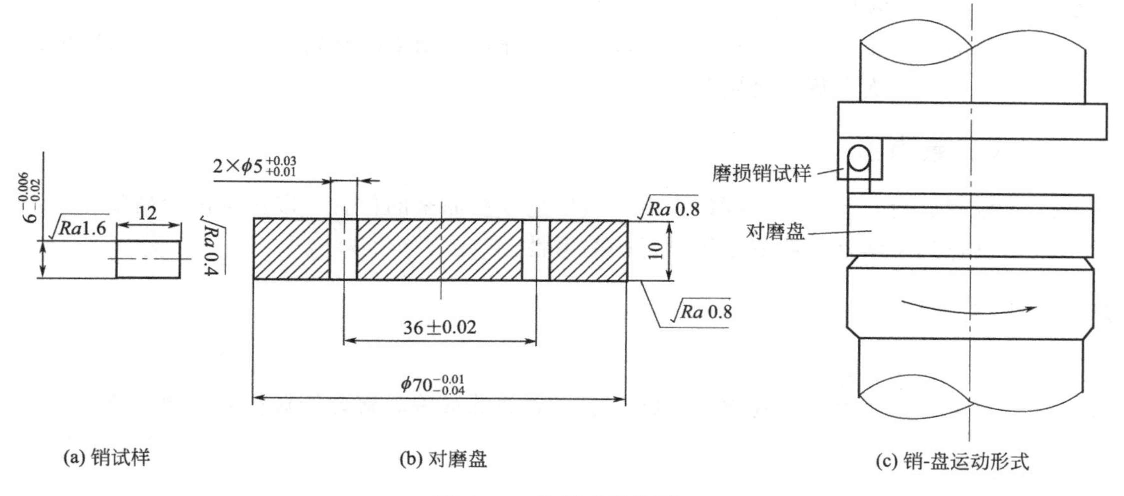

图 23-1　盘销式摩擦副

摩擦系数值 μ 可以通过试验机上自动记录的摩擦力矩值按下式算得

$$\mu=\frac{M}{RN} \tag{23-1}$$

式中　M——摩擦力矩，N/m；

N——载荷，N；

R——试样的回转半径，即由销试样中心到盘试样中心的距离，在本试验中 $R=0.03\text{m}$。

将自动记录的摩擦力矩 M 和载荷 N 代入上式，便可计算出试验材料不同成分及载荷下的摩擦系数 μ。

本试验用单位滑动距离下的材料磨损量来描述材料的耐磨性能。磨损量采用磨损体积损失表示，用精度为 0.1mg 的电光天平测量磨损前后的质量，然后根据此质量差除以试样密度和滑动距离所得的值来评价材料的磨损率。

三、实验设备和材料

仪器：MG-2000 型高速高温摩擦磨损试验机、电子天平、显微镜。

材料：ϕ6mm×12mm 低碳钢和灰铸铁销试样。

四、实验内容和步骤

1. 实验条件设定。实验均在干摩擦条件下进行，环境温度 25℃，相对湿度 60%。试验载荷分别为 40N、60N、100N、140N、180N，转速为 200r/min，相当于相对滑动速度为

0.628m/s，滑动距离为376.8m。

2. 销和盘表面处理。销试样表面用1400＃砂纸细磨、抛光，表面粗糙度Ra为$0.4\mu m$，盘试样用800＃砂纸细磨，并在磨损试验前后均用丙酮清洗，避免因磨损表面存在外界污染物而影响磨损试验结果。

3. 试样安装与跑合。销试样装在上轴上，盘试样安装在下轴上，保证两者紧密接触。在50N载荷、400r/min转速条件下进行1000r跑合，取下销试样，清洗称重，作为被测试样的原始重量，更换新盘，随即开始正式磨损试验。

4. 加载。在一定载荷、一定转速条件下进行一段时间的磨损，磨损完毕，磨损试样用丙酮清洗，晾干后称取重量。

5. 计算磨损失重及磨损速率，一般取三个试样试验结果的平均值作为一个试验数据。

6. 观察磨损表面形貌，辨别磨损形式。

五、实验注意事项

1. 跑合完成后，重新安装销试样时，应尽量保持原来的位置，以提高试验精度。

2. 盘试样的耐磨性一般好于销试样的耐磨性。

六、实验报告

1. 简述磨损实验方法。

2. 计算磨损失重及磨损速率，并结合磨损表面的形貌观察分析材料的磨损机理。

七、思考题

1. 磨损时间和磨损量是否为线性关系？

2. 哪些因素会影响摩擦系数？摩擦系数是否和载荷大小有关系？

增透膜透射率曲线测定

一、实验目的

1. 学会操作分光光度计。

2. 了解增透膜对透射率的影响。

二、实验原理

在入射角很小的情况下，空气与薄膜之间、薄膜与介质之间的反射率分别为

$$R_1=\left(\frac{n-n_1}{n+n_1}\right)^2 \qquad R_2=\left(\frac{n_2-n}{n_2+n}\right)^2 \tag{24-1}$$

反射光强主要是由空气-薄膜界面和薄膜-介质界面反射回空气中的光线强度，而其他光线强度非常小可以略去不计。只要这两束反射光满足振幅相等且反相，则能相互抵消，使整个系统的反射光能量接近零，透射光能量得到增强，几乎使全部光透射过去。根据计算，欲使两束反射光强度相等，则$(1-R_1)^2R_2=R_1$。R_1非常小，$(1-R_1)^2$非常接近1，因此$R_1\approx R_2$，即得

$$n=\sqrt{n_1 n_2} \tag{24-2}$$

要使两束反射光正好反相，薄膜的厚度为

$$d=(2k+1)\lambda/4 \tag{24-3}$$

三、实验设备和材料

紫外-可见分光光度计；厚度相同的无增透膜玻璃片和有增透膜玻璃片。

四、实验内容和步骤

1. 打开电源，预热 15～20min。

2. 将空白玻璃片和待测样片分别置于四个样品位，其中 1 号样品位空置，2 号样品位放空白玻璃片，3 号和 4 号样品位放置镀了增透膜的玻璃样品。

3. 面板左上角的指示灯为设备当前状态，将其调至 T，即透射率测试状态。

4. 开始测试，调节波长至 300nm。

5. 将未装样品的 1 号样品位置于光路中，打开样品盒盖，按下“0％T”按钮，使显示屏显示 0。

6. 关闭样品盒盖，按下“100％T”按钮，使显示屏显示 100。

7. 拉动样品拉杆，使 2 号空白玻璃片进入光路中，将显示屏上的透射率数据记录下来。

8. 依次使 3 号和 4 号样品进入光路中，并记录透射率数据。

9. 将波长每增加 10nm，重复步骤 5～8，直到波长为 800nm。

五、实验注意事项

1. 取放玻璃片时，务必只接触其侧面，以免污染被测面，使光透射率数据有误。

2. 波长在 380nm 以下和 380nm 以上，分属不同的光区，对手动调节的设备需要转换光路。

3. 测试之前将光波长调至红光区域，检查并确保光束通过样品的中心。

4. 测试过程中务必严格操作每一步，不能省略校零步骤。

六、实验报告

1. 数据记录：将测得的透射率数据记入表 24-1 中，并画出透射率-波长曲线。

表 24-1　数据记录

材料	波长/nm											
	300	310	320	330	340	350	360	370	380	390	400	…	800
无增透膜													
有增透膜													

2. 对有、无增透膜的玻璃的透射率曲线进行绘制，并分析在某一波段增透的原因。

七、思考题

1. 在什么装置上需要镀增透膜？举两个例子来说明。

2. 镀增透膜的材料有什么性能要求？

实验二十五

半导体材料的霍尔效应测定

一、实验目的

1. 了解霍尔效应产生的原理。
2. 掌握使用霍尔效应测试仪测定半导体薄膜电阻率、迁移率和霍尔系数的方法。

二、实验内容

对不同半导体薄膜样品进行电阻率、迁移率和霍尔系数的测试。

三、实验设备和材料

实验仪器：Hall8800 型霍尔效应测试仪。

实验材料：Si、SiC、ZnO、ITO 半导体薄膜样品。

四、实验原理

霍尔效应是质量小、容易运动的电子在磁场作用下受洛伦兹力作用产生横向移动（偏转）的结果。离子的质量比电子大得多，洛伦兹力不足以使它产生偏转，不呈现霍尔效应，故可利用是否存在霍尔效应来检验材料的载流子类型。除此之外，利用霍尔效应测试仪还可以测得电子电导的导电类型、电阻率、迁移率和霍尔系数等。由于电子（或空穴）的偏转造成材料垂直于电流（x 轴）和外加磁场（z 轴）的方向上产生附加电场 E_y（y 轴）

$$E_y = R_H J_x B_z \tag{25-1}$$

式中 R_H——霍尔系数；

J_x——电流密度；

B_z——磁感应强度。

图 25-1 为霍尔效应的示意图。产生的电场的方向 E_y 取决于材料的导电类型为 P 型还是 N 型。

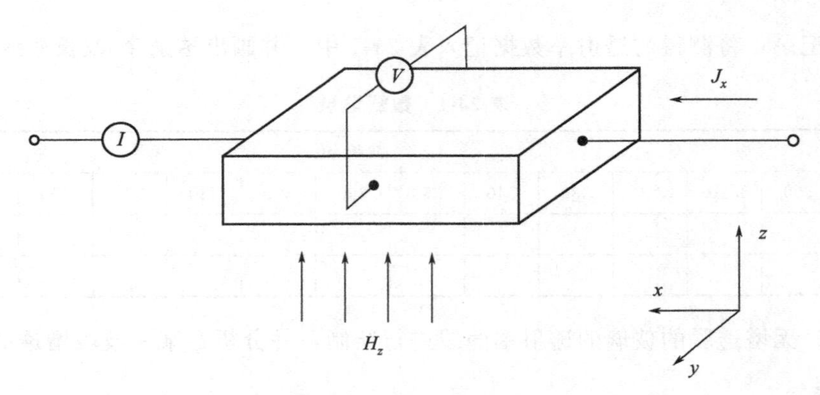

图 25-1 霍尔效应示意图

H_z—z 方向电场强度；J_x—x 方向电流密度

霍尔效应测试仪采用的原理是 van der Pauw（范德堡）法。任意形状厚度均匀的薄膜样品，在尽量靠近其边缘处采用银导电胶制作4个对称的电极接触点。测量方块电阻 R_s 时，给其中两个电极通电流 I_{ab}，在另外两个电极间测量电位差 V_{cd}，则得到方块电阻 $R_{ab,cd}=V_{cd}/I_{ab}$，同样方法可得到 $R_{bc,da}=V_{da}/I_{bc}$。则薄膜的方块电阻为

$$R_s=\frac{\pi}{\ln 2}\times\frac{R_{ab,cd}+R_{bc,da}}{2}\times f(Q) \tag{25-2}$$

$$Q=\frac{R_{ab,cd}}{R_{bc,da}} \tag{25-3}$$

$$f(Q)=1-0.34567\left(\frac{Q-1}{Q+1}\right)^2-0.09236\left(\frac{Q-1}{Q+1}\right)^4 \tag{25-4}$$

当 Q 接近1时（均匀对称试样），$f(Q)\approx 1$，故

$$R_s=\frac{\pi}{\ln 2}\times\frac{R_{ab,cd}+R_{bc,da}}{2}=\frac{\pi}{\ln 2}R_{ab,cd} \tag{25-5}$$

$$\rho=\frac{\pi d}{\ln 2}R_{ab,cd} \tag{25-6}$$

式中　d——薄膜厚度。

霍尔系数计算公式如下

$$R_H=\frac{V_H d}{IB} \tag{25-7}$$

式中　V_H——霍尔电压；

I——电流；

B——磁感应强度。

其中霍尔电压 V_H 的测量方法为：在相对的两个电极（如a和c）上加恒定电流 I，在垂直于样品表面方向加恒定磁场 B，则在另外两个相对电极（如b和d）之间产生电位差 V_H。不同的电流和磁场方向下进行四次测量，得到四个电压值，则

$$V_H=\frac{1}{4}(V_{H1}-V_{H2}+V_{H3}-V_{H4}) \tag{25-8}$$

通过公式 $\mu=R_H/\rho$ 可得迁移率，即载流子在单位电场强度下的迁移速度。而载流子浓度为

$$N=\frac{1}{R_H e} \tag{25-9}$$

式中　e——电子电量。

五、实验内容和步骤

1. 先打开霍尔效应测试仪（图25-2），再打开电脑，打开操作软件，进入操作界面（图25-3）。

2. 将四个探针夹到薄膜上的导电胶接触点（四点构成的正方形边长在5～20mm范围均可，尽量将四点安排在样品的四个角点或四条边的中点），装入测试腔中，先不放入磁铁。

3. 按“Ohmic”键空测1～2次，当limit（V）值除以 I 值的结果比 R 值高一个数量级，两条斜线呈直线，8个 V 值、4个 Q 值、4个 F 值都有数据显示，此时屏幕显示绿灯，可进行下一步；若limit（V）值除以 I 值的结果不大于 R 值一个数量级，或两条斜线不呈直线，或8个 V 值、4个 Q 值、4个 F 值不都有数据显示，屏幕就会显示红灯，此时尽可能先调电流 I 值，如果 I 值调到极限，仍然是红灯，再调电压 V 值（一般不要调 V 值），直到显示绿灯为止。

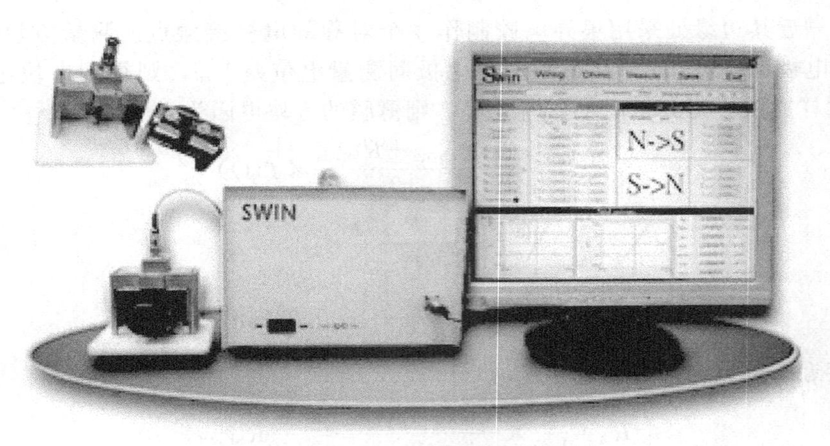

图 25-2　Hall8800 型霍尔效应测试仪

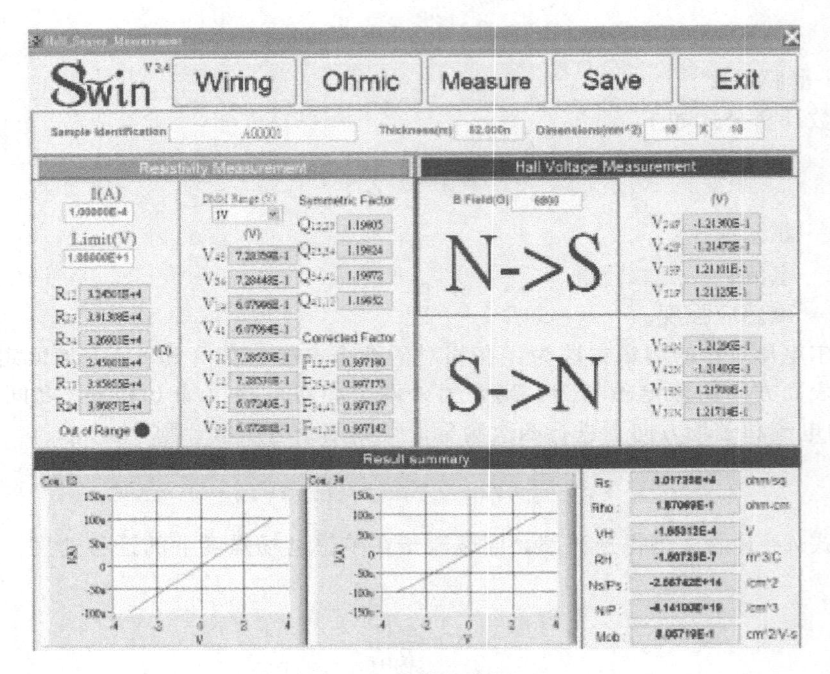

图 25-3　软件操作界面

4. 按“Measure”键，出现弹窗提示“N→S”时将磁铁装入测试腔中（第一次测试时务必保证 N 极对着所测材料面），再按弹窗中的“OK”键，再次出现弹窗提示“S→N”时将磁铁取出，旋转 180°再装入，再按弹窗中的“OK”键，测试完毕。

5. 按“Save”键，保存文件，按“Exit”键，退出程序。

6. 重新启动程序进行下一个样品的测试。

六、实验注意事项

1. 磁铁装入时方向务必正确。

2. 装薄膜样时注意不要污染探针，更不能损坏探针。

七、实验报告

1. 将不同半导体薄膜的导电类型、电阻率、迁移率和霍尔系数数据记入实验报告中，并进行比较分析。

2. 将所得的数据与资料中的已有数据进行比较和分析。

八、思考题

1. 霍尔效应可以在什么方面得到应用？
2. 方块电阻的大小与薄膜均匀连续程度有什么关系？

金属薄膜电阻率的测定

一、实验目的

1. 了解四探针法测定金属薄膜电阻率的原理和方法。
2. 分析厚度对薄膜电阻率的影响。

二、实验内容

1. 测定不同厚度的Cu、Al、Ag金属薄膜样品的电阻率。
2. 画出每种金属薄膜样品的电阻率随厚度变化的曲线图。

三、实验原理

金属薄膜的应用范围较广，比如印刷电路板，电阻率对其应用有重要影响。金属薄膜的电阻率一般采用四探针法进行测定。四探针法的原理是：将四个探针排成一行，外侧两个探针接直流电源，内侧两个探针与电压表相连。测量时将四探针的针尖同时接触薄膜表面，则根据测得的电压V以及所加的电流I、薄膜的厚度d等参数即可得到金属薄膜的电阻率

$$\rho=\frac{\pi d}{\ln 2}\times\frac{V}{I} \tag{26-1}$$

四、实验仪器和材料

实验设备和仪器：SZT-2四探针测试仪（图26-1）。

实验材料：不同厚度的Cu、Al、Ag薄膜样品。

五、实验步骤

1. 打开设备电源。

2. 将样品放在样品台的正中心，有膜的一面向上。

3. 预估金属薄膜的电阻率大小，选择相应的电流挡和电压挡（2V、200mV、20mV），电阻率小的样品选择较小的电压，电阻率大的样品选择较大的电压。预估的电阻率范围所对应的电流挡见表26-1。

4. 按“测试”按钮，四探针仪的针尖往下运动至轻轻接触薄膜表面，针尖立即自动回程上升。

5. 测试完毕，自动生成电阻率、方块电阻及电阻数据。

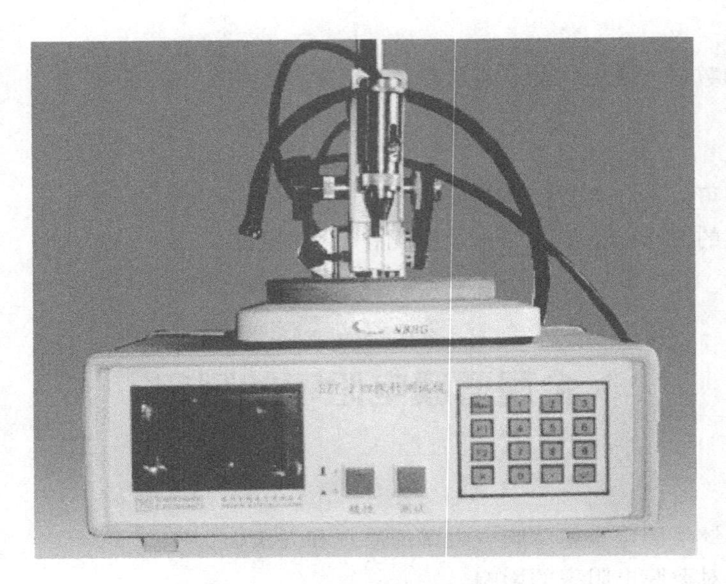

图 26-1　SZT-2 四探针测试仪

表 26-1　预估的电阻率范围所对应的电流挡

电阻率范围/Ω·cm	电流挡	电阻率范围/Ω·cm	电流挡
<0.012	100mA	40～1200	100μA
0.008～0.6	10mA	>800	10μA
0.4～60	1mA		

六、实验注意事项

1. 测试样品时应使探针位于样品的中心。
2. 装样时注意手指不要触碰到待测薄膜样，以免污染造成数据误差。

七、实验报告

1. 实验数据记录：根据每一个薄膜试样的不同电流和电压值，利用式(26-1) 计算其电阻率。
2. 以作图的形式分析电阻率与膜厚的关系，并比较不同材质薄膜的导电性能高低。

八、思考题

1. 不同厚度的薄膜电阻率不同，从微观角度进行解释。
2. 测量过程中哪些不当操作会使得所得结果不准确？

热电偶材料的热电势测定

一、实验目的

1. 了解西贝克效应及其测温原理。

2. 了解不同热电偶材料的热电势大小。

二、实验内容

1. 将镍铬合金丝和镍硅合金丝组成一个回路，将其中一个结点升高温度，并测量热电势。

2. 将镍铬合金丝和铜镍合金丝组成一个回路，将其中一个结点升高温度，并测量热电势。

三、实验原理

两种不同的金属互相接触时，由于自由电子密度不同，在两金属的接触点处发生自由电子的扩散现象。自由电子密度大的金属因失去电子带正电，自由电子密度小的金属得到电子带负电，从而产生接触电势，方向为自由电子密度小的金属指向密度大的金属。两个结点处分别有两个接触电势，且方向相反。如果两个结点的温度相同，则回路中总的接触电势为零。

同一导体的两端温度不同时，高温端的电子能量高于低温端的电子能量，使高温端扩散至低温端的电子数多于低温端扩散至高温端的电子数，结果高温端失去电子带正电，低温端得到电子带负电，即在导体两端形成温差电势，方向为低温端指向高温端。

两种不同的导体 a、b 构成闭合回路，若两个结点之间产生温度差，回路中就会产生热电势，此现象称为西贝克效应，也称为第一热电效应。根据热电势＝温差电势＋接触电势，回路中总的热电势为

$$E_{ab}(T_2,T_1)=E_{ab}(T_2)-E_{ab}(T_1)+E_b(T_2,T_1)-E_a(T_2,T_1) \tag{27-1}$$

其中高温端温度为 T_2，低温端为 T_1，在总电势中，温差电势比接触电势小得多，可忽略不计，热电势为 $E_{ab}(T_2,T_1)=E_{ab}(T_2)-E_{ab}(T_1)$。

当热电偶的两种热电偶丝材料成分确定后，热电偶热电势的大小，只与热电偶的温度差有关，即

$$\Delta V=S(T)\Delta T \tag{27-2}$$

同样，相同温差的情况下，不同的热电偶材料的热电势大小不同。

四、实验设备和材料

实验仪器：电位差计、加热器、温度计。

实验材料：镍铬合金丝、镍硅合金丝、铜镍合金丝。

五、实验步骤

1. 将镍铬合金丝和镍硅合金丝组成一个回路，其中一个结点置于低温，一个结点置于加热器中，用温度计测试此结点的加热温度，将电位差计接入镍铬合金丝中。

2. 将置于加热器中的结点的温度每升高 50℃测一组 T 和 V 的值，测 10 组数据，进行记录。

3. 将镍铬合金丝和铜镍合金丝组成一个回路，重复以上的操作，记录数据。

六、实验注意事项

热电偶合金丝的长度必须保证低温结点的温度保持室温，不受加热器的影响。

七、实验报告

1. 实验数据记录：将每一组不同的热电偶材料组成的热电偶的热电势与温度的关系作成曲线图，打印并放于实验报告中。

2. 比较不同的热电偶材料的热电势大小，并分析原因。

八、思考题

1. 热电偶测温的原理是什么？

2. 如何根据不同的测温范围选择不同的热电偶材料？

参 考 文 献

[1] 潘春旭. 材料物理与化学实验教程［M］. 长沙：中南大学出版社，2008.

[2] 吴其胜. 材料物理性能［M］. 上海：华东理工大学出版社，2006.

实验二十八 恒电位法测试极化曲线

一、实验目的

1. 掌握用恒电位法测量极化曲线的基本原理和测试方法。

2. 对不锈钢在不同腐蚀介质中的极化曲线进行解析。

二、实验原理和仪器

浸在电解液中的金属（即电极）具有一定的电极电位。当外电流通过此电极时，电极电位发生变化。电极为阳极时，电位移向正方向，电极为阴极时，电位移向负方向。这种电极电位的变化称为极化。通过电极的电流密度不同，电极的过电位也不同。电极电位（或过电位）与电流密度的关系曲线叫极化曲线。极化曲线常以过电位 η 与电流密度的对数 $\lg i$ 来表示。

恒电位法也叫控制电位法，就是控制电位使其依次恒定在不同的电位下，同时测量相应的稳态电流密度。然后把测得的一系列不同电位下的稳态电流密度画成曲线，就是恒电位稳态极化曲线。在这种情况下，电位是自变量，电流是因变量，极化曲线表示稳态电流密度（即反应速度）与电位之间的函数关系：$i=f(\varphi)$。

维持电位恒定的方法有两种：一是用经典恒电位器，二是用恒电位仪。现在一般都使用国际上先进的恒电位仪。用恒电位仪控制电位，不但精度高，频响快，输入阻抗高，输出电流大，而且可实现自动测试，因此得到了广泛应用。恒电位仪实质上是利用运算放大器经过运算使得参比电极与研究电极之间的电位差严格等于输入的指令信号电压。恒电位仪原理上可分为两类：一是差分输入式，二是反向串联式。用运算放大器构成的恒电位仪在电解池、电流取样电阻及指令信号的连接方式上有很大灵活性，可以根据电化学测量的要求选择或设计各种类型恒电位仪电路。

金属的阳极钝化可以用控制阳极电位（恒电位法）或控制阳极电流（恒电流法）的方法来达到。用恒电位法测得的金属阳极极化曲线所反映的电化学行为比较显著，可以较方便地分析各种金属的钝化、活化规律，若采用恒电流法则很难观察到钝化区内电流随电位的变化。

用恒电位法测得的阳极极化曲线如图 28-1 的曲线 ABCDE 所示。整个曲线可分为四个区域：AB 段为活性溶解区，此时金属进行正常的阳极溶解，阳极电流随电位改变服从塔菲尔（Tafel）公式的半对数关系；BC 段为过渡钝化区，此时由于金属开始发生钝化，随电位的正移，金属的溶解速度反而减小了；CD 段为稳定钝化区，在该区域中金属的溶解速度基本上不随电位而改变；DE 段为过渡钝化区，此时金属溶解速度重新随电位的正移而增大，表明有氧的析出或高价金属离子的产生。

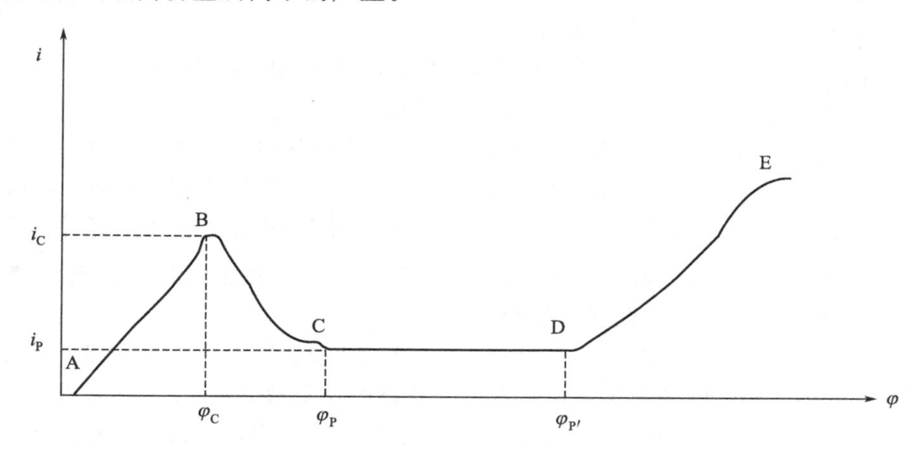

图 28-1　Ni 在 1M H_2SO_4 溶液中阳极极化曲线

从这种阳极极化曲线上可得到下列一些参数：φ_C——临界钝化电位；i_C——临界钝化电流；$\varphi_P(\varphi_{P'})$——稳定钝态的电位区；i_P——稳定钝态下金属的溶解电流。这些参数用恒电流法是测不出来的。可见，恒电位极化对金属与溶液相互作用过程的描述是相当详尽的。

从上述极化曲线可以看出，具有钝化行为的阳极极化曲线的一个重要特点是存在着“负坡度”区域，即曲线的 BCD 段。由于这种极化曲线上每个电流值对应着几个不同的电位值，故具有这样特性的极化曲线是无法用恒电流法测得的。因而恒电位是研究金属钝化的重要手段，用恒电位阳极极化曲线可以研究影响金属钝化的各种因素。

影响金属钝化的因素很多，主要有以下几个。

（1）溶液的组成　溶液中存在的 H^+、卤素离子以及某些具有氧化性的阴离子，对金属的钝化行为起着显著的影响。在酸性和中性溶液中随着 H^+ 浓度的降低，临界钝化电流减小，临界钝化电位也负移。卤素离子，尤其是 Cl^- 则妨碍金属的钝化过程，并能破坏金属的钝态，使溶解速度大大增加。某些具有氧化性的阴离子（如 CrO_4^- 等）则可促进金属的钝化。

（2）金属的组成和结构　各种钝金属的钝化能力不同。以铁族金属为例，其钝化能的顺序为 Cr＞Ni＞Fe。在金属中加入其他组分可以改变金属的钝化行为。如在铁中加入镍和铬可以大大提高铁的钝化倾向及钝态的稳定性。

（3）外界条件　温度、搅拌对钝化有影响。一般来说，提高温度和加强搅拌都不利于钝化过程的发生。

三、实验设备和材料

304、316 不锈钢试件，铂片电极，饱和 KCl 甘汞电极，硫酸，氯化钠，氢氧化钠，盐酸，蒸馏水，铜导线，导电胶，CHI660D 电化学工作站，烧杯（100mL、150mL），砂纸若干。

四、实验内容和步骤

1. 按图 28-2 连接三电极，研究电极（304 和 316 不锈钢试件，2cm×2cm）与铜丝连接，试样表面暴露面积为 1.0cm²，其余部分用环氧树脂封装，放入电解池中。电解池中的辅助电极为铂片电极，参比电极为饱和 KCl 溶液的甘汞电极，腐蚀介质为 5%的 NaCl、H_2SO_4、NaOH、HCl 溶液。

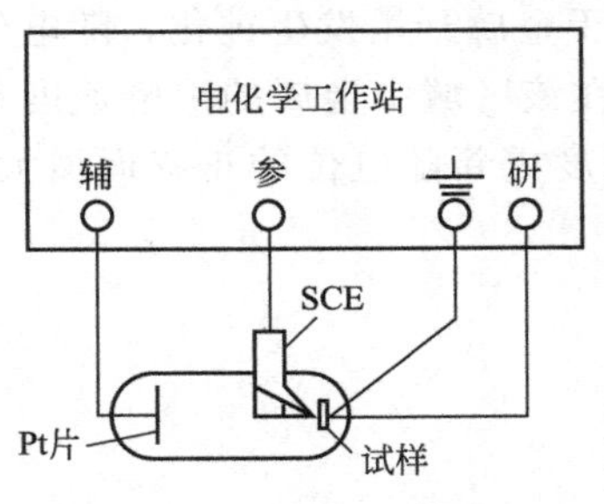

图 28-2 三电极体系

2. 启动计算机。

3. 双击打开桌面 CHI660d. exe 图标。

4. 连接好实验线路，注意：三电极不能相互接触；参比电极的毛细管与测试表面尽可能靠近；铂片电极与试样测试表面保持平行；在实验中严格禁止触摸电解池接线。

5. 选择 CHI660D. exe 菜单的“设置”—“实验技术”按钮，选择“开路电位-时间”程序，设置“开路电位-时间”测量参数，试验时间选择 60s，点击运行试验图标 ▶ 开始实验，观察开路电位（OCP)-时间曲线变化趋势。

6. 待开路电位稳定后，点击 CHI660D. exe 菜单的“设置”—“实验技术”按钮，选择 Tafel 图程序，设置 Tafel 图测量参数初始电位为开路电位负移 300mV、终止电位为腐蚀电流密度达到 $10^{-3}A/cm^2$ 时的电位，扫面速度设置为 2mV/s，自动灵敏度，点击运行试验图标 ▶ 开始实验测量不锈钢极化曲线。

7. 实验结束后关闭电化学工作站。

8. 关闭计算机。

五、实验报告

1. 用恒电位法测量极化曲线的实验原理。
2. 采用 CHI660D 电化学工作站测试极化曲线的测试步骤。
3. 比较不锈钢在不同腐蚀介质中阳极极化曲线特征，分析讨论所得实验结果。

六、思考题

1. 为什么金属的阳极钝化曲线不能用恒电流法测得？何时选用恒电流法？
2. 阳极极化曲线对实施阳极保护有何意义？
3. 分析极化曲线各阶段和各拐点的意义。

实验二十九 循环伏安曲线测试

一、实验目的

1. 掌握循环伏安法的基本原理和测量方法。
2. 了解影响循环伏安曲线形状的因素。

二、实验原理和设备

1. 循环伏安法的原理

循环伏安法（cyclic voltammetry，简称 CV）是一种常用的电化学研究方法。该方法控制电极电势以不同的速率，随时间以三角波形一次或多次反复扫描，电势范围是使电极上能交替发生不同的还原和氧化反应，并记录电流-电势曲线。

以三角波的脉冲电压（电压扫描速度从每秒数毫伏到 1V，图 29-1）加在工作电极上得到的电流-电压曲线包括两个分支，如果前半部分电位向阴极方向扫描，电活性物质在电极上还原，产生还原波，那么后半部分电位向阳极方向扫描，还原产物又会重新在电极上氧化，产生氧化波。因此在一次三角波扫描后，电极完成了一个还原和氧化过程的循环，故该法称为循环伏安法，其电流电压曲线称为循环伏安图（图 29-2）。

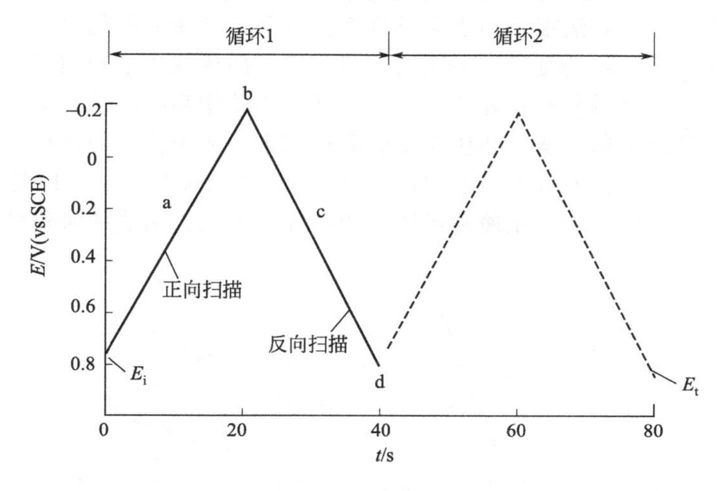

图 29-1　循环伏安图的典型激励信号图

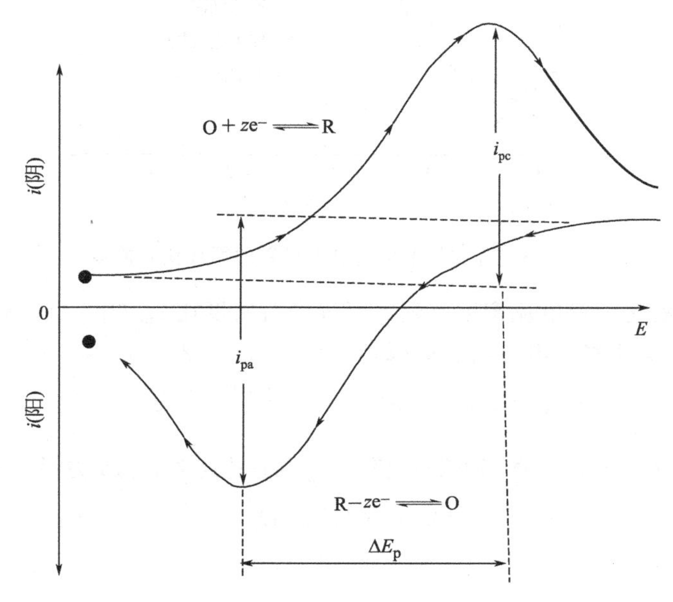

图 29-2　循环伏安电流响应曲线

出现电流峰的简单解释如下：

若电极反应为 O＋ze^-⇌R，初始溶液中只含有反应粒子 O 而不含 R，且控制扫描起始电势比 O/R 体系标准平衡电势 $\varphi^0_{平}$ 更正，则开始扫描一段时间内，电极上只有不大的充电电流通过。当电极电势逐渐负移接近 $\varphi^0_{平}$ 时，O 开始在电极上还原，并随着电势变负出现越来越大的阴极电流。当阴极电势显著超越 $\varphi_{平}^{0}$ 后，又因表面层中反应粒子的消耗使电流下降，因而得到具有峰值的曲线。当扫描电势达到三角波顶点后又改为反向扫描。

随着电极电势逐渐变正，首先是 O 的还原电流继续下降（浓度极化发展），电极附近生成的 R 又重新在电极上氧化，引起越来越大的阳极电流，随后又由于 R 的显著消耗而引起阳极的衰减出现阳极电流峰值。

2. 循环伏安法的应用

循环伏安法是一种很有用的电化学研究方法，可用于电极反应的性质、机理和电极过程动力学参数的研究。但该方法很少用于定量分析。对于一个新的电化学体系，首选的研究方法往往就是循环伏安法，可称之为“电化学的谱图”。循环伏安法已被广泛地应用于化学、生命科学、能源科学、材料科学和环境科学等领域中相关体系的测试表征。

（1）电极可逆性的判断　从循环伏安图的阴极和阳极两个方向的氧化波和还原波的峰高和对称性判断电活性物质在电极表面反映的可逆程度（图 29-3）。若反应是可逆的，则曲线上下对称，若反应不可逆，则氧化波和还原波的高度就不同，曲线的对称性也差。

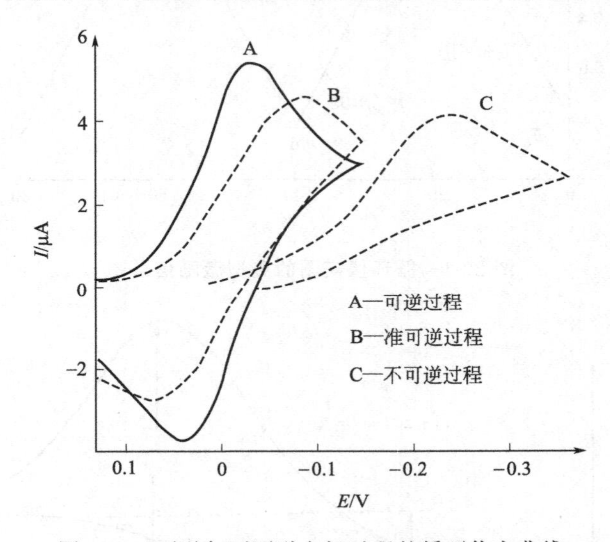

图 29-3　可逆与不可逆电极过程的循环伏安曲线

对可逆体系，氧化峰峰电流密度与还原峰峰电流密度比 $i_{pa}/i_{pc}=1$。峰电流密度 i_p 对应的为峰电位 E_p，则氧化峰峰电位与还原峰峰电位差（V，25℃）

$$\Delta E_p = E_{pa} - E_{pc} = \frac{2.303RT}{zF} = \frac{0.059}{z} \tag{29-1}$$

峰电位 E_p 与扫描速率 v 无关，而峰电流密度 i_p 与扫描速率 v 的平方根成正比（图 29-4），即

$$i_p = 2.69\times10^2 z^{\frac{3}{2}} D^{\frac{1}{2}} v^{\frac{1}{2}} c \tag{29-2}$$

式中　D——扩散系数；

c——浓度；

z——交换电子数；

v——扫描速率。

（2）电极反应机理的判断　循环伏安法还可研究电极吸附现象、电化学反应产物或中间体、电化学-化学偶联反应等，这对于有机物、金属有机化合物及生物物质的氧化还原机理研究很有用。

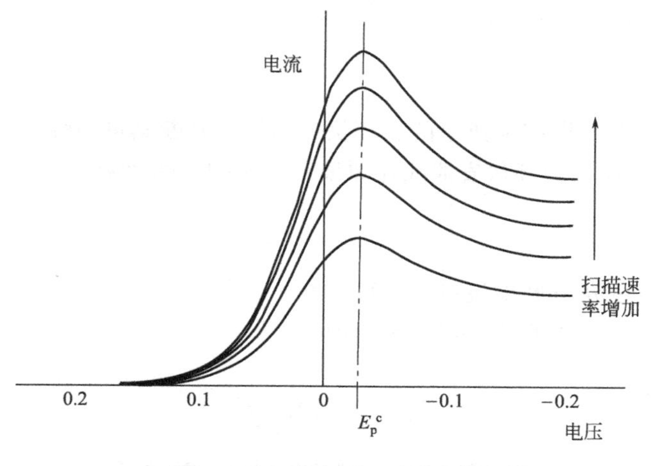

图 29-4　i_p 与扫描速率的关系

三、实验设备和材料

不锈钢试件试片若干，铂片电极，饱和 KCl 甘汞电极，氯化钠，蒸馏水，铜导线，导电胶，CHI660D 电化学工作站，150mL 烧杯两个，砂纸若干，金刚石抛光膏（粒径 0.05μm），金相抛光机，抛光布。

四、实验步骤

研究电极为不锈钢试件（2cm×2cm），测试前采用金刚石抛光膏（w1.5）将电极表面抛光，然后用丙酮和蒸馏水清洗，研究电极暴露面积为 $1cm^2$，其余部分用环氧树脂封装，辅助电极为铂片电极，参比电极为饱和 KCl 溶液的甘汞电极，电解质为 5% NaCl 溶液。

1. 启动计算机。

2. 双击打开桌面 CHI660d. exe 图标。

3. 接好实验线路。注意：三电极不能相互接触；参比电极的毛细管与测试表面尽可能靠近；铂片电极与试样测试表面保持平行；在实验中严格禁止触摸电解池接线。

4. 选择 CHI660D. exe 菜单的“设置”—“实验技术”按钮，选择“开路电位-时间”程序，设置“开路电位-时间”测量参数，试验时间选择 60s，点击运行试验图标▶开始实验，观察开路电位（OCP）-时间曲线变化趋势。

5. 开路电位稳定后，点击 CHI660D. exe 菜单的“设置”—“实验技术”按钮，选择“循环伏安法”程序，设置测量参数“初始电位（V）”为开路电位、“高电位（V）”为 0.7、“低电位（V）”为－0.15、“终止电位（V）”为开路电位，扫描速率（mV/s）为 5。点击运行试验图标▶，开始实验测量循环伏安曲线。

6. 分别测出扫描速度为 100mV，50mV/s，30mV/s 和 10mV/s 时的循环伏安曲线（注：实验过程中如需要暂停实验或停止实验，在菜单中点击“Pause”或“Stop”命令；实验过程中如果发生数据溢出的情况，一定要先“Stop”，再进行其他操作，不能直接关闭程序或进行其他操作），并将所有的循环伏安曲线叠加到同一张图上。

7. 数据保存及打印：实验完成后，在“文件”菜单中点击“另存为”命令，设置路径及输入文件名，点击确定后计算机就保存了实验数据。

8. 实验完毕，退出 CHI660d 应用程序。在确定所有应用程序都退出后，关闭 CHI660d

电化学工作站电源，然后关闭计算机，切断电源。

五、实验报告

1. 比较不锈钢试样不同扫描速率的循环伏安曲线，判断其可逆性。
2. 用 Origin 软件绘出循环伏安曲线还原波，分析扫描速率对循环伏安曲线的影响。

六、思考题

1. 如何用循环伏安法判断电极过程的可逆性？
2. 简述循环伏安曲线中峰值电流的影响因素。

交流阻抗谱测试与解析

一、实验目的

1. 掌握交流阻抗的基本原理和测试方法。
2. 了解测定阻抗谱的意义及应用。
3. 初步掌握应用 Zsimpwin 软件进行电化学阻抗谱解析的方法。

二、实验原理和设备

电化学阻抗谱法（electrochemical impedance spectroscopy，简称 EIS），又称交流阻抗法（AC impedance），是电化学测量的重要方法之一。以小振幅的正弦波电势（或电流）为扰动信号，使电极系统产生近似线性关系的响应，测量电极系统在很宽频率范围的阻抗谱，以此来研究电极系统的方法就是电化学阻抗谱法。它是基于测量对体系施加小幅度微扰时的电化学响应，在每个测量的频率点的原始数据中，都包含了施加信号电压（或电流）对测得的信号电流（或电压）的相位移及阻抗的幅模值，从这些数据可以计算出电化学响应的实部与虚部。阻抗谱中涉及的参数有阻抗的幅模（$|Z|$）、阻抗实部（Z'）、阻抗虚部（Z''）、相位移（θ）、频率（ω）等变量，同时还可以计算出导纳（Y）和电容（C）的实部和虚部，因而阻抗谱可以通过多种方式表示，每一种方式都有其典型的特征。

电化学阻抗谱有如下两种表示方法。

Nyquist 图：电极的交流阻抗由实部 Z' 和虚部 Z'' 组成，$Z=Z'+jZ''$。Nyquist 图是以阻抗虚部（$-Z''$）对阻抗实部（Z'）作的图，是最常用的阻抗数据的表示形式。

Bode 图：是阻抗幅模的对数 $\lg|Z|$ 和相位移 θ 对相同的横坐标频率的对数 $\lg f$ 的图。在 Nyquist 图中，频率值是隐含的，严格地讲必须在图中标出各测量点的频率值才是完整的图。但在高频区，由于测量点过于集中，要标出每一点的频率就较为困难，而 Bode 图则提供了一种描述电化学体系特征与频率相关行为的方式，是表示阻抗谱数据更清晰的方法。

交流阻抗技术具有以下特点。

（1）满足三个基本条件：因果性、线性和稳定性。因果性要求在测量对系统施加干扰信号的响应信号时，必须排除任何其他噪声信号的干扰，确保对体系的扰动与系统对扰动的响应之间的关系是唯一的因果关系；线性是指系统输出的响应信号与输入系统的扰动信号之间应存在线性关系；稳定性要求对系统的扰动不会使系统内部结构发生变化，因而当对于系统的扰动停止后，系统能够回复到原先状态。

（2）由于使用小幅度（一般小于10mV）对称交流电对电极进行极化，当频率足够高时，每半周期持续时间很短，不会引起严重的浓差极化及表面状态变化。在电极上交替进行着阴极过程与阳极过程，同样不会引起极化的积累性发展，避免对体系产生过大的影响。

（3）由于可以在很宽频率范围内测量得到阻抗谱，因而与其他常规的电化学方法相比，能得到更多电极过程动力学信息和电极表面状态信息。

将电化学系统看成是一个等效电路，这个等效电路是由电阻（R）、电容（C）和电感（L）等基本元件按串并联等不同方式组合而成的。通过EIS，可以测定等效电路的构成以及各元件的大小，利用这些元件的电化学含义，来分析电化学系统的结构和电极过程的性质等，进而分析电极过程动力学、双电层和扩散等，研究电极材料、固体电解质、导电高分子以及腐蚀防护等机理。

利用EIS谱研究涂层/金属基体体系时，基本思路是将这个电化学体系看成是一个等效电路，利用拟合软件，可获得体系Rs、Rct、Cd以及其他参数的大小，赋予这些等效电路元件一定的电化学含义，以此来分析涂层金属体系的结构和电极过程的性质。采用ZsimpWin软件对测得的EIS数据进行解析求解，根据等效电路选择原则，除考虑到阻抗谱的时间常数个数，拟合的结果还应保证总体误差的卡方检验值（Chi-square Value，χ^2）$<5\times10^{-4}$，每个等效元件的拟合误差$\leqslant15\%$。

三、实验设备和材料

不锈钢试件若干，Q235钢片若干，铂片电极，饱和氯化钾（KCl）甘汞电极，氯化钠，蒸馏水，铜导线，导电胶，CHI660D电化学工作站，150mL烧杯两个，砂纸若干。

四、实验步骤

研究电极为不锈钢和Q235钢片试件，表面暴露面积为$1.0cm^2$，其余部分用绝缘胶封装，放入电解池中。电解池中的辅助电极为铂片电极，参比电极为饱和KCl溶液的甘汞电极，腐蚀介质为5%的NaCl溶液。

启动计算机，双击打开桌面CHI660D.exe图标。

1. 测量体系为三电极体系，接好实验线路。注意：三电极不能相互接触；参比电极的毛细管与测试表面尽可能靠近；铂片电极与试样测试表面保持平行；在实验中严格禁止触摸电解池接线。

2. 选择CHI660D.exe菜单的“设置”—“实验技术”按钮，选择“开路电位-时间”程序，设置“开路电位-时间”测量参数，试验时间选择60s，点击运行试验图标▶开始实验，观察开路电位（OCP）-时间曲线变化趋势。

3. 开路电位稳定后，“设置”—“实验技术”选择“交流阻抗”程序，设置技术参数，初始电位值设为开路电位，频率范围设为$10^{-2}\sim10^5$Hz，振幅设置为5mV，点击运行试验图标▶开始实验，测量不锈钢浸泡初期交流阻抗谱。

4. 数据保存及转换：实验完成后，在“文件”菜单中点击“另存为”命令，设置路径及输入文件名，点击确定后计算机就保存了实验数据。将bin格式数据转换为TXT格式文件，以备后续Zsimpwin模拟使用。

5. 打开Zsimpwin，打开之前的TXT文件，点击拟合电路图标选择合适模型，点击“OK”进行拟合，“是否保存”点击“是”，默认保存路径选择“否”，选择自己要保存的文件，然后点击记录本图标查看拟合数据，记录 end 列中的数值。

6. 实验完毕，关闭仪器，清洗电极。

五、实验报告

1. 记录交流阻抗法测试原理与测试方法。
2. 绘出不锈钢和 Q235 钢的交流阻抗曲线，分析所得实验数据的意义。
3. 将所测阻抗谱进行拟合，获得等效电路。

六、思考题

1. 如何利用交流阻抗谱图比较材料耐蚀性？
2. 在进行交流阻抗测量时，为突出研究电极，在构建三电极体系时有哪些注意事项？
3. 测量溶液电导、电极/溶液界面电容有何要求？

实验三十一 不锈钢晶间腐蚀试验与分析

一、实验目的

1. 掌握影响奥氏体不锈钢晶间腐蚀的因素。
2. 掌握不锈钢晶间腐蚀试验的方法（10%草酸浸蚀法）。

二、实验原理

18-8 型奥氏体不锈钢在许多介质中具有高的化学稳定性，但在 400～800℃范围内加热或在该温度范围内缓慢冷却后，在一定的腐蚀介质中易产生晶间腐蚀。晶间腐蚀的特征是沿晶界进行浸蚀，使金属丧失力学性能，致使整个金属变成粉末。

（一）晶间腐蚀产生的原因

一般认为在奥氏体不锈钢中，铬的碳化物在高温下溶入奥氏体中，由于敏化（400～800℃）加热时，铬的碳化物常于奥氏体晶界处析出，造成奥氏体晶粒边缘贫铬现象，使该区域电化学稳定性下降，于是在一定的介质中产生晶间腐蚀。为提高耐蚀性能，常采用以下两种方法。

（1）将 18-8 型奥氏体不锈钢碳含量降至 0.03%以下，使之减少晶界处碳化物析出量，而防止发生晶间腐蚀。这类钢称为超低碳不锈钢，常见的有 00Cr18Ni10。

（2）在 18-8 型奥氏体不锈钢中加入比铬更易形成碳化物的元素钛或铌，钛或铌的碳化物较铬的碳化物难溶于奥氏体中，所以在敏化温度范围内加热时，也不会于晶界处析出碳化物，不会在腐蚀性介质中产生晶间腐蚀。为固定 18-8 型奥氏体不锈钢中的碳，必须加入足够数量的钛或铌，按原子量计算，钛或铌的加入量分别为钢中碳含量的 4～8 倍。

（二）晶间腐蚀的试验方法

我国不锈钢晶间腐蚀标准试验方法见表 31-1。

这里重点介绍不锈钢 10%草酸浸蚀试验方法。本方法适用于检验奥氏体不锈钢晶间腐蚀的筛选试验。试样在 10%草酸溶液中电解浸蚀后，在显微镜下观察被浸蚀表面的金相组织以判定是否需要进行硫酸-硫酸铁、65%硝酸、硝酸-氢氟酸以及硫酸-硫酸铜等长时间热酸试验。

表 31-1　我国不锈钢晶间腐蚀标准试验方法

国标代号	名　　称
GB/T 4334—2008	金属和合金的腐蚀不锈钢晶间腐蚀试验
GB/T 4334.1—2000	不锈钢 10%草酸浸蚀试验方法
GB/T 4334.2—2000	不锈钢硫酸-硫酸铁腐蚀试验方法
GB/T 4334.3—2000	不锈钢 65%硝酸腐蚀试验方法
GB/T 4334.4—2000	不锈钢硝酸-氢氟酸腐蚀试验方法
GB/T 4334.5—2000	不锈钢硫酸-硫酸铜腐蚀试验方法

1. 取样及制备

(1) 焊接试样从与产品钢材相同而且焊接工艺也相同的试块上取样，试样应包括母材、热影响区以及焊接金属的表面。

(2) 取样方法：原则上用锯切，如用剪切方法时应通过切削或研磨的方法除去剪切影响部分。

(3) 试样被检查的表面应抛光，以便进行腐蚀和显微组织检验。

2. 试样的敏化处理

(1) 敏化前和试验前试样用适当的溶剂或洗涤剂（非氯化物）除油并干燥。

(2) 焊接试样直接以焊后状态进行试验。对焊后还要经过 350℃以上热加工的焊接件，试样在焊后还应进行敏化处理。试样的敏化处理在研磨前进行，敏化处理温度为 650℃，保温 1h，空冷。

3. 试验方法

(1) 试验溶液：将 100g 符合 GB/T 9854 的优级纯草酸溶解于 900mL 蒸馏水或去离子水中，配置成 10%草酸溶液。

(2) 试验程序如下。

① 检验面用乙醇或丙酮洗净，干燥处理。

② 阴极为奥氏体不锈钢制成的钢杯或表面积足够大的钢片，阳极为试样，如用钢片作阴极时要采用适当形状的夹具，使试样保持于试验溶液中，浸蚀电路如图 31-1 所示。容器内溶液的多少，视容器大小而定。

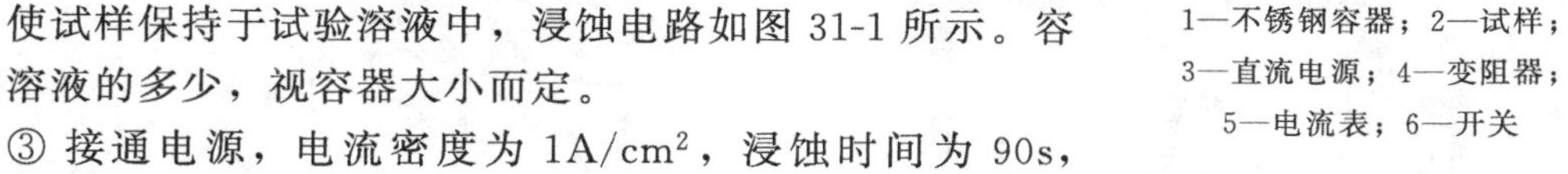

图 31-1　电解腐蚀装置
1—不锈钢容器；2—试样；
3—直流电源；4—变阻器；
5—电流表；6—开关

③ 接通电源，电流密度为 $1A/cm^2$，浸蚀时间为 90s，浸蚀溶液温度为 20～50℃。

④ 试样浸蚀后，用流水洗净，干燥。在金相显微镜下观察试样的全部浸蚀表面，放大倍数为 200～500 倍评定。

4. 试验结果的评定

用金相显微镜观察试样的浸蚀部位，放大倍数为 200～500 倍，根据表 31-2、表 31-3 和图 31-2～图 31-8 判定组织类别。显示晶界形态浸蚀组织分类见表 31-2，显示凹孔形态浸蚀组织的分类见表 31-3。

表 31-2　晶界形态分类

类别	名称	组织特征
一类	阶梯组织	晶界无腐蚀沟，晶粒之间成台阶状，见图 31-2
二类	混合组织	晶界有腐蚀沟，但没有一个晶粒被腐蚀沟包围，见图 31-3
三类	沟状组织	晶界有腐蚀沟，个别晶粒或全部晶粒被腐蚀沟包围，见图 31-4
四类	游离铁素体组织	铸钢件及焊接接头晶界无腐蚀沟，铁素体被显现，见图 31-5
五类	连续沟状组织	铸钢件及焊接接头，沟状组织很深，并形成连续沟状组织，见图 31-6

表 31-3 凹坑形态分类

类别	名称	组织特征
六类	凹坑组织 1	浅凹坑多、深凹坑少的组织，见图 31-7
七类	凹坑组织 2	浅凹坑少、深凹坑多的组织，见图 31-8

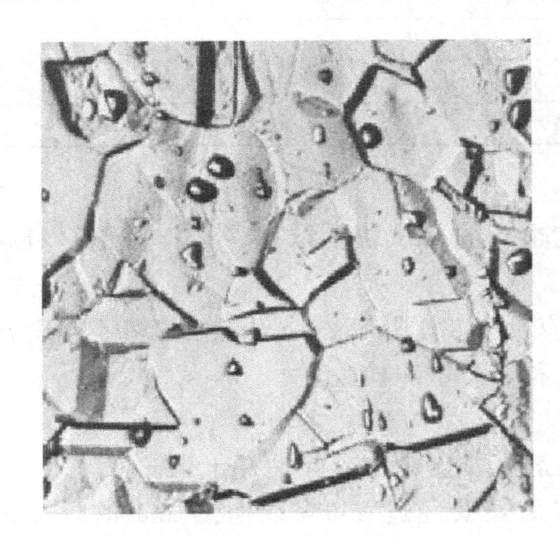

图 31-2 阶梯组织（一类，500×）

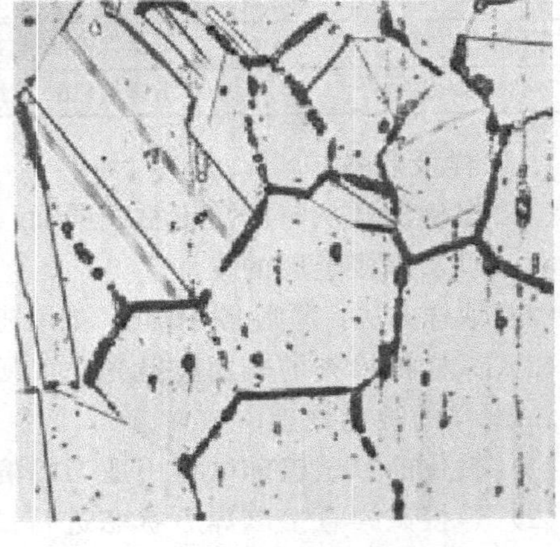

图 31-3 混合组织（二类，500×）

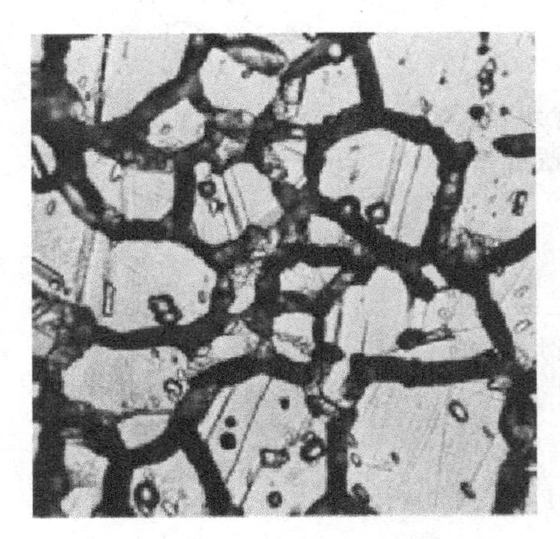

图 31-4 沟状组织（三类，500×）

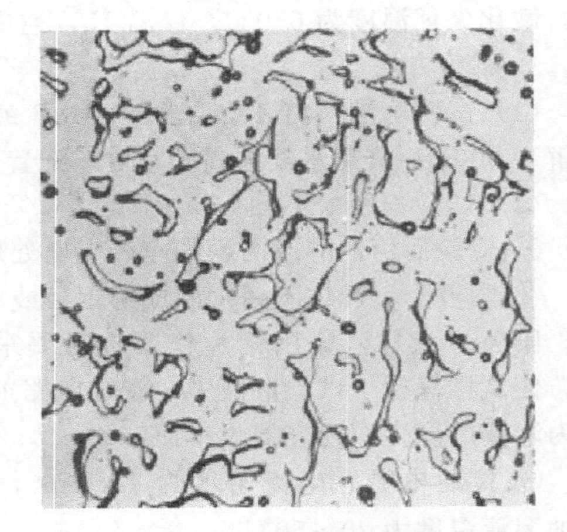

图 31-5 游离铁素体组织（四类，250×）

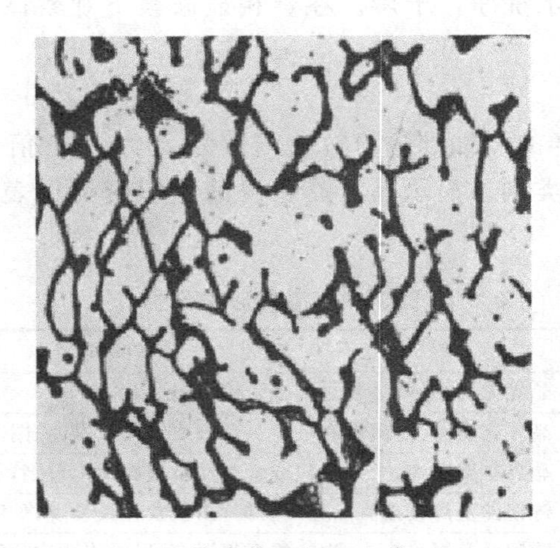

图 31-6 连续沟状组织（五类，250×）

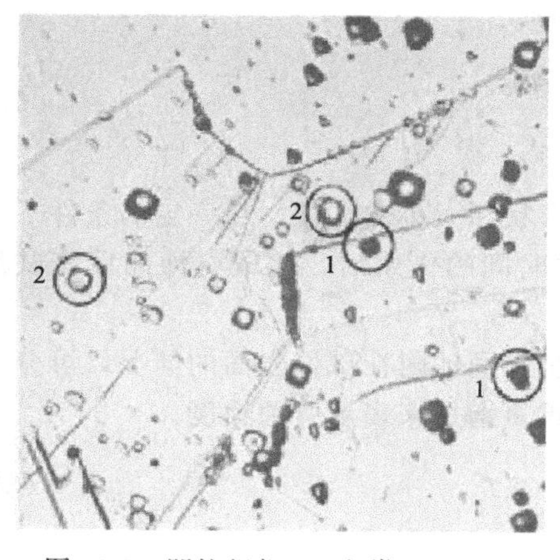

图 31-7　凹坑组织 1（六类，500×）

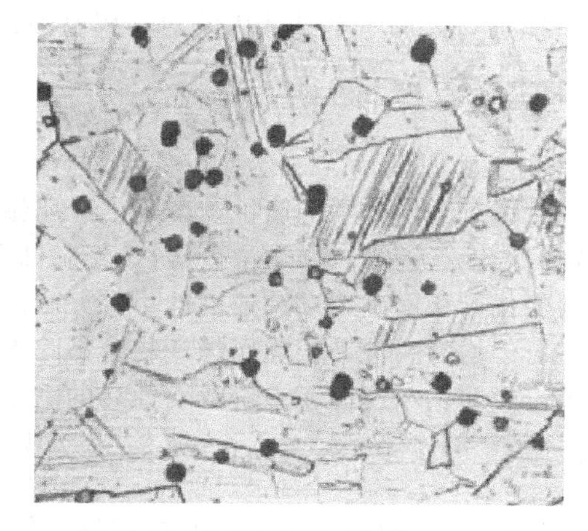

图 31-8　凹坑组织 2（七类，500×）

一类阶梯组织和二类混合组织是可接受的组织，其余为不可接受组织。

三、实验设备和材料

材料：经敏化处理后 304 不锈钢焊接钢板。

腐蚀液：10%草酸腐蚀液。

仪器设备：电阻炉，砂轮机，砂纸，抛光机，电解腐蚀仪、显微镜等。

四、实验内容

检验并分析 316 不锈钢焊接材料的母材，焊缝热和影响区试样的晶间腐蚀倾向。

五、实验步骤

1. 按标准要求处理、制备试样。
2. 按标准要求配制腐蚀液。
3. 按标准进行试验并评定晶间腐蚀倾向。

六、实验报告

实验报告应包括以下内容：①试样名称以及试样面积尺寸；②电流密度；③浸蚀时间和温度；④浸蚀后的金相照片；⑤判定结果。

七、思考题

1. 什么是晶间腐蚀？影响奥氏体不锈钢晶间腐蚀的因素有哪些？
2. 降低奥氏体不锈钢晶间腐蚀倾向的措施有哪些？

实验三十二

重量法测定金属的腐蚀速率

一、实验目的

1. 掌握用重量法测定金属腐蚀速度的原理和方法。

2. 通过实验了解某些因素对金属腐蚀速度的影响。

二、实验原理与方法

1. 实验原理

重量法测定金属的腐蚀速度是把金属做成一定形状和大小的试件，在一定的条件下（如一定的温度、压力、介质浓度等），经腐蚀介质一定时间的作用后，比较腐蚀前后该试片的重量变化，从而确定腐蚀速度的一种方法。

对于均匀腐蚀，根据腐蚀产物容易除去，或完全牢固地附在试件表面的情况，可分别采用单位时间、单位面积上金属腐蚀后的重量损失或重量增加来表示腐蚀速度。

$$V=\frac{\Delta W}{At}\ [\mathrm{g/(m^2 \cdot h)}] \tag{32-1}$$

式中 ΔW——试验前后指示片的重量变化，g；

A——试件的表面积，m^2；

t——试件腐蚀的时间，h。

重量法分为增重法和失重法两种，它们都是以试样腐蚀前后的重量差来表征腐蚀速度的。前者是在腐蚀试验后连同全部腐蚀产物一起称重试样，后者则是清除全部腐蚀产物后称重试样。当采用重量法评价工程材料的耐蚀能力时，应当考虑腐蚀产物在腐蚀过程中是否容易脱落、腐蚀产物的厚度及致密性等因素后，再决定选取哪种方法对材料的耐蚀性能进行表征。对于材料的腐蚀产物疏松、容易脱落且易于清除的情况，通常可以考虑采用失重法。

因此，失重速率和增重速率计算公式分别为

$$V^{-}=\frac{W_0-W_1}{st} \tag{32-2}$$

$$V^{+}=\frac{W_2-W_0}{st} \tag{32-3}$$

式中 V^{-}——失重法腐蚀速率，$\mathrm{g/(m^2 \cdot h)}$；

V^{+}——增重法腐蚀速率，$\mathrm{g/(m^2 \cdot h)}$；

W_0——金属试件初始重量，g；

W_1——消除腐蚀产物后的金属试件重量，g；

W_2——带有腐蚀产物的金属试件经腐蚀后的重量，g；

s——金属试件表面积，m^2；

t——腐蚀实验进行的时间，h。

2. 实验方法

本实验选用碳钢在敞开的酸溶液中全浸蚀，用重量法测定其腐蚀速率。

金属在酸中的腐蚀一般是电化学腐蚀，含有腐蚀的原电池。腐蚀原电池包括：阳极、阴极、电解质溶液、外电路四个部分。

(1) 非氧化性酸

阳极： $Fe \longrightarrow Fe^{2+}+2e$

阴极： $2H^{+}+2e \longrightarrow H_2\uparrow$ 去极化

(2) 氧化性酸

阳极： $Fe \longrightarrow Fe^{2+}+2e$

阴极： $2H^{+}+2e \longrightarrow H_2\uparrow$

$O_2+4H^{+}+4e \longrightarrow 2H_2O$ 氧化剂还原

值得注意的是，氧化性酸随浓度变化阴极过程会发生变化；酸中加入缓蚀剂能阻止金属腐蚀或降低腐蚀速率。

根据下式可计算缓蚀剂的缓蚀效率η。

$$\eta=\frac{V-V'}{V}\times 100\% \tag{32-4}$$

式中 V——未加缓蚀剂的腐蚀速度；

V'——加入缓蚀剂的腐蚀速度。

三、实验设备和材料

分析天平 1 台，500mm×30mm×5mm 玻璃板 1 块，Q235 钢样试件，镊子，丙酮，无水乙醇，药棉，干燥皿，烧杯，0～100℃温度计 1 支，金相砂纸若干，尼龙绳。

实验溶液：20% H_2SO_4、20% H_2SO_4+硫脲、2% HNO_3 和 60%HNO_3 水溶液。

四、实验步骤

1. 将 2cm×2cm×0.3cm 的 Q235 钢试块，依次用金相砂纸（从粗到细）打磨到具有一定的光洁度。注意：在打磨时把砂纸铺于平放的玻璃板上，用手指按着试样沿着一个方向均匀打磨，打磨到一定程度后将试样转换 90°方向并继续打磨，直到前一次的磨痕消失为止。

2. 用游标卡尺测量、计算并记录试片的表面积，为后续的试验备用。

3. 用流水冲洗试块表面沾附的残屑，然后用少量的药棉蘸丙酮擦洗脱脂，自然风干，并放入干燥器内。

4. 将干燥的钢试块放在分析天平上称量（准确到 0.05～0.1mg），记录。

5. 分别取 200mL 下列溶液放在标记为 A、B、C、D 的四只 250mL 干净烧杯中：A——20% H_2SO_4；B——20% H_2SO_4+硫脲；C——2% HNO_3；D——60% HNO_3。

6. 将试样用尼龙丝悬挂，分别浸入 40℃恒温的上述腐蚀介质中，每种试样浸泡深度大致一样，上端应在液面以下 2cm。

7. 自试样浸入溶液开始记录时间，半小时后将试样取出，用清水、除盐水清洗，最后用丙酮擦洗，滤纸吸干表面，滤纸包好，放入干燥器干燥，观察和记录试件表面现象。

注意：用 12% HCl+1%～2%六次甲醛四胺（乌洛托品）法除去腐蚀产物，腐蚀产物去除原则是除去全部腐蚀产物，尽可能不损磨基体金属。

8. 干燥后的试件用分析天平称量，记录。

五、实验结果评定

1. 观察金属试样腐蚀后的外形，确定腐蚀是均匀的还是不均匀的，观察腐蚀产物的颜色分布情况以及金属表面结合是否牢固。

2. 观察溶液颜色有无变化，是否有腐蚀产物沉淀。

3. 计算各试件的腐蚀速度及缓蚀剂缓释效率。

六、实验报告

1. 记录实验原理。

2. 记录实验步骤。

3. 对实验结果进行分析。

七、思考题

1. 为什么对金属指示片的表面光洁度要求这样高?
2. 什么叫缓蚀剂? 为什么要加缓蚀剂? 怎样计算缓蚀率?
3. 分析重量法测定金属腐蚀速度的误差来源是什么?
4. 失重法测定金属腐蚀速率的优缺点有哪些?
5. 重量法测定金属的腐蚀速度是否适用于评价局部腐蚀? 为什么?

实验三十三

电化学测试技术测量金属腐蚀速度

一、实验目的

1. 掌握线性极化曲线、塔菲尔外推法极化曲线测试技术的原理和测试方法。

2. 测试腐蚀体系的线性极化曲线和塔菲尔极化曲线,并求出 R_p 值,塔菲尔斜率 β_a、β_c 值以及金属的腐蚀速率。

二、实验原理

1. 线性极化法

线性极化技术是快速测定腐蚀速度的一种电化学方法,特点是灵敏、快速,因此相比失重法测定金属腐蚀速度具有一定的优越性。由于极化电流小,所以不至于破坏试件的表面状态,用一个试件可以多次连续测定,并适用于现场监控。

线性极化技术的原理,是对工作电极外加电流进行极化,使工作电极的电位在自腐蚀电位附近变化($|\Delta E|<1\text{mV}$)。此时,极化电位 ΔE 与 i 为线性关系。根据塞特恩(Stern)和盖里(Geary)的理论推导,对活化极化控制的腐蚀体系,极化电阻与自腐蚀电流密度之间存在如下关系

$$R_p=\frac{\Delta E}{\Delta I}=\frac{\beta_a\beta_c}{2.303(\beta_a+\beta_c)}\times\frac{1}{i_{corr}} \tag{33-1}$$

对于一定的腐蚀体系,β_a、β_c 为常数,因而 $B=\frac{\beta_a\beta_c}{2.303\ (\beta_a+\beta_c)}$ 也是常数,故

$$R_p=\frac{\Delta E}{\Delta I}=\frac{B}{i_{corr}} \tag{33-2}$$

显然极化电阻 R_p 和腐蚀电流密度 i_{corr} 成反比。根据法拉第定律可以直接将 i_{corr} 换算成腐蚀的重量指标或腐蚀的深度指标,作为单位腐蚀速度,故极化电阻 R_p 和金属腐蚀速度成反比关系。

如果腐蚀体系中评选缓蚀剂或遴选耐蚀金属材料,只要分别测定 R_p 值,就可以相对比较其腐蚀速度的大小。如果由 R_p 计算腐蚀速度值,还需要用其他的方法确定阳极和阴极的塔菲尔斜率 β_a、β_c 值,也可在有关文献资料中查到。

2. 塔菲尔外推法

由腐蚀反应动力学方程式,当极化电位 $|\Delta E|>\frac{120}{n}\text{mV}$,经过数学方法处理,并用 η 代替 ΔE,可得

$$\eta = a + \lg i \tag{33-3}$$

上式称为塔菲尔方程，它表明了强极化区（塔菲尔区）极化电位与电流密度之间的关系。

实验时，只要对腐蚀体系进行强极化（极化电位通常在100～250mV之间）就可以得到η-$\lg i$的关系曲线。把塔菲尔直线段外推延伸至腐蚀电位，$\lg i$坐标上与交点对应的值为$\lg i_c$，由此可以求出i_{corr}。由塔菲尔直线可以分别求出β_a、β_c值。

在测试中，为了能获得较为精确的结果，塔菲尔直线段必须延伸至少一个数量级以上的电流范围。在两种情况下，测量结果会受到影响：体系中由于浓差极化的干扰或其他外来干扰；体系中存在一个以上的氧化或还原过程（塔菲尔线通常会变形）。

三、实验设备和材料

Zahner电化学工作站、计算机、研究电极、参比电极（甘汞电极）、对电极（铂片电极）。

四、实验步骤

1. 分别把Zahner电化学工作站和计算机电源开关打开预热。

2. 对所研究的碳钢材料进行除油、除锈和打磨处理。

3. 按要求配制3.5% NaCl溶液。

4. 选择I/ERecording测量，在连接测量体系之前，到“Control Potentiostat”页，确保恒电位仪是“OFF”状态。

5. 分别把研究电极、对电极、参比电极放入电解池中，准备连接测量线路；进入“Check Cell Connections”在“Control Potentiostat”页面，选择连接方式：三电极方式，按照研究电极→参比电极→对电极的顺序连接电极到体系。如果不按照这个顺序，仪器和实验体系可能会损坏。电极连接方法见表33-1。

表33-1 电极连接方法

Zennium电化学工作站	电解池CELL
WE(黑线)	工作电极
WE(蓝线)	工作电极
RE(绿线)	参比电极
CE(红线)	对电极

6. 选择电极连接方式后，选择参比电极的电位，单击鼠标中键（滚轮）或按“Esc”键返回“Control Potentiostat”页面。

7. 按要求先进行线性极化测试，然后再进行塔菲尔外推法极化曲线测试。

8. 极化曲线参数设置。设置电位：线性极化曲线范围为相对开路电位±1mV，塔菲尔外推法极化曲线为相对开路电位±300mV。扫描方式：动电位扫描，扫描速率10mV/s。

9. 开始试验，试验结束后进行数据处理。

10. 进入I/E分析软件，在相应的电位区间拟合获得β_a、β_c和腐蚀电流等腐蚀参数，其中线性极化$|\Delta E| < 1$mV；塔菲尔极化电位在100～250mV之间。

11. 结束后，拆电解池按照对电极→参比电极→研究电极的顺序，然后关闭程序。

五、实验结果分析

1. 用origin软件中绘出两种极化曲线。

2. 利用公式分别计算 R_p。

六、思考题

1. 线性极化曲线和塔菲尔极化曲线有什么区别?
2. 在两种曲线的测试过程中出现了什么问题?如何解释和解决?
3. 能否由 R_p 直接求出 i_{corr} 值?
4. 腐蚀电位不稳定对测量结果有什么影响?

实验三十四 容量法测定金属在盐酸中的腐蚀速率

一、实验目的

1. 掌握容量法测定金属腐蚀速率的原理和方法。
2. 用容量法测定碳钢在硫酸中的腐蚀速率。

二、实验原理

对于伴随析氢或吸氧的腐蚀过程,通过测量一定时间内的析氢量或吸氧量来计算金属的腐蚀速度。许多金属在酸性溶液中,某些电负性较强的金属在中性溶液中会发生氢去极化作用而受到腐蚀。腐蚀过程如下:

阳极 $Mn \longrightarrow M^{n+} + ne$

阴极 $nH^{+} + ne \longrightarrow (n/2)\ H_2\uparrow$

阳极上,金属不断失去电子而溶解,溶液中的氢离子与阴极上过剩的电子结合而析出氢气。整个过程中,金属溶解的量和析出氢的量相当。因此,由实验测出一定时间内的析氢体积 V_{H_2}(毫升),由气压计读出大气压力 P(毫米汞柱),读出温度,根据理想气体状态方程计算出所析氢的摩尔数(N_{H_2}),则金属的腐蚀速率为

$$v = \frac{N \times 2N_{H_2}}{st} \tag{34-1}$$

式中 N——金属氧化还原当量,g;

s——金属在酸中的暴露面积,m^2;

t——金属腐蚀的时间,s。

容量法也可以用于伴随吸氧的腐蚀过程,计算方法类似于析氢。

三、实验设备和材料

碳钢试件,硫酸(10%),容量法测定腐蚀速度装置,分析天平、气压计、温度计,试件打磨、清洗、干燥用品。

四、实验步骤

1. 将试样打磨、编号、清洗。
2. 在三角烧瓶中注入 10% 硫酸溶液。试件系在尼龙绳的一端,尼龙绳另一端固定在铁架台的两爪夹上,使试件悬挂在硫酸溶液上方,按图 34-1 塞紧橡胶塞。

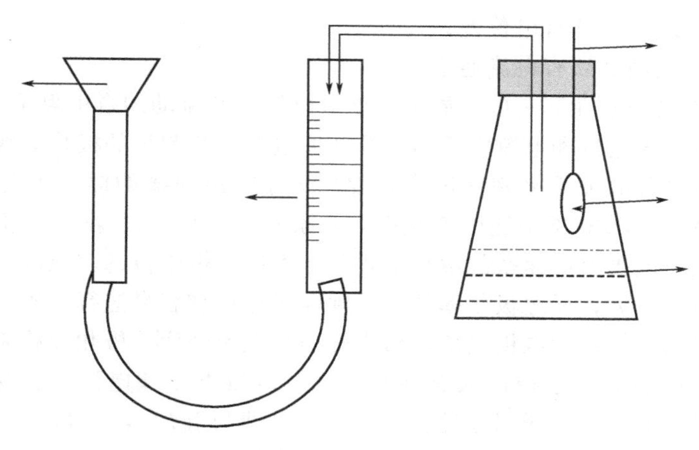

图 34-1　测试示意图

3. 移动尼龙绳，使试样浸入硫酸溶液中。随着腐蚀反应的发生，氢气析出，量气管内的液面下降，漏斗缓缓下移，使两个水平面接近。浸泡一定时间，当两个水平面等高时，记录量气管的读数。

4. 数据记录：室温，气压，浸入时间，取出时间，量气管读数（腐蚀前和腐蚀后）。

五、分析与讨论

根据记录的数据计算碳钢在硫酸中的腐蚀速率，分析腐蚀原因。

六、思考题

1. 容量法测定腐蚀速率的优点和缺点有哪些？
2. 简述容量法测定腐蚀速率的适用范围。
3. 简述分析容量法测定腐蚀速率的误差来源。

实验三十五
电化学腐蚀实验：极化曲线法

一、实验目的

1. 了解电化学金属腐蚀的原理以及腐蚀电池的形成。
2. 绘制腐蚀极化曲线，学会分析极化曲线。

二、实验原理

当两种具有不同电位的金属处于同一电解质中，并由导体连接时，即形成腐蚀电池。电流通过导体和电解质形成回路。此时，两种金属的电位差越大，则形成的电压越大。金属电池一旦形成，阳极金属不断失去电子，使金属原子转化成金属离子，形成以氢氧化物为主的化合物。换言之，阳极遭到了腐蚀。而在阴极，阴极金属不断地从阳极得到电子，其表面富集了电子，金属离子几乎没有形成，金属仍然保持原子状态，没有腐蚀现象发生。

腐蚀电池形成的必不可少的条件：

① 必须有阴极和阳极；

② 阴极和阳极之间必须有电位差；

③ 阴极和阳极之间必须有电流通道；

④ 阴极和阳极必须浸在同一电解质中，该电解质中有流动的自由离子。

极化曲线表示电极电位和电流之间的关系，通过对实验测量的极化曲线进行分析，可以从电位与电流密度之间的关系来判断极化程度的大小，由曲线的倾斜程度可以看出极化程度。极化率是电极电位随电流密度的变化率，一般用$\rho=\Delta E/\Delta I$表示。极化率越大，电极极化的倾向也越大，电极反应速率的微小变化就会引起电极电位的明显改变，电极过程不容易进行，受到阻力比较大；反之极化率越小，则电极过程越容易进行。极化曲线又称塔菲尔线外推法，一般以纵坐标表示电极电位，横坐标表示电流密度。极化曲线是测定金属腐蚀速率的方法。将金属样品制成电极浸入腐蚀介质中，测得电压和电流 I 的关系，作 $\lg I$-ε 曲线，将阴、阳极极化曲线的直线部分延长，所得交点即为 $\lg I_{cor}$，由腐蚀电流除以样品面积 S_0，即得腐蚀速率。本实验测定铁在硫酸中的极化曲线。

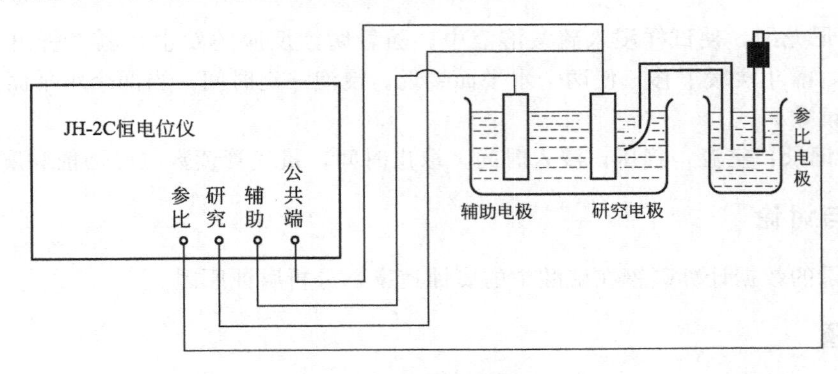

图 35-1 三电极装置图

三、实验设备和材料

电化学工作站，电解池，铂电极（辅助电极），带盐桥的饱和甘汞电极（参比电极），铁工作电极；试剂为硫酸（1mol/L 的硫酸溶液），水。

四、实验步骤

1. 电极处理：工作电极先用砂纸打磨，然后用三次水清洗，再放入乙醇清洗。

2. 在工作站中选择线性扫描伏安法（linear sweep voltammetry），设置扫描范围为：－0.6V±1.9V，扫描速率为25～50mV/s，扫描间隙设为0.002V，可由仪器自动获得整个极化曲线。

3. 实验结束，使仪器复原，清洗电极，将参比电极放回原处。

五、实验分析与讨论

作阳极极化曲线和阴极极化曲线，由两条切线的交点求出 E_{cor} 和 I_{cor}，求出铁在硫酸中的腐蚀速率。讨论腐蚀的原理。

六、思考题

1. 三个电极各有什么作用？

2. 同一种金属内能形成腐蚀电池吗？为什么？

实验三十六

电化学腐蚀实验：电位-时间曲线法

一、实验目的

1. 了解金属腐蚀电位与金属耐腐蚀性的关系。
2. 掌握用电化学测量研究金属腐蚀的实验方法。

二、实验原理

电位-时间曲线法是电化学测量中较简单的一种方法，其目的是通过测量金属的腐蚀电位随时间的变化研究金属的腐蚀行为。处于电解液中的金属，都将在表面同时发生阴极和阳极极化过程。在导电良好的介质中，阴极电位和阳极电位由于极化而非常接近。此时测得的电位为金属腐蚀的总电位，该电位的值取决于阴极和阳极的极化率。在这种时候，在这种情况下，如果金属在溶液中能够形成保护膜而钝化，则测得的电位将越来越接近膜的电位。因此，电位将逐渐上升，而腐蚀减慢。反之，如果金属在溶液中阳极极化减弱或钝化膜受氯离子等破坏而使未被氧化膜遮盖的金属表面被腐蚀，则电位将随时间下降，相应地，腐蚀趋向于加速。因此，测定电位-时间曲线可以看出金属腐蚀的发展趋势。

三、实验设备和材料

金相砂纸、烧杯、量筒等玻璃器皿，高阻电位差计，电解池，饱和甘汞电极，盐桥和参比电极，检流计，标准电池，实验用普通碳钢或用铝合金型材做成标准实验电极。

试剂：水、NaCl、NaOH、KCl、H_2SO_4。

四、实验步骤

把试样浸入溶液中，通过盐桥和参比电极（饱和甘汞电极）组成一个原电池，如图 36-1所示。用导线先将电源、干电池、检流计和标准电池按正、负极，分别对照电位差计上所标明的“电源”“电计”“标准”三组接线连接好，并将电位差计进行标准化。再在“未知”两接线柱上，分别连接试验电极和参比电极。连接前可先粗略估计试验的“+”“−”（正负）极性，与电位差计上的“+”“−”极性对应连接。然后将试样放入已装好溶液及参比电极，并用盐桥连接好的电解池里即可进行测量。样品中心离开盐桥处 1mm 即可。如果实测时发现极性与估计的不符，只需要将“+”“−”端互换就可以。测量时最好 5min 测定一个起始电位，然后每隔 15min 测量一次，大约1h 左右即可。

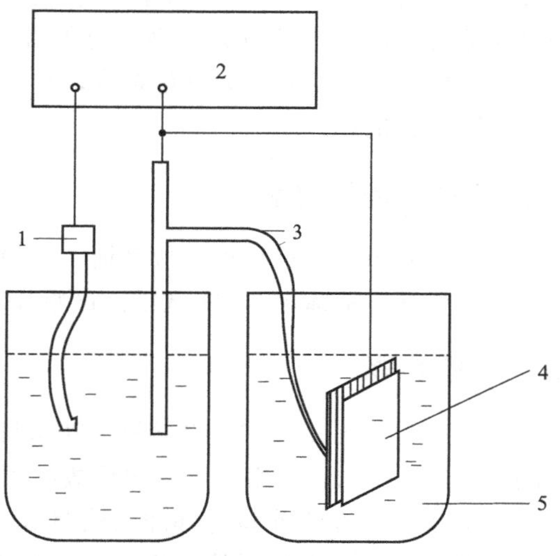

图 36-1 电位-时间曲线测定装置图

1—参比电极；2—电位差计；3—盐桥；4—试验电极；5—电解池

用电位差计测定该电池的电动势，该电池两极的电位差就是待测金属在该溶液中的腐蚀电位。金属相对于饱和甘汞电极的电位要利用下式换算成相对于标准氢电极的电位

$$E_{氢}=0.2415+E_{甘汞} \tag{36-1}$$

式中 $E_{氢}$——金属相对于氢电极的电位；

$E_{甘汞}$——金属相对于饱和甘汞电极的电位。

五、实验分析与讨论

根据所测得数据绘制出电位-时间曲线，分析和解释试验金属的腐蚀和钝化现象。

六、思考题

1. 电位测量前，如何判断电位差计上接线的正负极性？如果接错，应如何纠正？
2. 参比电极的作用是什么？如果不用参比，可以测量材料的电极电位吗？

实验三十七 中性盐雾腐蚀实验

一、实验目的

1. 掌握用盐雾实验箱测定金属表面保护层的质量及其均匀性的原理和方法；
2. 了解盐雾实验箱的操作，分析盐雾实验的机理，探讨增强耐蚀性的方法。

二、实验原理

中性盐雾试验（NSS）法是目前应用范围最广的一种人工加速模拟盐雾环境试验方法，它适用于检验金属及其合金、金属覆盖层、有机覆盖层、阳极氧化膜和转化膜的耐腐蚀性能。

盐雾实验可综合考核镀层质量，显示镀层致密度、均匀度和孔隙率。用5%氯化钠溶液每天连续或间断喷雾，以一定的降雾量喷洒到待测试样上，当金属表面镀层致密度不高，有较多孔隙时，这些孔隙为盐雾腐蚀提供微电池场所。孔隙越多，微电池腐蚀场所越多。另外，当镀层与金属层有较大电位差时，盐雾实验为其提供微电池腐蚀动力。这就是盐雾试验的微电池腐蚀机理。

三、实验设备和材料

盐雾实验箱、喷雾喷嘴、盐水桶、试验片支架、喷雾液收集水桶、盐水补给桶、空气压缩泵。氯化钠、蒸馏水、pH试纸。试验片：镀锌钢板。

四、实验步骤

1. 配制5%±0.1% NaCl溶液。用酸度计测量溶液的pH值，使试验箱内盐雾收集液的pH值为6.5～7.2，可用化学纯的盐酸或氢氧化钠调整。

2. 盐雾试验箱工作室底部加入蒸馏水，加至不高于箱体底部溢水口即可。

3. 箱体与箱盖之间凹槽四周水密封槽加入适量蒸馏水至2/3即可。

4. 打开饱和桶加水阀和放气阀，往空气饱和桶内加入蒸馏水，至高度的4/5位置为宜。

5. 检查盐水箱和工作室内喷雾器之间的水管是否连接完好，把配制好的盐溶液加入盐

水箱内。

6. 检查其他部件及因素是否正常：排气管、管路、盐雾沉降量、气源等。

7. 开启箱盖，将样品正确放置在工作室内的样品架上，样品与样品之间保持一定距离，使样品暴露的表面积大于98%，关上箱盖。

8. 完成上述步骤后，将盐水桶的温度调整至35℃，饱和器温度为37℃。进气压力为3～4kgf，喷雾压力1～1.5kgf。调整至连续时间，设置24h，这时实验箱各系统已开始全面运行。

试验后处理：喷雾试验完毕，开启试验箱上盖时，勿使溶液滴下而小心取出试样，不得损伤主要表面。为减少腐蚀产物脱落，试样在清洗前，放在室内自然干燥0.5～1h，然后用不高于40℃的清洁流动水洗去黏附的盐粒，轻轻清洗，除去试样表面盐雾溶液的残留物，用毛刷或海绵去除腐蚀点以外的腐蚀生成物，并立即用吹风机吹干。

五、实验结果与分析

1. 数据记录：试验箱温度；喷雾量；溶液在室温时的相对密度或浓度；溶液的pH值；不同腐蚀阶段的外观照片；镀锌钢板盐雾腐蚀情况记录。相关数据填入表37-1中。

表37-1 镀锌钢板盐雾腐蚀情况记录表

样品	盐雾腐蚀时间/h	镀层表面状况
1	8	
2	12	
3	16	
4	20	
5	24	

2. 初步分析讨论盐雾腐蚀的原理。

六、思考题

1. 盐雾试验箱出现不喷雾状态，可能的原因是什么？

2. 实验过程中，pH会发生什么变化？原因是什么？

第四部分

金属材料工程技术实验

实验三十八

40CrMoV钢夹杂物的夹杂评级

一、实验目的

1. 了解钢中非金属夹杂物的来源和分类，了解鉴定钢中非金属夹杂物的方法和定量评级标准。

2. 了解不同类型夹杂物的在光学显微镜下的基本特征。

二、实验设备、仪器与材料

待检测试样；砂纸、抛光布、金刚石抛光粉、脱脂棉、乙醇、XJP-200 双目倒置金相显微镜、BX51M 正置金相显微镜。

三、实验原理

（一）钢中非金属夹杂物按来源分类

1. 内生夹杂物

钢在冶炼过程中，脱氧反应会产生氧化物和硅酸盐等产物，若在钢液凝固前未浮出，将留在钢中。溶解在钢液中的氧、硫、氮等杂质元素在降温和凝固时，由于溶解度降低，与其他元素结合以化合物形式从液相或固溶体中析出，最后留在钢锭中。它是金属在熔炼过程中，各种物理化学反应形成的夹杂物。内生夹杂物分布比较均匀，颗粒也较小，正确的操作和合理的工艺措施可以减少其数量和改变其成分、大小和分布情况，但一般来说是不可避免的。

2. 外来夹杂物

钢在冶炼和浇铸过程中悬浮在钢液表面的炉渣，或由炼钢炉、出钢槽和钢包等内壁剥落的耐火材料或其他夹杂物在钢液凝固前未及时清除而留于钢中。它是金属在熔炼过程中与外界物质接触发生作用产生的夹杂物。如炉料表面的砂土和炉衬等与金属液作用，形成熔渣而滞留在金属中，其中也包括加入的熔剂。这类夹杂物一般的特性是外形不规则，尺寸比较大，分布也没有规律，又称为粗夹杂。这类夹杂物通过正确的操作是可以避免的。

（二）钢中非金属夹杂物按化学成分分类

钢中非金属夹杂物按化学成分主要分为三大类。

1. 氧化物系夹杂

简单氧化物有 FeO、Fe_2O_3、MnO、SiO_2、Al_2O_3、MgO 和 Cu_2O 等。在铸钢中，当用硅铁或铝进行脱氧时，夹杂比较常见。在钢中常常以球形聚集，呈颗粒状成串分布。复杂氧化物包括尖晶石类夹杂物和各种钙的铝酸盐等以及钙的铝酸盐。

2. 硫化物系夹杂

主要是 FeS，MnS 和 CaS 等。由于低熔点的 FeS 易形成热脆，所以一般均要求钢中要含有一定量的锰，使硫与锰形成熔点较高的 MnS 而消除 FeS 的危害。因此钢中硫化物夹杂主要是 MnS。

3. 氮化物夹杂

当钢中加入与氮亲和力较大的元素时形成 AlN、TiN、ZrN 和 VN 等氮化物。在出钢和浇铸过程中钢液与空气接触，氮化物的数量显著增加。

（三）夹杂物的鉴定

1. 金相法与微区域成分分析相结合

在金相观察中选出待定夹杂物后，用电子探险针（EPMA）进行微区成分分析或者应用扫描电镜（SEM）自带能谱分析仪（EDS）进行成分分析。

2. 光学金相法

在光学显微镜下利用明视场观察夹杂物的颜色、形态、大小和分布；在暗场下观察夹杂物的固有色彩和透明度；在正交偏振光下观察夹杂物的各种光学性质，从而判断夹杂物类型。根据夹杂物的分布情况及数量评定相应的级别，评判其对钢材性能的影响。

（四）非金属夹杂物的定量评级

1. 国标评级

定量测定是优质钢以及高级优质钢的常规检测项目之一。夹杂物类型已知的条件下，采用标准等级比较法，以判定钢材质量的优劣或是否合格。夹杂物的评级可以根据 GB/T 10561—2005 标准进行。试样经过仔细抛光，夹杂物应保存完好，不经浸蚀在放大 100 倍显微镜下观察。把试样上夹杂物最严重的视场与标准级别图片比较来评定其等级。GB/T 10561—2005 标准列出三类夹杂物的级别图。氧化物为一类。硫化物按照夹杂物最严重的粗细分为两个系列，每一个系列分 5 级，级别越高，表示夹杂物含量越多。评级时若不能评成整数，可以采用半级。

2. JK 标准评级

将夹杂物分为 A、B、C 和 D 四个基本类型，它们分别是硫化物、氧化铝、硅酸盐和球状氧化物。每类夹杂物按照厚度和直径的不同又可分为细系和粗系两个系列，每个夹杂物由表示夹杂物数量递增的五级图片（1～5）组成。评定夹杂物级别时，允许评半级。结果是用每个试样每类夹杂物最恶劣视场的级别数表示。钢中非金属夹杂物的评定方法可以参照 GB/T 10561—2005 标准。

3. ASTM 评级标准

ASTM 标准评级图又称修改的 JK 图，评级图中夹杂物的分类、系列的划分均与 JK 评级标准图相同，但评级图由 0.5～2.5 组成，它适用于评定高纯度钢的夹杂物，常用于承受较大压延量的产品中，如板材、管材和线材等。结果是用每类夹杂物不同级别的视场总数来表示。

四、实验步骤及方法

1. 取样

用于测量夹杂物含量试样的抛光面面积应约为 200mm×10mm，并且平行于钢材纵轴，位于钢材外表面到中心的中间位置。

如果没有规定，取样如下：一般直径或边长大于 40mm 的钢棒或钢坯，检验面为钢材外表面到中心的中间位置的部分径向截面；直径或边长大于 25mm、小于或等于 40mm 的钢棒或钢坯，检验面为通过直径的截面的一半。

2. 试样制备

试样应切割加工，以便检验面平整、避免抛光时试样边缘磨成圆角，试样可用夹具或镶嵌的方法加以固定。

试样抛光时，最重要的是要避免夹杂物的剥落、变形或抛光表面被污染，以使检验面尽可能干净和夹杂物的形态不受影响。必要时，在抛光前试样可以进行热处理。

3. 观察并得出等级

采用金相显微镜观察并且与国标对比得出等级。

五、实验注意事项

试样检验面平整，避免抛光时试样边缘磨成圆角。

六、思考题

1. 钢夹杂物的观察方法有哪些？
2. 结合本实验，说明如何在实际生产中降低钢夹杂物的含量。

实验三十九

热膨胀法测定钢的相变点

一、实验目的

1. 了解热膨胀系数的测试原理。
2. 掌握利用热膨胀测相变点的原理。

二、实验原理

除少数材料之外，大多数材料都遵循热胀冷缩的规律。材料随着温度的升高，尺寸增大，即为热膨胀。温度每升高 1K，长度或体积的相对增加量即为线（体）膨胀系数。

$$\alpha_L = \frac{dL}{L\,dT} \tag{39-1}$$

$$\alpha_V = \frac{dV}{V\,dT} \tag{39-2}$$

式中　α_L，α_V——材料的线膨胀系数和体膨胀系数；

L，V——材料在温度 T 时的长度和体积。

钢的不同相（显微组织）具有不同的密度。马氏体、渗碳体、铁素体、奥氏体，比容依次减小，如表 39-1 所示。当从奥氏体状态转变为珠光体或者马氏体时，钢的体积将增大；

反之则减小。由表 39-1 中数据可见，钢在相变过程中体积效应比较明显，故可采用膨胀法测定其相变点。

表 39-1　碳钢中各相体积特性

各相名称	比容/($cm^3 \cdot g^{-1}$)	$\alpha_L \times 10^6/K^{-1}$	$\alpha_V \times 10^6/K^{-1}$
铁素体	0.127	14.5	43.5
奥氏体	0.123～0.125	23.0	70.0
马氏体	0.127～0.131	11.5	35.0
渗碳体	0.13	12.5	37.5

图 39-1 为亚共析钢缓慢加热和冷却过程的膨胀曲线。亚共析钢室温下的平衡组织为铁素体＋珠光体。从室温开始加热亚共析钢，由于热膨胀效应，尺寸增大，绝对膨胀量增大，表现为膨胀曲线随温度升高而向上延伸。当缓慢加热到相变点 Ac_1 时，珠光体转变为奥氏体，由于奥氏体的比容最小，故尺寸发生收缩，膨胀曲线图中绝对膨胀量开始有所减小，表现为膨胀曲线向下转折，形成的拐点对应的横坐标即为相变点 A_{c1}。随着温度继续升高，铁素体开始转变为奥氏体，体积继续收缩，表现为膨胀曲线继续向下延伸，直到铁素体全部转变为奥氏体，钢以纯奥氏体热膨胀特性伸长，绝对膨胀量又开始有所增大，形成的拐点即为相变点 A_{c3}。冷却过程恰好相反，可由膨胀曲线中的拐点得到 A_{r1} 和 A_{r3}。

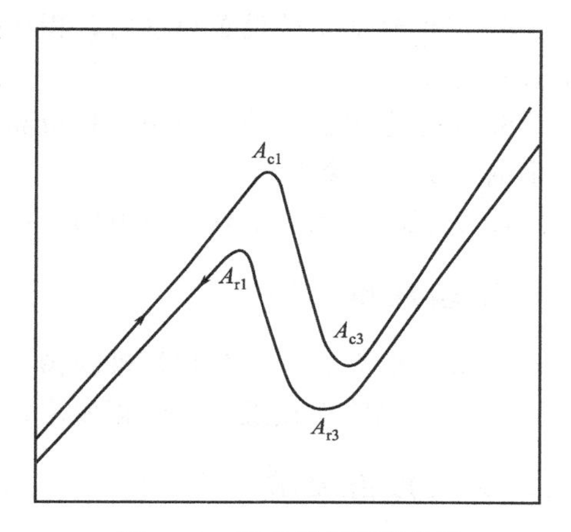

图 39-1　亚共析钢膨胀曲线

本实验利用热膨胀原理测定亚共析钢、过共析钢在缓慢加热过程中发生相转变时的绝对膨胀量，绘制绝对膨胀量-温度曲线，根据其拐点得到相变点 A_{c1} 和 A_{c3}（A_{cm}）。

三、实验设备和材料

ZRPY-1400 型热膨胀系数测定仪（图 39-2）；45 钢、T10，尺寸为 ϕ(6～10)mm×(50±0.5)mm。

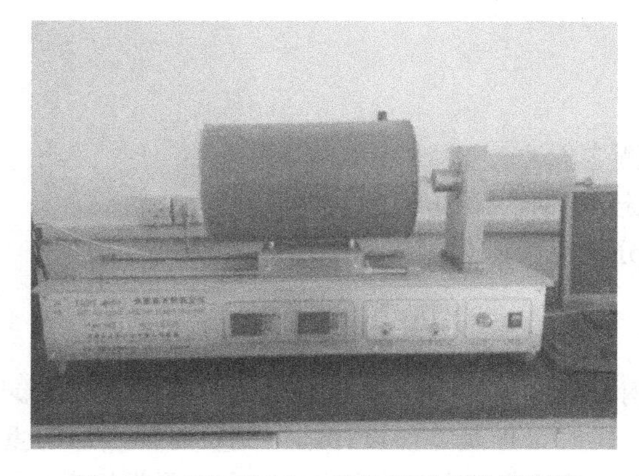

图 39-2　ZRPY-1400 型热膨胀系数测定仪

四、实验内容及步骤

1. 将直径 6～10mm 圆形、宽×厚＝6mm×(4～6)mm 长方形或边长 6～10mm 正方

形，长度（50±0.5)mm的样品放在试样架上面，用顶杆顶紧，炉膛推到最右端；打开仪器电源开关，打开电脑内安装的测试软件。

2. 在“系统配置”窗口设置实验温度范围、升温速率、位移变化量程、通信端口、通信频率等，完成设置后按“确定”按钮退出。

3. 点击“膨胀系数测试”按钮，输入“设置温度（实验所需最高温度，仪器要求最高不超过1000℃）”和“样品长度”，点击“确定”按钮，手动调节位移表在400～1000之间(可调节至800)，按“选择补偿值”按钮，选择“－200～1000的补偿值”。

4. 单击“实验开始”按钮进行实验。

5. 温度到达实验设置温度后，程序自动结束，输入文件名称后保存实验数据（EXCEL格式）。

6. 点击主界面中的“历史数据分析”按钮，可导出之前测试的所有数据（包含不同温度下的ΔL_T、α数据)。

7. 关机：关闭测试软件、电脑、仪器主机电源，待炉膛冷却后取出样品。

五、实验注意事项

1. 装样时要轻，以免损坏玻璃棒。

2. 待样品降至接近常温时再取出，注意戴上手套，不要烫伤。

六、实验报告要求

1. 将测得的膨胀曲线数据导出，并在作图软件中画出膨胀曲线，打印放于实验报告中。

2. 根据绝对膨胀曲线的拐点确定相变点。

七、思考题

1. 测量热膨胀量的温度区间应如何选择？

2. 如果增大加热速度，相变点A_{c1}和A_{c3}将如何变化？

实验四十 钢的淬透性测定

一、实验目的

1. 了解钢的淬透性测定方法。

2. 掌握用端淬法测定45钢、40Cr钢的端淬曲线。

3. 理解钢的化学成分及奥氏体化对淬透性的影响。

二、实验原理

所谓淬透性，是指钢在规定条件下淬火能够得到的淬硬层深度。淬透性是决定钢的性质和用途的一个重要因素，同时，也是零件设计选用钢材时要考虑的重要指标之一。

钢的淬透性常用淬硬层深度或临界淬透直径来表示。通常规定自钢的表面至半马氏体组织(即含50％M+50％T）的距离为淬透层深度，用其作为衡量淬透性的标准。钢件淬火后若中心具有50％的马氏体组织为完全淬透。钢件淬火后得到的淬硬层越深，则表示钢的淬透性越大。所谓临界淬透直径是指钢材在某一种介质中淬火冷却后，心部所能淬透的最大直径。

影响钢淬透性的因素很多，其中最主要的因素是钢的化学成分及奥氏体化的条件。增加过冷奥氏体稳定性以及降低临界冷却速度，均可提高钢的淬透性。钢淬透性的大小主要取决于淬火临界冷却速度 V_k。V_k 愈小，淬透性愈大。凡是使C曲线右移的合金元素均能增加钢的淬透性，如：Cr、Mo、Mn、W、Ti等。Co则相反，它使C曲线左移，因而降低钢的淬透性。

测定钢淬透性的方法有两种：临界直径法与端淬法。

1. 临界直径法

取一根足够长，且直径较大的钢棒进行淬火，然后自其中截取一切片，沿切片相互垂直的直径上测量硬度，作出硬度-直径图，如图40-1所示，其中 D 为试样直径。由图40-1看出，试样表面硬度最大，自表面向中心处硬度降低。如果 P-P 为半马氏体硬度，h 为淬透层深度，则 D_H 为未淬透的直径，淬透性大小可用 h 值或 D_H/D 来表示。D_H/D 愈小，淬透性愈大。

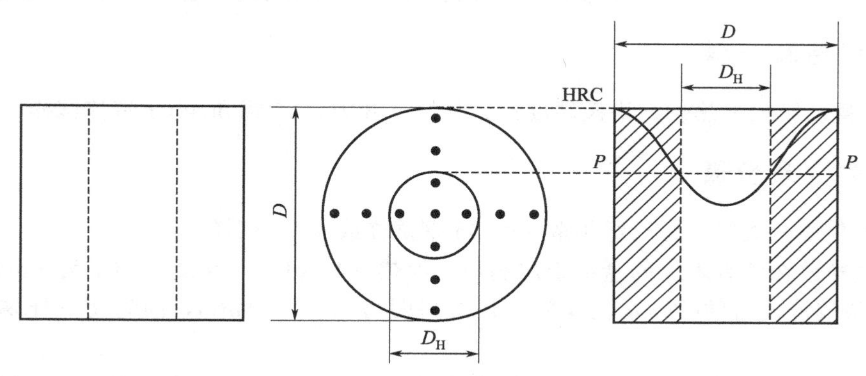

图40-1 圆柱体试样与硬度分布

为了不受介质冷却速度的影响，引入“理想临界直径”，用 D_∞ 表示。它表示在以散热速度为无限大的理想介质中淬火时全部淬透的最大直径。如果 D_∞ 已知，则在其他如水、油、空气中淬火的 $D_{临}$ 可由理想临界直径-实际临界直径-淬火烈度关系图查出。

2. 端淬法

端淬法采用标准试样，如图40-2所示。试验前先将试样正火。试验时，将试样放入炉

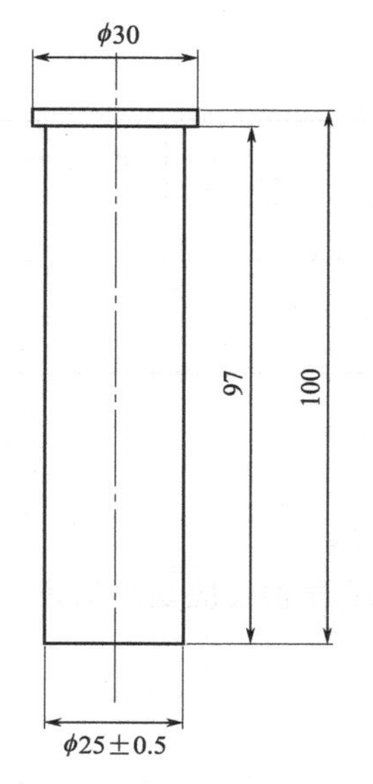

图40-2 端淬法试样标准尺寸（单位：mm）

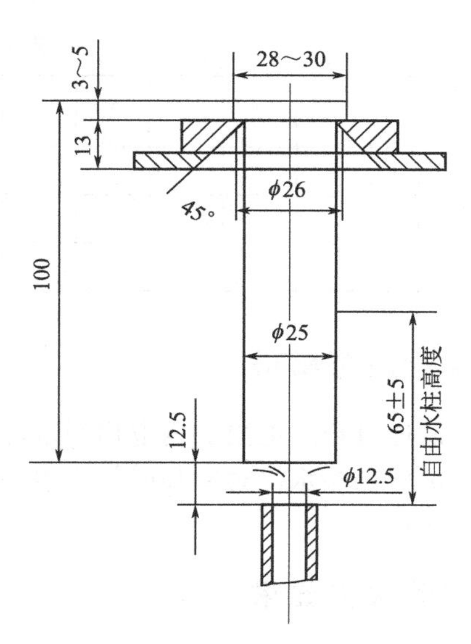

图40-3 端淬法示意图（单位：mm）

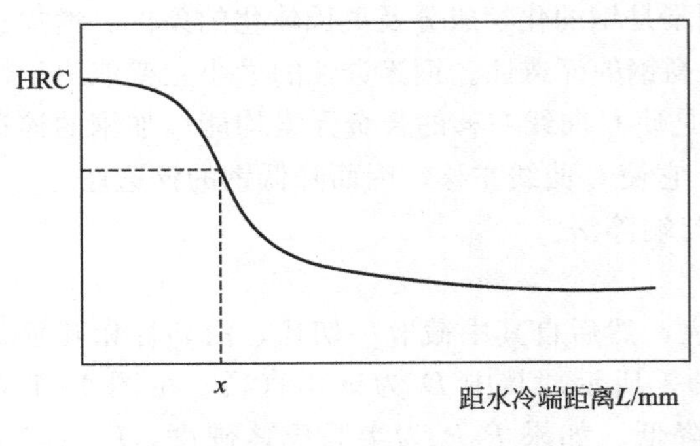

图 40-4　端淬曲线

内加热，按该钢标准奥氏体化温度加热（加热时注意切勿使试样氧化和脱碳），保温 30～40min，然后迅速取出放在专用的淬火设备上。试验时，水柱高度和试样的放置位置如图 40-3 所示。

由于试样由下而上冷却，所以下端冷速最大，随着与下端距离增加，冷速减慢，因而组织和硬度都相应变化。若将冷却后的试样沿长度方向测量表面硬度，则可绘出如图 40-4所示的端淬曲线。端淬曲线拐点处硬度大约为半马氏体区硬度，可用此处距离代表淬透性。而端淬曲线头部硬度可表征淬硬性。

三、实验设备和材料

端淬设备、箱式加热炉、洛氏硬度计、直尺、锉刀、45 钢和 40Cr 端淬试样、木炭。

四、实验内容及步骤

1. 全班分成两大组，每一组领取一个 45 钢试样或 40Cr 试样。

2. 将试样放在装有木炭的盒中于加热炉内加热（45 钢为 840℃，40Cr 为 860℃），保温 30min，调整端淬设备的喷嘴水柱，使其自由高度为（65±5）mm，同时使试样端部离喷嘴口距离 12.5mm。

3. 试样保温时间到后用钳子夹牢试样的顶肩（ϕ30mm 处）迅速放到试样支架上进行端淬，当试样水淬大于 10min 后，应将试样整体投于水中冷透，以免试样余热散出，使试样发生自回火现象。

4. 淬火后，将试样在砂轮机上沿长度方向磨出 0.2～0.5mm 深的相互平行的两平面，然后从端部开始，每一定距离测量一次硬度，直至硬度不降低为止。相应数据填入表 40-1 中。

5. 整理硬度与相应距离数据绘制出端淬曲线图。

表 40-1　实验数据记录

距水冷端距离/mm			1.5	3	5	7	9	11	13	15	20	25	30	35	40	45	50
硬度	45 钢或 40Cr	1															
		2															
	平均值																

五、实验注意事项

1. 试样自箱式电阻炉内取出至水淬开始时间不得超过 5s。

2. 试样末端水淬时冷却时间不得小于 10min，水淬时试样轴线应始终对准水口中心线，水压应固定。

六、实验报告要求

1. 绘制硬度-距离曲线（即端淬曲线）。

2. 在端淬曲线中标出两种钢的 x 值，并比较这两种钢的淬透性和淬硬性。

3. 结合不同直径钢材淬火后从表面至中心各点与端淬试样离水冷端各距离的关系曲线图（图 40-5），求这两种钢在中等搅拌的水（$H=1.2$）和中等搅拌的油（$H=0.4$）中的实际临界直径。

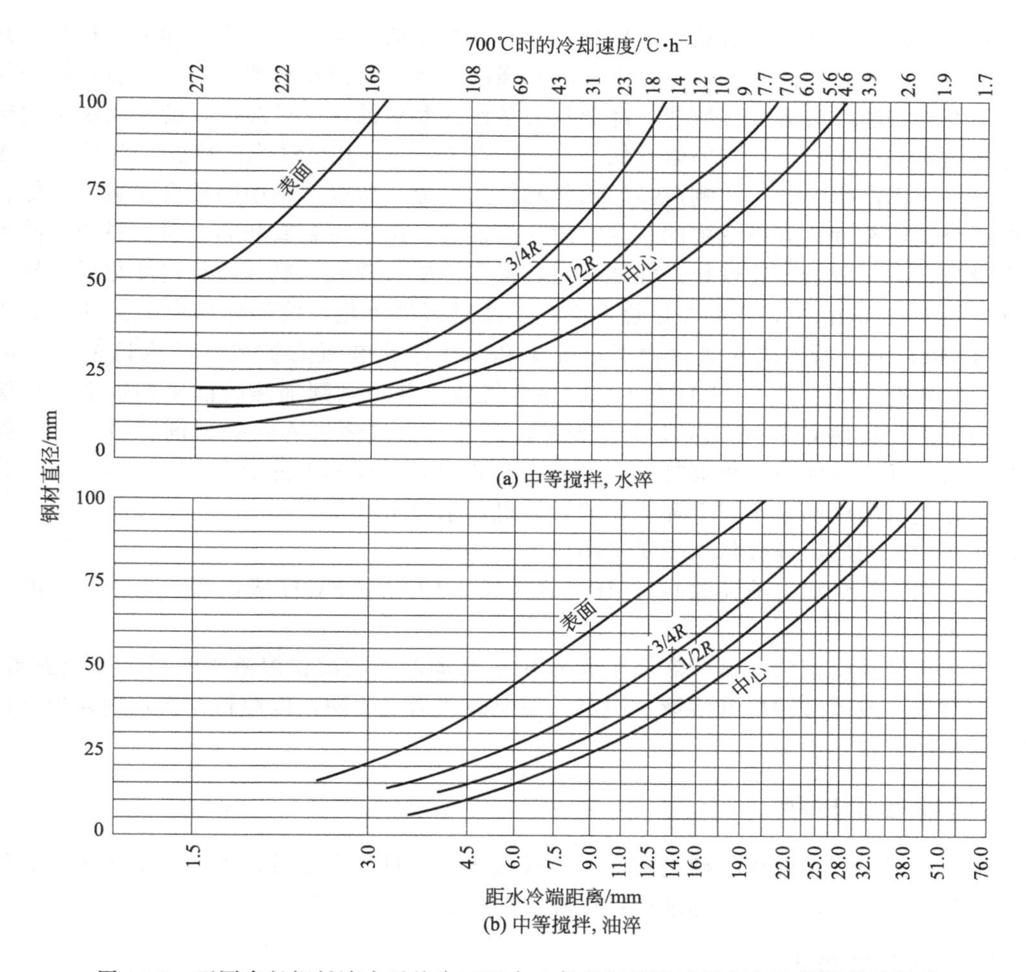

图 40-5　不同直径钢材淬火后从表面至中心各点与端淬试样离水冷端距离的关系

七、思考题

1. 将端淬试样整体直接淬入油中，其表层到心部的显微组织依次是什么？
2. 如何测量钢的淬硬层深度？

实验四十一　碳/硫含量测定

一、实验目的

1. 掌握碳硫分析仪测定材料中碳/硫元素的过程。
2. 熟悉铸铁中碳/硫含量测定的原理。

二、实验原理

铸铁及钢是以铁元素为基的含有碳、硅、锰、磷、硫等元素的多元铁合金。而碳和硫是确定铸铁和钢产品规格和质量的两个重要元素。一般碳含量高于2.0%的是铁，低于2.0%的是钢。

碳对铸铁及钢的性能起着重要的作用：随着碳含量的增加，钢的硬度和强度提高，其韧性和塑性下降；反之，碳含量减少，则硬度和强度下降，而韧性和塑性增加。硫在铸铁及钢中是一种有害物质，会恶化其质量，降低其力学性能及耐蚀性、可焊性。特别是钢中的硫若以硫化铁的状态存在，由于它的熔点低（1000℃左右），会引起钢的“热脆”现象，即热变形，高温时工作产生裂纹，影响产品的质量和使用寿命。所以，钢中的硫含量越低越好。

碳硫分析仪是理化分析室中的一种常用计量器具，用于对金属和非金属材料中的碳和硫元素含量进行定量分析，速度快，性能稳定，操作简便。载气（氧气）经过净化后，导入燃烧炉（电阻炉或高频炉），样品在燃烧炉高温下通过氧气氧化，使得样品中的碳和硫氧化为CO_2、CO和SO_2，所生成的氧化物通过除尘和除水净化装置后被氧气载入硫检测池测定硫。此后，含有CO_2、CO、SO_2和O_2的混合气体一并进入到加热的催化剂炉中，在催化剂炉中经过催化转换$CO \rightarrow CO_2$，$SO_2 \rightarrow SO_3$，这种混合气体进入除硫试剂管后，导入碳检测池测定碳。残余气体由分析器排放到室外。与此同时，碳和硫的分析结果以%C和%S的形式显示在主机的液晶显示屏上和连接的计算机显示器上。

目前我们采用的碳硫分析仪主要采用以下方法。

测碳采用气容量法（液体收）：试样燃烧生成的CO_2被KOH吸收后，由于体积的减小而求得含量。

测硫采用碘液滴定法：试样燃烧生成的SO_2被弱酸性的淀粉溶液吸收后，生成亚硫酸，以碘标准溶液（或碘酸钾标准溶液）滴定，使亚硫酸形成硫酸，以淀粉作指示剂而根据标准液消耗体积而求得S含量。

三、实验设备和材料

碳硫分析仪、碳吸收液、硫滴定液、水准瓶溶液、量气筒溶液、电笔、电子天平、氧气罐、硅钼粉、高纯助燃铁粉、标准铸铁样品、锡粒。

四、实验内容与步骤

1. 溶液的准备

(1) 硫滴定液的配制（进入硫吸收杯中的溶液）

1) 准备1000mL蒸馏水。倒出200mL蒸馏水于三角烧瓶中煮沸→加0.4g淀粉，搅拌溶解→继续煮5min→取下冷却至室温。

2) 称0.4g的I_2和4g的KI于三角烧瓶中→滴几滴蒸馏水溶解$I_2 \rightarrow I_2$溶解完，加200mL蒸馏水溶解KI。

3) 将前两步的溶液混合倒入1000mL余下的600mL蒸馏水中混合均匀，倒入集液瓶中。集液瓶中液面高度小于2cm时，一定要补充硫滴定液。另外，废液杯中也要保持满。

(2) 碳吸收液的配制（储气瓶溶液） 500g KOH溶解于蒸馏水（放热），约至1000mL多一些，加入储气瓶中。再补加蒸馏水至储气瓶中心尖疙瘩处。

(3) 水准瓶溶液配制（作为导电用） 背后水准瓶中先加蒸馏水，后加24滴浓H_2SO_4(2mL)，再加蒸馏水至大半瓶时，按住“对零”不放（DF4灯亮），看量气筒液面到0刻度。

如果超过 0 刻度，水准瓶内倒出一点，重新加，直至到 0 刻度后，塞紧水准瓶瓶塞。

(4) 量气筒溶液的准备　量气筒外层加入蒸馏水至瓶口，用药棉堵住瓶口。

2. 电极 2 位置的调整（电极 2 的作用是取 CO_2）

(1) 按一下“准备”，量气筒加满至最上面。

(2) 按住“对零”不放，液面降至出大底部时放开，此时电极 2 底部应正好触碰到水准瓶液面；否则要进行高度的调整。也可以采用液面出大底部时按“复位”键，作用相同。

3. 燃烧炉使用前提

(1) 每天工作前都要用电笔测试坩埚座是否带电，如带电 220V，要调整插座中明线和火线的位置。

(2) 引弧测试前，把除燃烧炉之外的所有电源插头拔掉，且燃烧炉上的引弧插头一定要拔掉。然后将铜坩埚反过来放于坩埚座，使铜电极和铜坩埚间距 4～8mm。拨电源开关向上，按一下“引弧”按钮，看电极棒与铜坩埚之间是否有弧光。有弧光说明设备正常。引弧不需要每次都测，等有问题时再测。

注意：①引弧或“分析”时，人不能触碰样品座及其上面的三通（塑料套子套住），会有瞬间高电压！②氧气减压阀不能涂油！会爆炸！

4. 预热练习过程

1) 开氧气阀，开 4 圈或 5 圈。

2) 将燃烧炉上的“电源”“前氧”开关上拨，调整氧气减压阀上小表气压为 0.04MPa。

3) 关闭“前氧”。

4) 开程控箱电源和天平电源。

5) 按住“对零”不放，进行“C 调零”，最后一位数在 5 以内即可。此时 DF4 灯亮。

6) 按一下“准备”，进行“S 调零”（要求硫滴定液在加满的 0 刻度），最后一位数在 5 以内即可。此时 DF1、DF4、DF6 灯亮。

7) 药勺取硅钼粉约 0.15～0.20g（理论上是 0.3g），置于铜坩埚中震平。硅钼粉作用是提高钢水的温度，抑制 SO_2 转变为 SO_3，且能均匀钢水。

8) 铺一层纯铁，以盖住硅钼粉为宜，作用是助燃，同样震平。

9) 将称量的试样（含碳量低于 1.5%的样品称 1g，高于 1.5%的样品称 0.33g）放入，震平。

10) 再铺一层纯铁，量比下层的稍多些，震平。

11) 加入 10～20 颗锡粒，作用是降低燃点，但过多会使 S 的结果偏低，且使管道内灰尘增多。

12) 开“前氧”和“后控”，调节流量计至 80。小球下方与 80 刻度平。

13) 插引弧插头，引弧灯亮。

14) 按一下“分析”按钮，眼睛看电流表指针，如果电流小于 5A，则说明电极和样品间距过大，下次测试前应将电极棒下拉。如果电流大于 10A，则说明电极和样品间距过小，下次测试前应将电极棒上推。正常的应在 5～10A 之间。此时仪器自动工作。按下“分析”按钮后，程控箱上的指示灯如下显示：6s 后，DF3 灯亮→当量气筒液面下降到出大底部时有一声响，DF3 灯灭，DF4 灯亮→液面降至底部 10s 后，DF4 灯灭，DF1 和 DF5 灯亮→液面上升至顶部（将量气筒内的气体压入储气筒内），有一声响，DF1 灯灭→液面下降至不动时，DF5 灯灭。

15) 关闭“前氧”，待流量计浮子降下后再关闭“后控”。

16) 打开样品座取样。

第二次操作可不用再调氧气大小和流量计大小了。可先装样再“对零”和“准备”。

1）称样。

2）装样。

3）对零。

4）准备。

5）前氧、后控。

6）分析。

7）待 CO_2 气体全吸收完，量气筒页面下降至几乎稳定（未完全稳定），在 DF5 灯灭之前，调节“C 校准”，使数值调至标样含量。若称样重量为 0.33g，则调至标样含量的 0.33 倍，而测试时最后的结果应将所得数据除以 0.33。若一次未调到位，则再进行第二次称样、标样燃烧，在前一次调节到的基础上继续调节，直到调到准确值为止。

8）DF5 灯灭以后则不能再调节“C 校准”，先关“前氧”和“后控”，再按复位，调节“S 校准”，至标样含量。若称样重量为 0.33g，则调至标样含量的 0.33 倍，而测试时最后的结果应将所得数据除以 0.33。此值可一次性调节到位。

五、数据处理与分析

按照实验报告的格式要求写实验报告，在报告中必须汇报清楚实验方案、实验过程、原始数据。对实验结果进行分析，计算合金中的碳硫当量值，对实验结果进行评价。

六、实验注意事项

1. 检查电弧炉是否漏气的方法：用肥皂水涂于炉体周围的所有接口，打开电源和前氧，冒泡即为漏气，拧紧即可。

2. 若采集 CO_2 时，量气筒液面出大底部时不发出声响，则要调节水准瓶电极 2 的高度，以防发生爆炸事故。

3. 按“准备”时，废液杯应排废水，若不排，损坏传感器。解决方法是：拆下硫杯，用自来水冲。

4. 按“准备”之后，量气筒内液面若仍下降，则说明漏气，应检查量气筒所连的管道和电磁阀。

七、思考题

1. 碳/硫含量测试的依据是什么？

2. 为什么要加入添加剂硅钼粉和锡粒？

实验四十二 镁及其合金的燃点测试

一、实验目的

1. 了解镁及其合金燃点的测试机理。

2. 掌握镁合金燃点的测试方法。

3. 学会分析影响镁合金燃点的主要因素。

二、实验原理

镁在高温下，特别是在接近熔点温度时，会与氧、氮等气体发生剧烈的化学反应直至燃烧起火，同时释放出大量的反应热，其反应方程式如下

$$2Mg+O_2 = 2MgO \qquad 3Mg+N_2 = Mg_3N_2$$

当块状镁在有氧的条件下被加热时，首先是缓慢氧化，然后随温度的升高这一过程会加剧，但变化的幅度不大。直到试样温度达到镁的熔点并使其开始液化时，才会有大量的镁同时被氧化。镁同氧反应的过程中会放出大量的热（生成 1mol 氧化镁大约放出 610kJ 的热量），所以镁表面的温度一方面随环境温度升高，另一方面也会随镁的不断被氧化而升高。在镁表面温度达到其熔点前，只有少量的镁缓慢被氧化，所以使镁温度升高的主要因素是环境温度，因此这一过程是平缓进行的。而一旦温度达到镁的熔点，便同时会有大量的镁被氧化，并在很短时间内放出大量的热。这样便使镁表面的温度主要受反应热的影响，所以瞬间升高很多，同时过高的温度导致镁的加速液化，更多的液态镁从氧化镁孔隙中挤出，与空气中的氧接触导致镁的起火燃烧。上述的过程是在很短的时间内完成的。根据镁的这一化学特性，在空气中加热镁及镁合金，同时用记录仪记录其加热温度随时间的变化值，就会得到镁及镁合金的加热温度-时间曲线。当镁及镁合金开始燃烧时，由于大量燃烧热的放出，而使镁表面的温度急剧升高，这样在温度-时间曲线上就会出现一个拐点，该点即可视为镁及镁合金的燃点（如图 42-1 所示）。

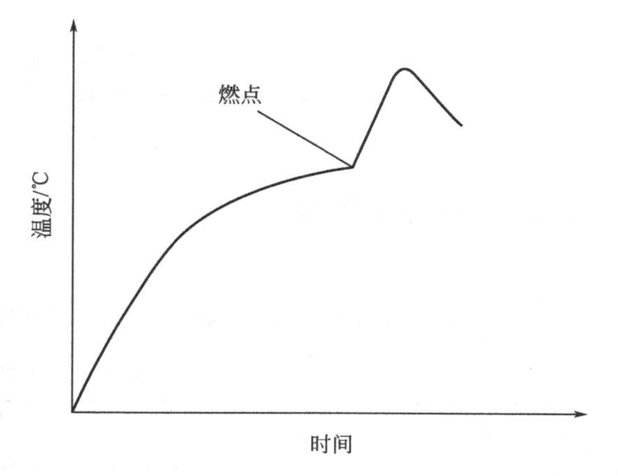

图 42-1　时间-温度曲线

镁的燃烧同升温条件、环境中氧的分压、空气流通条件等有很大的关系。当环境升温较快时，由于热量传递的时间过短，导致镁试样的表面温度和内部温度相差较大，金属镁的熔化也产生迟滞的现象，所以镁熔化时的温度比平衡状态下的熔化温度要高，在这种条件下测出的镁的燃点也会相应提高。环境中氧的分压越大，则氧原子向氧化镁中的渗透能力越强，金属镁与氧的接触机会就越大，氧化激烈程度相应增加，放出的热量也随之增加，会使镁在较低的温度下熔化并开始燃烧，在此条件下测出的燃点值会偏低。空气流通条件对镁燃点的影响主要通过改变升温条件和氧的分压而产生，当空气流通较快时，升温速度会减缓，金属镁熔化时的迟滞现象会减轻，测试值会偏低，同时由于新鲜空气的不断注入而弥补了反应中消耗的氧，相当于增加了氧的分压，在这种情况下，燃点值也会降低。空气的流通条件同测试用的加热炉有很大关系，炉腔大的比炉腔小的好。对于卧式加热炉，两端炉门打开的比一端堵塞的要好。综上所述，只有在相同条件下测得的镁的燃点值才具有可比性。

三、实验设备和材料

实验设备和材料主要有管式电阻炉、记录仪、测温电偶、控温电偶、托架、砂纸、纯镁和镁合金块状试样。

试验用升温装置示意图如图 42-2 所示。

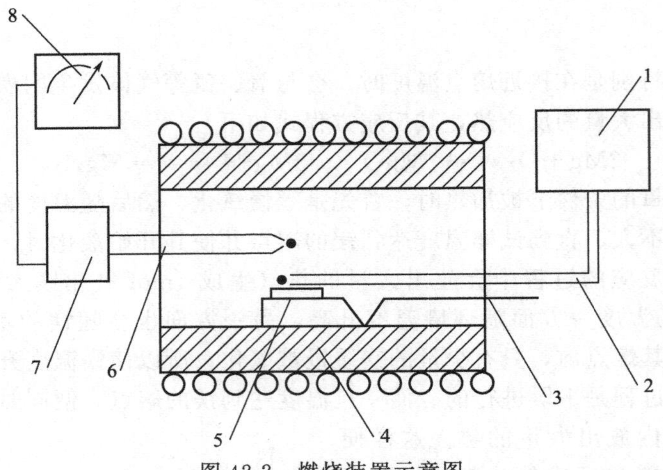

图 42-2 燃烧装置示意图

1—记录仪；2—测温电偶；3—托架；4—管式电阻炉；5—镁试样；
6—控温热电偶；7—变压器；8—控温器

四、实验内容和步骤

1. 实验内容

（1）制备用于镁及其合金燃点测试的三种块状试样，尺寸如表 42-1 中所示。

表 42-1 测试试样的尺寸

名称	纯镁		镁合金
尺寸/mm	20×5×2	20×5×5	20×5×5

（2）测两种不同尺寸的纯镁的燃点，分析几何尺寸对燃点的影响。

（3）测纯镁及镁合金的燃点，并分析原因。

（4）分析试样在加热过程中表面颜色变化及形状尺寸的变化情况。

2. 实验步骤

（1）把学生分成 4 组，每 4 人一组，每组测试一组数据。

（2）将镁块及镁合金块锯成所需要尺寸，然后用 600 # 水磨砂纸打磨，除去表面氧化皮，切割痕迹，直到试样的尺寸偏差均在 0.3mm 以内（注意整个过程中务必保持试样表面干燥）。

（3）将炉温升高到 800℃并保温一段时间，待温度稳定后，把制作好的镁及镁合金试样固定在燃烧装置的托架上，待用；托盘先预热 2min 待用。

（4）当加热炉处于保温状态时，打开炉门口并将托架推入加热炉内（试验中前后炉门处于敞开状态）。当记录仪上显示的温度分别达到一定温度时，记录到达温度的时间，然后观察记录试样表面的颜色及试样形状及尺寸的变化。整个过程中注意记录试样开始变黑、变软、大量熔化、温度变化缓慢甚至下降及开始燃烧的温度，并填写在表 42-2 中。然后将托架

表 42-2 加热过程中试样表面颜色及尺寸的变化

变化情况	纯镁(薄片)		纯镁(厚)		AZ91D(厚)	
	温度/℃	时间/s	温度/℃	时间/s	温度/℃	时间/s
表面变深黑						
温度变化缓慢甚至下降						
开始燃烧						

快速拉出，将镁试样取出，用沙子覆盖，防止继续燃烧。

（5）绘制纯镁及镁合金的加热时间-温度曲线。

五、实验注意事项

1. 由于金属镁及其合金极易和水发生反应，所以在整个实验过程中一定要注意保持试样表面干燥。
2. 本实验加热所用设备为电炉，电炉一定要接地，在放、取试样时必须先切断电源。
3. 往炉中放、取试样必须使用夹钳，夹钳必须擦干，不得沾有油和水。整个过程中一定要注意安全，不能用手摸炉门、热电偶前端、托盘，防止被烫伤。
4. 负责记录的同学一定要配合好，集中精力，避免因一个人失误而导致实验失败。
5. 镁及其合金开始燃烧后从炉子中取出并立即用沙子覆盖。

六、实验报告要求

1. 明确实验目的。
2. 简述镁及镁合金燃点测试原理。
3. 绘制并分析测试过程中的时间-温度曲线。
4. 分析镁及镁合金燃点测试的主要影响因素。

七、思考题

1. 简述镁及镁合金燃点测试原理。
2. 为什么在燃点测试的时间-温度曲线出现拐点前会有一小段较平坦的线段？
3. 试分析几何尺寸的大小对镁燃点值及燃点出现时间的影响。

实验四十三
钢的低倍缺陷冷酸蚀检测

一、实验目的

1. 了解试样的选择与制备方法。
2. 掌握 45 钢等冷酸蚀液的配制与腐蚀方法。
3. 观察并分析钢经冷酸蚀后的低倍缺陷特征并进行评定。

二、实验原理

钢的低倍宏观组织是用肉眼或借助低倍放大镜（10～30 倍以下）检验材料外部与内部的组织（即宏观缺陷）。它的特点与钢的金相组织检验不同，它具有视域大、范围广的特点，能全面观察和了解材料外部与内部的各种宏观组织（缺陷），如一般疏松、中心疏松、锭型偏析、斑点状偏析、白亮带、中心偏析、冒口偏析、皮下气泡、残余缩孔、翻皮、白点、轴心晶间裂缝、内部气泡、非金属夹杂物（目视可见的）及夹渣、异金属夹杂物等。而钢的金相组织检验视域小，范围窄，它只能发现在同一视域的缺陷而不能发现上述各种宏观缺陷。

这种方法是工厂用以控制产品质量极为重要的手段，一般在机械制造厂材料入库前作为检验项目的重点。通过这种方法的检验，可以为冷热加工提供选材的可靠性，避免因材料内部质量低劣而造成冷热加工零件的报废。

宏观组织检验（低倍）有如下几种方法：

（1）热酸浸法、冷酸浸法、电解冷蚀法。

（2）硫印法、磷印法。

（3）磁力探伤法。

（4）断口组织检验法。

冷酸浸法是低倍宏观组织检验最常用的检验法，它可蚀显各种钢的低倍宏观缺陷与组织。这种方法设备简单，操作方便。

1. 试样的选取与准备

钢的低倍组织检验的试样选取部位、数量、大小与试验结果的真实性、代表性、正确性有着密切的关系。根据 GB/T 226—2015《钢的低倍组织及缺陷酸蚀检验法》中规定试样截取的部位、数量和试验状态，按有关标准、技术条件或双方协议的规定进行。若无规定时，可在钢材（坯）上按熔炼（批）号抽取两支试样。生产厂应自缺陷最严重部位取样，一般在相当于第一和最末盘（支）钢锭的头部截取。

连铸坯应在按熔炼（批）号调整连铸拉速正常后的第一支坯上，截取一支试样；另一支试样在浇注中期截取。

取样可用剪、锯、切割等方法。试样加工时，必须除去由取样造成的变形和热影响区以及裂缝等加工缺陷。加工后试面的表面粗糙度应不大于 0.8μm，试面不得有油污和加工伤痕，必要时应预先清除。

试面距切割面的参考尺寸为：

（1）热切时不小于 20mm；

（2）冷切时不小于 10mm；

（3）烧割时不小于 40mm。

横向试样的厚度一般为 20mm，试面应垂直钢材（坯）的延伸方向。纵向试样的长度一般为边长或直径的 1.5 倍，试面一般应通过钢材（坯）的纵轴，试面最后一次的加工方向应垂直于钢材（坯）的延伸方向。钢板试面的尺寸一般长为 250mm，宽为板厚。

2. 试验方法

下列方法，其参数的选择应保证准确显示钢的低倍组织及缺陷。各类酸的密度如下：盐酸（201.19g/mL）；硫酸（201.84g/mL）；硝酸（201.40g/mL）。

本方法有浸蚀和擦蚀两种，一般用于大试件的低倍检验。常用冷蚀液成分及其适用范围参照表 43-1。

表 43-1　常用冷蚀液成分及其适用范围

编号	冷蚀液成分	适用范围
1	盐酸 500mL，硫酸 35mL，硫酸铜 150g	钢与合金
2	氯化高铁 200g，硝酸 300mL，水 100mL	
3	盐酸 300mL，氯化高铁 500g 加水至 1000mL	
4	10%～20%过硫酸铵水溶液	碳素结构钢，合金钢
5	10%～40%（体积比）硝酸水溶液	
6	氯化高铁饱和水溶液加少量硝酸（每 500mL 溶液加 10mL 硝酸）	

续表

编号	冷蚀液成分	适用范围
7	硝酸 1 份,盐酸 3 份	合金钢
8	硫酸铜 100g,盐酸和水各 500mL	
9	硝酸 60mL,盐酸 200mL,氯化高铁 50g,过硫酸铵 30g,水 50mL	精密合金,高温合金
10	氯化铜铵 100～350g,水 1000mL	碳素结构钢,合金钢

注：1. 选用第 1、8 号冷蚀液时，可用第 4 号冷蚀液作为冲刷液。

2. 表中 10 号试剂试验验证时的钢种为 16Mn。

3. 结果评定

钢的低倍组织及缺陷的评定，按标准 GB/T 1979 结构钢低倍组织缺陷评级图或双方协议的技术条件进行。

4. 试样的保存

为了将试样保存一定的时间，建议采用下列方法。

(1) 中和法　用 10%氨水酒精溶液浸泡后，再以热水冲洗刷净，并吹干。

(2) 钝化法　短时间地浸入浓硝酸（大约 55s）；钝化后的试样用热水冲洗刷净并干燥。

(3) 涂层保护法　涂清漆、塑料膜等。

三、实验设备和材料

金相砂纸、试剂根据钢的种类准备（盐酸、硝酸、氯化高铁、蒸馏水等）、烧杯、量筒、耐酸碱手套、钢。

四、实验内容和步骤

1. 根据实际情况进行分组，每组按要求领取试样。

2. 根据合金按照表 43-1 选择并配制用于冷酸蚀的溶液。

3. 试样分别用 300＃、600＃、800＃、1000＃金相砂纸进行研磨，然后腐蚀。

4. 对钢的低倍组织及缺陷的评定，按标准 GB/T 1979 结构钢低倍组织缺陷评级图进行。

5. 检验报告应包括下列内容：委托单位、钢号、熔炼（批）号、试样号、检验表面的位向、检验结果（包括缺陷类型及级别情况）、检验者及检验日期。

将检验报告填写至表 43-2。

表 43-2　检验报告

委托单位		制样标准号		评级标准号	
检验表面的位向		钢号		试样号	
检查者		检查日期			
检验结果,缺陷类型及级别情况					

五、实验注意事项

1. 根据 GB/T 226 中规定的试样截取的部位、数量和试验状态进行规范操作。

2. 配制溶液或腐蚀过程中一定要注意安全，避免盐液溅出伤人。

3. 评定各类缺陷时，以标准 GB/T 1979 附录 A 中所列图片为准，评定时各类缺陷以目视可见为限，为了确定类别，允许使用不大于 10 倍的放大镜。

4. 在进行比较评定其他尺寸的钢材（坯）的缺陷级别时，根据各缺陷评级图，按缺陷存在的严重程度缩小或放大。

5. 当缺陷轻重程度介于相邻两级之间时，可评半级。对于不要求评定级别的缺陷，只判定缺陷类别。

六、实验报告要求

1. 明确实验目的、试样的选择与制备方法。
2. 记录钢的冷酸蚀液的配制与腐蚀方法。
3. 指出腐蚀后钢的低倍缺陷特征及评定级别并完成检验报告（表 43-2）。
4. 分析实验中存在的问题。

七、思考题

1. 说明现实生产对钢进行低倍缺陷冷酸蚀检测的意义。
2. 国家标准 GB/T 1979 中提到的钢的低倍缺陷主要有哪些？
3. 简述一般疏松的特征、产生原因及评定原则。

实验四十四 钢铁材料的火花鉴别

一、实验目的

1. 了解钢铁材料的火花鉴别意义和方法。
2. 鉴别常用钢铁材料的火花特征。

二、实验原理

火花鉴别是钢铁材料化学成分现场控制手段中最为简易的方法之一，其特点是设备简单，操作方便，对金属牌号及其化学成分的鉴定分析速度快，准确性强，在临场分析中不必破坏试件，基本能满足金属材料生产和热处理工艺要求。尤其对批量金属材料的鉴别和分析更发挥了它的优点，这是化学分析法和其他物理分析法所不能比拟的。

1. 鉴别的应用范围

（1）在浇铸和冶炼的企业，火花鉴别可用于钢铁废金属原料的外购、炉前搭配废钢铁原料的检查以及金属成品的化学成分检查。对于炼钢炉前现场快速分析鉴定，火花鉴别也是极为有效的方法，能在几秒钟的时间里分析出炉内钢水是否已符合熔炼制造所要求牌号的化学成分。

（2）在金属材料热处理或锻压加工前，应用火花分析法核对材料牌号，能正确掌握加热温度和加热时间，防止产生废品。

（3）火花分析法能检验钢材是否经过渗碳、渗氮处理，能判断渗碳层及氮化层的深度、均匀性，对于渗碳钢还能分析渗碳层的含碳量。

（4）火花分析法能有效地检验钢材表面的脱碳情况，观察其脱碳层深度，尤其是利用钢材表面脱碳层来观察火花图，能有效地分析合金成分的含量，这是每一个火花分析工作者准确分析合金成分的诀窍。

(5) 对于金属材料仓库，在装卸搬运过程中容易发生混料事故，而火花分析法是杜绝混钢事故的最简单最有效的方法。

(6) 化学分析人员在化验工作前对被分析的金属材料作一次火花分析，可以省略试样中未含元素的化学分析工作，同时可以验证化学分析的结果正确与否。物理分析的人员进行火花分析，可对金属材料的牌号做到心中有数，有利于对金属材料的抗拉强度、延伸率、断面收缩率及金相组织等作进一步分析。

2. 火花形成原理

钢铁材料在一定的压力下与旋转砂轮接触时，砂轮对工件产生切削作用，从工件产生的钢铁微粒被磨削热加热成熔融状态脱离工件，沿砂轮切线方向作高速运动，产生光亮的流线形成火花束。这些高温熔融状态的金属颗粒与空气中的氧气接触会形成氧化膜，钢中的碳元素在高温下极易与氧结合形成一氧化碳，发生还原反应，这时被还原的铁再度被空气氧化，然后再还原，这种反应多次重复。当一氧化碳气体压力超过熔融金属的表面张力时便爆裂成火花，同时高温钢粒在空间运行形成切向的轨迹，就是我们所见的一条光亮线和光亮火花。当颗粒表面的氧化膜不能约束反应生成的CO时，就有爆裂现象发生。粉碎的颗粒外逸时的火花称为“爆花”。磨削颗粒经一次爆裂后，在碎粒中若仍残留有未参加反应的Fe、C，将继续发生反应，则可能出现二次、三次或多次爆花。这时，随着爆花次数的增加（反应物减少），火花亮度也随之降低。钢铁材料中的碳元素是产生火花的基本元素，而当钢中含有锰、硅、钨、钼、铬等元素时，它们的氧化物将影响火花的统一线条、颜色和形态，由此可以判别钢的化学成分。根据产生火花束的形状特征及颜色来初步判别工件的化学成分的方法称为火花鉴别法。

钢铁中的碳元素含量主要是根据火花的爆裂程度来判别的，钢铁中的碳含量越高，火花越多、爆裂越烈、火束越多。在合金钢中，由于合金元素对火花的形状、颜色产生不同的影响，可形成特有的颜色和花形特征。据此可大致鉴别出合金元素的种类和含量，但不如碳素钢鉴别那样容易和精确。

3. 火花的主要名称

(1) 火束　钢铁在砂轮机上磨削时产生的全部火花叫做火束。为了便于识别，又把整个火束分为根部、中部和尾部三部分。火束由流线、节点、芒线、节花（苞花）、爆花、花粉、尾花（尾部火花）等部分组成，如图44-1所示。

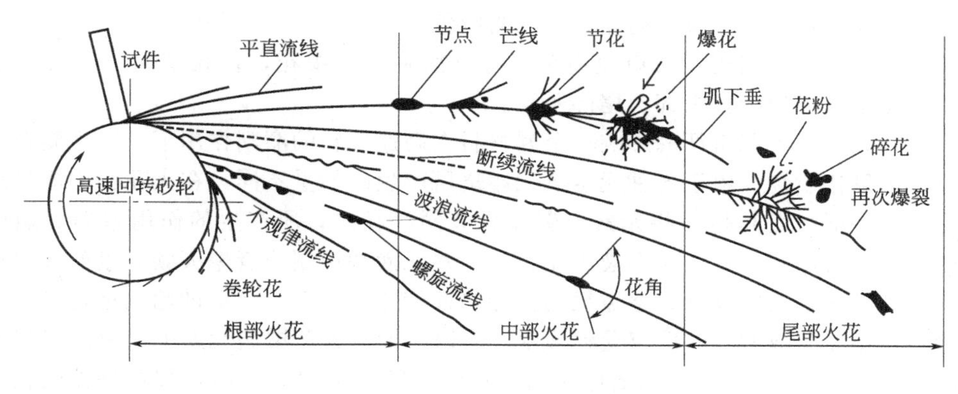

图44-1　火束各种特征形式

(2) 流线　试件在高速砂轮上磨削的颗粒，在高温下运行的轨迹就是流线。流线分为直线形、断续形、波纹形和断续波纹形，其中波纹形不常见，有时在高速钢火花中会夹有波纹形流线。碳钢的流线都是直线形的；铬钢、钨钢、高合金钢和灰铸铁的流线呈断续状。

(3) 节点　流线在途中爆裂的明亮而稍粗大的亮点称为节点和苞花。节点的温度较流线任何部分温度都高。节点是含 Si 的特征。

(4) 芒线　爆裂当时发出的若干聚集短线叫做芒线，是连在流线上的分叉直线。随着含碳量的不同有两根、三根、多根分叉之分。

(5) 苞花（节花）　芒线中途又生节点并射出芒线，这样形成的花叫节花（流线在途中爆裂的明亮而稍粗大的亮点称为节点和苞花）。一次爆裂的芒线叫一次节花，在一次芒线上又发生爆裂时形成的爆花叫二次节花，所以爆花可分为一次节花、二次节花、三次节花。苞花是含 Ni 的特征。

(6) 爆花　爆花是碳元素专有的火花特征，是熔融颗粒在爆裂时在流线上由节点和芒线所组成的火花形状。爆花随着流线上芒线的爆裂情况有一次、二次、三次、多次之分。爆花分布在流线上。爆花形象随钢中碳含量而变化，粉碎状的花粉随碳含量的增高而增加。爆花在火花鉴别中占有重要地位。

(7) 花粉　花粉是分散在爆花芒线间和周围的点状火花。这种花粉只有在含碳量超过0.5%的钢中才出现。

(8) 尾花　尾花是流线末端特征，可分为狐尾尾花、枪尖尾花、菊花状尾花、羽状尾花等。

4. 碳及合金元素对火花特征的影响

(1) 碳钢火花特征　主要考虑流线长短、粗细、色泽及爆花数量、花形、大小、花粉等。纯铁火花流线少、短而粗，无爆花。随铁的纯度不同，花束中也杂有两三根分叉，但强度较弱，角度较小，爆花芒线较细。碳钢的火花是直线流线，火束呈草黄色。火花特征的变化规律是随着含碳量的增高，由挺直转向抛物线形，流线量逐渐增多，其长度缩短，线条变细，芒线逐渐细短，并由一次爆花转向多次爆花，花数、花粉逐渐增多，色泽随含碳量的增高砂轮附近的晦暗面积增大。几种常见钢的火花示意图见图 44-2。

纯铁：火束较长，尽头出现枪尖形尾花，流线细且少，火束根部有极不明显的波状流线与断续流线，呈草黄色。

低碳钢：流线少、线条粗且较长，具有一次多分叉爆花；芒线稍粗，色泽较暗呈草黄色，花量稍多，多根分叉爆裂，多为一次花，发光一般，无花粉。

中碳钢：流线多而稍细且长，尾部挺直具有二次爆花及三次爆花，芒线较粗，能清楚地看到爆花间有少量花粉，火束较明亮，颜色为橙色。

高碳钢：流线多且细密，火束短而粗，有三次和多次爆花，芒线细而长，其中花粉较多，整个火花束根部较暗，中部、尾部明亮。

(2) 合金元素对火花特征的影响　金属材料在高速砂轮的磨削作用下，产生微粒并在空间飞溅过程中氧化燃烧。由于各种元素氧化燃烧所产生的能量不同，在火花图中能显现其各自不同的火花特征。尤其是一些元素与碳元素共同存在时，所产生的作用差异更能反映出来。一些元素能帮助碳元素产生爆裂火花，另一些元素却抑制或者熄灭碳元素的爆裂火花。

钨由于其碳化物稳定性好、熔点很高，导热性较差，在钢粒飞离砂轮的运行过程中，与钢中的碳发生还原生成 CO 的反应受到抑制，所以在抑制火花爆裂元素中，钨的抑制作用最强烈。w_W 达到 1.0%左右时，钢的爆花明显减少。当 $w_W>2.5\%$时，爆花呈秃尾状。钨对火花爆裂的抑制作用，还和钢中的其他元素及含量有关。如含碳量低时，w_W 为 4%～5%的钢就几乎完全抑制火花的爆裂。钨钢火花流线尾端呈狐尾花。当 w_W 在 1%～2%时，狐

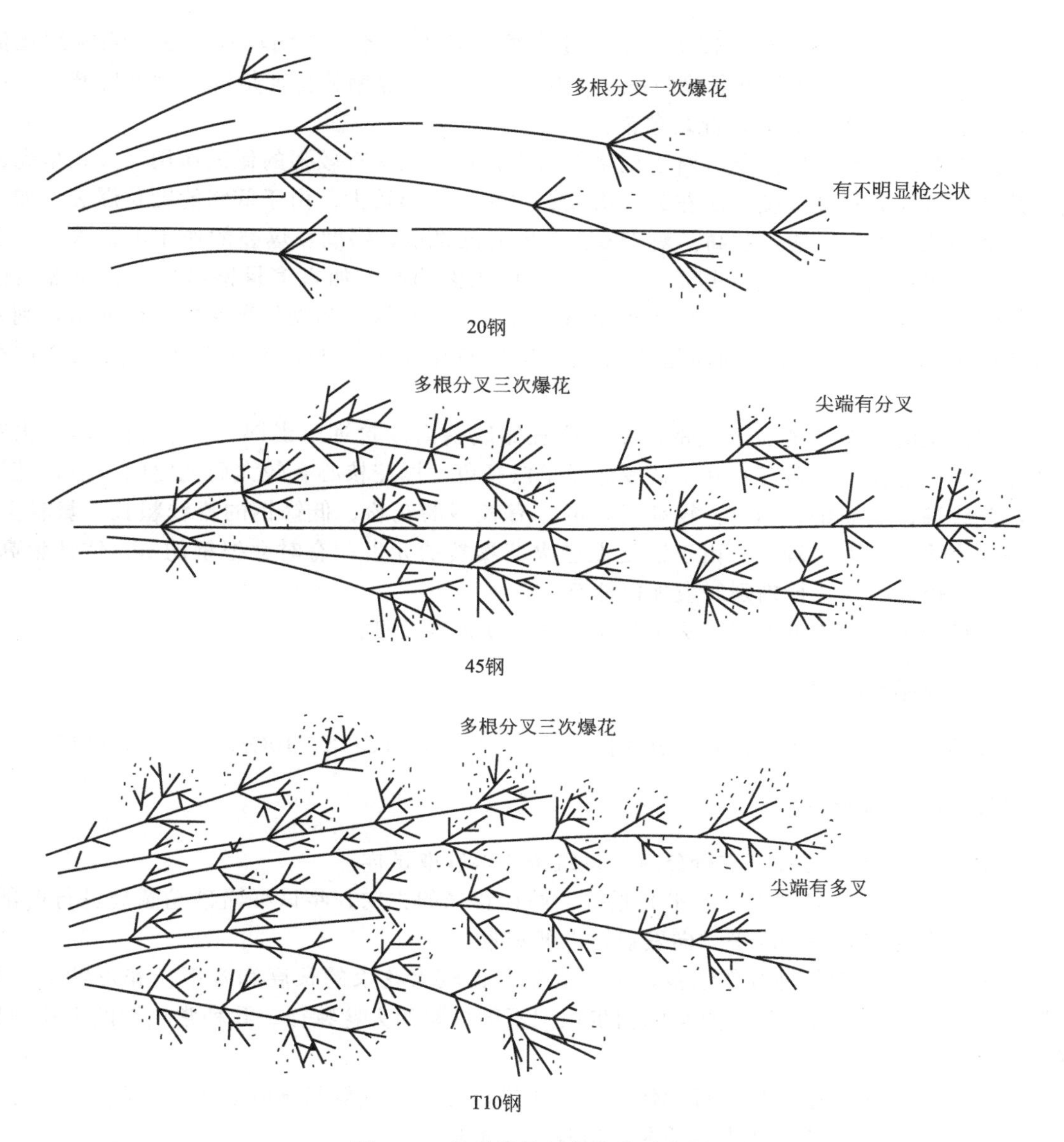

图 44-2　几种常见钢的火花示意图

尾花最为明显。随 w_W 的逐渐增加，流线的数量及长度将逐渐减少。w_W 在 5%～8%的钢，狐尾花时有时无。w_W 更高时，狐尾花就很少出现，甚至完全消失。另外，钨的存在会使钢的火花色泽变暗。当 $w_W>5\%$时，火花几乎全部呈暗红色。钨钢火花的色泽不仅与 w_W 有关，还与 w_C 有密切关系。w_C 越高，钨钢火花的暗红色就越早出现。

钼具有较强的抑制火花的爆裂、细化芒线和加深火花色泽的作用。钼钢的火花色泽是不明亮的。当 w_{Mo} 较高时，火花呈深橙色，高钼钢没有枪尖花。钼钢枪尖花出现不仅与 w_{Mo} 有关，还与 w_C 有关。w_C 越低，枪尖花越明显，钼钢中 w_C 在 0.5%左右时，枪尖花就不易出现。

硅抑制火花的爆裂作用比钼弱。当 w_{Si} 为 2%～3%时，这种抑制就较明显。由于硅存在能使火花爆裂芒线变短，如钢中 w_{Si} 为 3.5%～4.5%、w_C 在 0.10%左右（如硅钢片）时，就只能在火花束中发现一两根单芒线的爆花，并出现白色明亮的闪点。硅锰弹簧钢流线粗而短，芒线少且短粗，火花色泽呈橙红色。火花试验时手感抗力较小。

镍对火花爆裂的抑制作用较弱，使火花束缩小且不整齐，芒线较碳钢细。镍能细化流线，随 w_{Ni} 提高，流线数量和长度将减少，色泽变暗。低镍钢的特征是流线上出现鼓肚，但 w_C 较高时（0.5%以上）时，此现象消失。

铬对火花的影响比较复杂，对于低铬低碳钢，铬对火花有较强的促进作用，火花呈亮白色，并增加流线数量和长度；爆花为一次或二次花，花形较大。由于低铬能助长爆裂，如不细心，会将该钢的 w_C 估计过高。对于 w_C 较低的低铬钢，铬助长爆裂的作用不显著，甚至能阻止枝状爆花的发生，流线短而量少，火花束仍然明亮。加入多量铬以后，无论爆裂强度、流线长度和数量都将减少，色泽也变暗，若钢再含有抑止和助长爆裂的其他元素，则判别就变得更加复杂。因此，判断铬的含量必须要有丰富的经验，或用其他方法配合进行鉴定。

锰钢火花的爆裂强度强于碳钢，爆花位置比碳钢离砂轮远。当钢中 w_{Mn} 稍高时，火花较整齐，颜色也比碳钢黄亮；在 w_C 较低时呈白亮色，爆花核心有较大而亮白的节点，花形较大，芒线稀、长而细；当 w_C 较高时，爆花有较多的花粉。低锰钢的流线粗长，量较多。高锰钢的流线粗短而量较少。由于锰是促进火花爆裂的元素，有时会把钢的 w_C 估计偏高，因而对 w_C 较低的钢进行判别时应加以注意。

钒是助长火花爆裂的元素，火束呈草黄色，使流线变细。

三、实验设备和材料

台式砂轮机、无色平光眼镜、20 钢、45 钢、T10A、1Cr12、40Cr、GCr15、试样。

四、实验内容及步骤

1. 根据实际情况将每班进行分组，每组按要求领取试样。

2. 实验时，试验者戴上无色平光眼镜。站在背光的方向，将试样沿砂轮圆周进行磨削。磨削时，使火花束略高于水平方向发射，以便观察。

3. 仔细观察指导教师操作示范，从中观察并比较火花束的长度和各部位花形特征，并与指导书的火花图进行比较，直至能初步识别不同材料的火花特征。几种常用钢的火花图见图 44-3。

4. 各组每人按次序轮流进行操作，并互相进行考核，直至能分清上述材料。

5. 将观察到的火花特征进行拍照，填写实验报告。

五、实验注意事项

1. 操作时应特别注意安全，不允许站在砂轮正面，带好无色平光眼镜，以免磨削下来的金属粉粒损伤眼睛。

2. 工作场地不宜过小，因钢铁微粒的飞扬能污染周围空气，并对人的健康有害。

3. 试验时最好采用黑色的背景，如黑布、黑木板等，这样可以加强鉴别力。操作时，注意手腕施压的感觉，用力要适中，不能过重也不能过轻。

4. 台式砂轮机应选用 46～60 粒度、中等硬度的普通氧化铝砂轮，砂轮直径为 150～200mm，厚度为 25mm。砂轮机转速以 2700～3200r/min 为宜，不可太快或太慢，以防影响火花的形态。

六、实验报告要求

1. 明确实验目的、实验应用的场合。

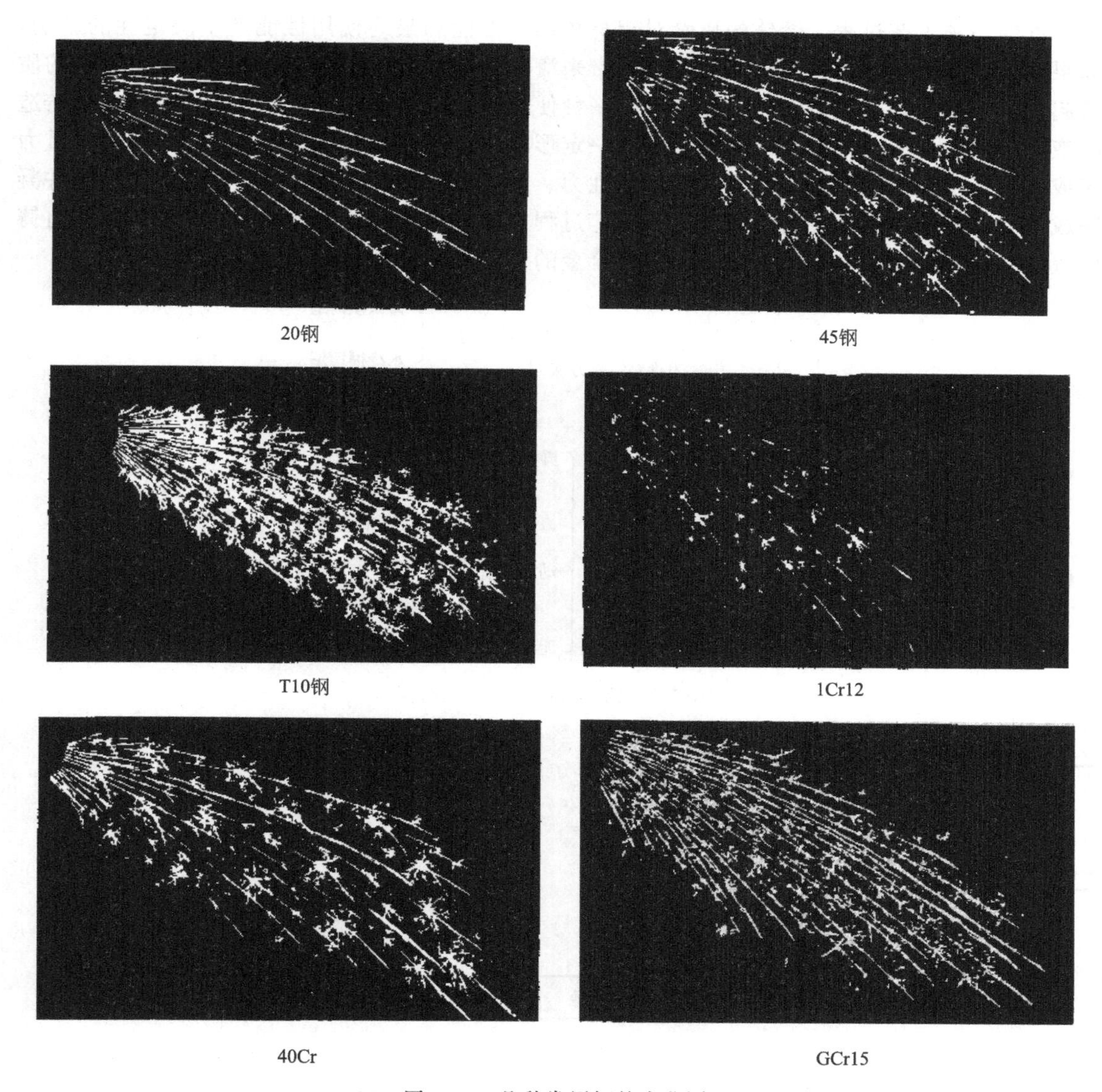

图 44-3　几种常用钢的火花图

2. 简述钢铁材料的火花鉴别的实验原理。
3. 观察并分析至少三种钢铁材料的火花特征。

七、思考题

1. 为什么钢的火花鉴别会有火花出现？
2. 火花鉴别的意义有哪些？
3. 分析碳钢中的碳含量对火花特征的影响。

实验四十五　铝合金熔炼制备

熔炼是使金属合金化的一种方法，它是采用加热的方式改变金属物态，使基体金属和合金化组元按要求的配比熔制成成分均匀的熔体，并使其满足内部纯洁度、铸造温度和其他特定条件的一种工艺过程。熔体的质量对铝材的加工性能和最终使用性能产生决定性的影响，如果熔体质量先天不足，将给制品的使用带来潜在的危险。因此，熔炼又是对加工制品的质量起支配作用的一道关键工序。而铸造是一种使液态金属冷凝成型的方法，它是将符合铸造的液态金属通过一系列浇注工具浇入具有一定形状的铸模（结晶器）中，使液态金属在重力场或外力场（如电磁力、离心力、振动惯性力、压力等）的作用下充满铸模型腔，冷却并凝固成具有铸模型腔形状的铸锭或铸件的工艺过程。铝合金的铸锭法有很多，根据铸锭相对铸模（结晶器）的位置和运动特征，可对铝合金的铸锭方法进行分类，如图 45-1 所示。

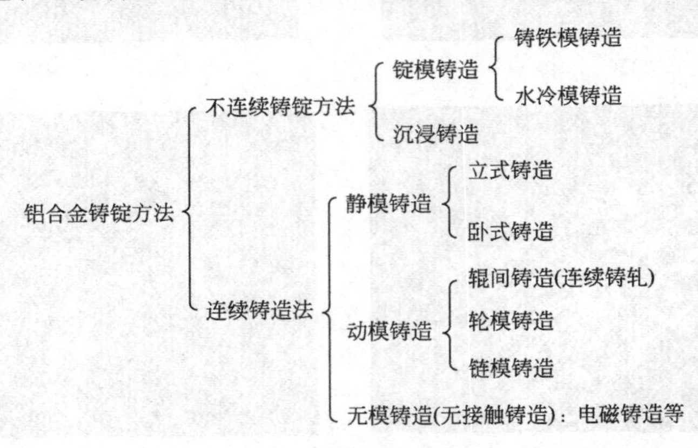

图 45-1　铝合金的铸锭方法分类

一、实验目的

掌握铝合金熔化和合金制备的基本原理。

二、实验内容

铝合金的熔炼工艺流程如图 45-2 所示。

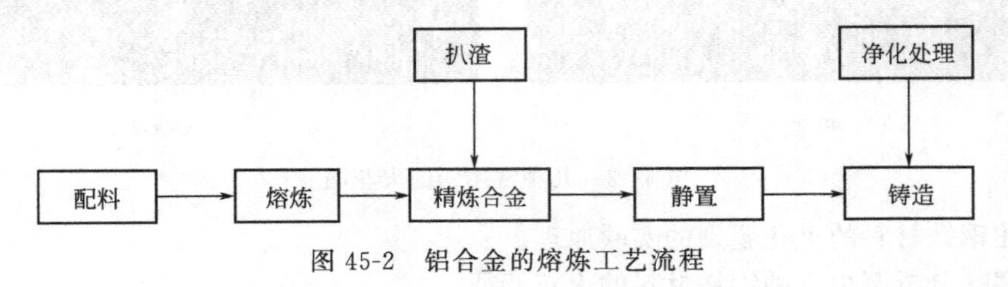

图 45-2　铝合金的熔炼工艺流程

三、实验设备和材料

装置与仪器：井式熔炼炉、浇铸模、必要的工具（扒渣棒等）、便携式红外测温仪、天平、坩埚等。

材料：铝块、Al-Cu 中间合金、水玻璃、砂纸、抛光布、氧化锌和其他化学试剂。

四、实验原理

应严格控制熔化工艺参数，遵守操作规程。

1. 熔炼温度

熔炼温度愈高，合金化程度愈完全，但熔体氧化吸氢倾向愈大，铸锭形成粗晶组织和裂纹的倾向性愈大。通常，铝合金的熔炼温度都控制在合金液相线温度以上 50～100℃的范围内。从图 45-3 的铝铜相图可知，Al-5%Cu 的液相线温度大致为 660～670℃，因此，它的熔炼温度应定在 710（720)～760（770)℃之间。浇注温度为 730℃左右。

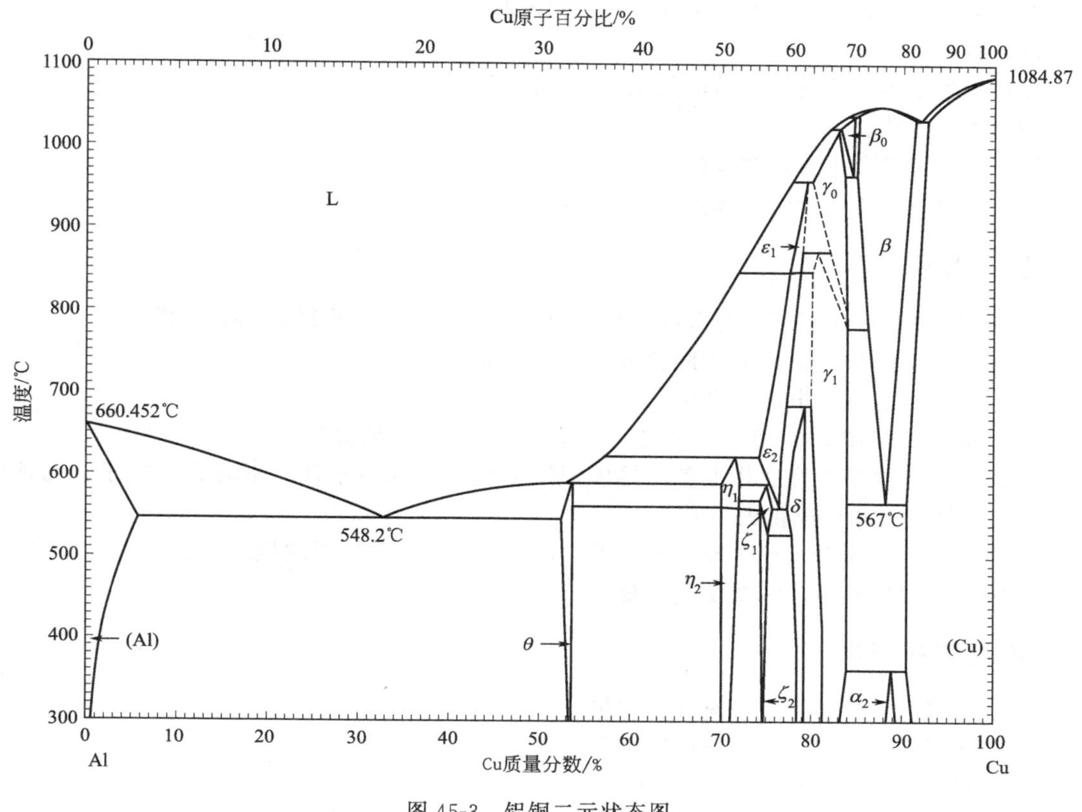

图 45-3 铝铜二元状态图

2. 熔炼时间

熔炼时间是指从装炉升温开始到熔体出炉为止，炉料以固态和液态形式停留于熔炉中的总时间。熔炼时间越长，则熔炉生产率越低，炉料氧化吸气程度越严重，铸锭形成粗晶组织和裂纹的倾向性越大。精炼后的熔体，在炉中停留越久，则熔体重新污染，成分发生变化，变形处理失效的可能性越大。因此，作为一条总的原则，在保证完成一系列的工艺操作所必需的时间的前提下，应尽量缩短熔炼时间。

3. 合金化元素的加入方式

与铝相比，铜的密度大，熔点虽高（1083℃)，但在铝中的溶解度大，溶解热也很大，无需预热即可溶解，因此，可以以 Al-Cu 中间合金的形式在主要炉料熔化后直接加入熔体中，亦可与纯铝一同加入。

4. 要注意覆盖

众所周知，铝在高温熔融状态，极易形成 Al_2O_3 氧化膜，因此要对铝熔体进行保护。就铝铜合金而言，所用的覆盖剂为：40% KCl＋40% NaCl＋20%冰晶石（Na_3AlF_6）的粉状物。它的密度约为 2.3g/cm³，熔点约 670℃，这种覆盖剂不仅能防止熔体氧化和吸氢，同时还具有排氢效果。这是因为它的熔点比熔体温度低，密度比熔体小，还具有良好的润湿性能，在熔体表面能够形成一层连续的液体覆盖膜，将熔体和炉料隔开，且具有一定的精炼能力，因而，这种覆盖剂具有良好的覆盖、分离、精炼等的综合工艺性能。加入量一般为熔体质量的 2%～5%。

5. 要注意扒渣

当炉料全部熔化后，在熔体表面会形成一层由溶剂、金属氧化物和其他非金属夹杂物所组成的熔渣。在进行浇注之前，必须将这层渣除掉。其目的是：

(1) 防止熔体夹渣。

(2) 减少熔体吸气（因为熔渣是水蒸气的良好载体）。

(3) 加强传热。

扒渣时，工具要干净，要预热，操作要平稳。

另外，金属模要上涂料并加热到200～300℃左右。

五、实验步骤

1. 备料：按照Al-5%Cu的质量分数，用天平称好炉料（按每炉1kg计算）。
2. 装料：将铝块和Al-Cu中间合金同时加入坩埚中。
3. 升温：注意调整电流、电压及功率。
4. 测温：控制在710～770℃之间，用红外测温仪进行测温。
5. 调温：主要是为浇注作准备，熔体温度太低，流动性不佳，不易充满模子，而熔体温度太高，易氧化和形成粗大晶粒。
6. 浇注：将熔体倒入预先准备的模子中，待完全凝固后，再脱模。
7. 脱模：取出铸件，注意要戴手套。

六、实验注意事项

1. 所有熔炼工具必须经过充分的预热。
2. 精炼剂称量要准确，必须经过去水处理。
3. 按实验室要求着装。

七、思考题

1. 什么叫熔炼与铸锭？它们有何作用？
2. 简述普通井式电炉熔炼铝合金的优缺点。

实验四十六 铝合金熔体处理

一、实验目的

1. 掌握合金熔炼的过程；熟悉铝合金的精炼工艺特点，通过实践了解精炼处理对铝合金组织和性能的影响。
2. 了解铝合金精炼处理的必要性。

二、实验设备、仪器与材料

仪器：5kW电阻坩锅炉、熔炼工具、便携式红外测温仪、电钻、预磨机。

材料：纯铝锭、精炼剂、纯Mg、ZnO、六氯乙烷、轻质耐火砖、砂纸、抛光布等。

三、实验原理

铝料的表面都有一层厚薄不均的氧化膜，有时还吸附水分，夹杂灰沙，粘有油污和油漆等。在熔化时，铝料在高温环境中进一步氧化，氧化膜厚度增加，并与气氛中的水分起化学反应，生成氧化铝和氢，使氧化物夹杂和气体含量增加。所以，铝料熔化以后，必须进行净化处理，以清除铝液内部的杂质和气体。一般所谓“去气”是指去除合金中的气体，“精炼”是指去除合金中的夹杂物。去气精炼的目的就是清除或尽量降低氧化物夹杂和气体，以提高金属的净化程度。故去气和精炼通常统称净化处理。

铝合金的熔炼与铸造多数都在敞开的大气中进行，熔融铝液直接与空气接触，容易氧化成氧化铝夹杂存在于铝液中。此外高温铝液会和 H_2O（来自空气或工具、原料中的吸附水）发生反应，生成［H］溶解在铝中。这些气体和杂质会对铝合金内部及其表面质量、物理性能、力学性能、铸造工艺性能等产生很大的影响。和炉气中的 N_2、CO、H_2O、CO_2、H_2 等气体接触，造成铝合金吸气；此外，固态时吸气少，随着温度的升高，溶解度缓慢增加，当达到金属或合金的熔点时，溶解度突然急剧增加，当金属或合金熔化后再升温，则溶解速度更快，这是因为熔融金属或合金与大气发生非常活泼的化学反应。

精炼的目的在于除净铝熔体中的非金属夹杂和气体。按其作用机理可分为吸附精炼和非吸附精炼。常见方法主要有：浮游法、溶剂法、过滤法、真空精炼。如用六氯乙烷（C_2Cl_6，白色粉状晶体），压成块状使用；加入量为铝熔体总重的 0.3%～0.5%，用钟罩将其压入铝液后，产生如下反应：

$$C_2Cl_6 \longrightarrow C_2Cl_4 + Cl_2\uparrow$$

$$3Cl_2 + 2Al \longrightarrow 2AlCl_3\uparrow$$

$$2Cl_2 + C_2Cl_6 + 2Al \longrightarrow C_2Cl_4 + 2AlCl_3\uparrow$$

反应产物 Cl_2、C_2Cl_4、$AlCl_3$ 在上浮中都可以起到精炼的目的。

炉前检验：主要是检查含气量、氧化夹杂物等。含气量的检验方法：浇注直径为 30～40mm、高度为 40mm 左右的圆柱形干砂型试样，轻轻刮去表面氧化皮，凝固表面不冒小气泡；凝固结束，试样表面凹陷，可认为铝液中含气量符合要求。

四、实验步骤及方法

1. 下料 1kg 铝硅合金，原材料为徐州料。按照原材料中的成分与需要配料的成分差别进行计算。
2. 加料，迅速升温。
3. 当炉料熔化完毕，将精炼剂用铝箔包好备用。当铝熔体上升到 720～750℃时，将六氯乙烷（铝熔体总重的 0.3%～0.5%）用钟罩压入铝液，等铝液沸腾完毕，静置 5min，撇渣。
4. 加入合金元素，纯 Mg 在浇注前加入，720℃保温 10min 左右。
5. 炉前检验。
6. 实验过程记录：精炼剂加入前后，宏观组织照片。

五、实验注意事项

1. 所有熔炼工具必须经过充分的预热。
2. 精炼剂称量要准确，必须经过去水处理。
3. 按实验室要求着装。

六、思考题

1. 合金精炼处理的目的是什么？

2. 对精炼剂的基本要求有哪些？

3. 简述 Al 熔体净化效果检测方法。

实验四十七 金属熔体熔点和黏度测定

一、实验目的

1. 掌握测定熔体熔化温度和黏度的原理及方法。

2. 熟悉实验设备的使用方法、适用范围及操作技术。

3. 测定某炉渣黏度随温度的变化规律，并绘出温度-黏度曲线。

4. 分析造成实验误差的原因和提高实验精度的措施。

冶金熔体（包括金属和炉渣）的物理性质对冶金生产工艺过程的控制有重要作用，冶金熔体的主要物理性质包括黏度、密度、表面张力、熔化温度、导电率等。炉渣的熔化温度（熔化区间）和黏度是冶金熔体的重要物理性质，对冶金过程的传热、传质及反应速率均有明显的影响。在生产中，熔渣与金属的分离，有害元素的去除，能否由炉内顺利排出以及对炉衬的侵蚀等问题均与其密切相关。因此需要了解掌握冶金熔体的特性。

冶金生产所用的渣系（如高炉渣、转炉渣、保护渣、电渣等），无论是自然形成的还是人工配制的，其成分都很复杂，因此很难从理论上确定其熔化温度和黏度，经常需要由实验测定，以便给冶金生产提供一个参考依据。

二、实验内容

（一）炉渣熔化温度的测定

1. 实验原理

按照热力学理论，熔点通常是指标准大气压下固-液二相平衡共存时的平衡温度。炉渣是复杂多元系，其平衡温度随固-液二相成分的改变而改变，实际上多元渣的熔化温度是一个温度范围，因此无确定的熔点。在降温过程中液相刚刚析出固相时的温度叫开始凝固温度（升温时称之为完全熔化温度），即相图中液相线（或液相面上）的温度；液相完全变成固相时的温度叫完全凝固温度（或开始熔化温度），即图 47-1 中固相线（或固相面）上的温度。这两个温度称为炉渣的熔化区间。由于实际渣系的复杂性，一般没有适合的相图供查阅，生产中为了粗略地比较炉渣的熔化性质，采用一种半经验的简单方法，即试样变形法来测定炉渣的熔化温度区间。常用的方法有差热分析法、热丝法和半球法（试样变形法）等。

多元渣试样在升温过程中，超过开始熔化温度以后，随着液相量增加，试样形状会逐渐改变，试样变形法就是根据这一原理而制定的。如图 47-1 所示，随着温度升高，圆柱形试样由（a）经过烧结收缩，然后逐步熔化，试样高度不断降低，如（b）、（c）所示，最后接近全部熔化时，试样完全塌下铺展在垫片上，见（d）。由此可见，只要规定一个高度标记，对应的温度就可以用于相对比较不同渣系熔化温度的高低，同时也可比较不同渣熔化的快慢，析出液相的流动性等。习惯上取试样高度降到 1/2 时的温度为熔化温度。用此法测得的熔化温度，既不是恒温的，又无平衡可言，绝不是热力学所指的熔点或熔化温度，而只是一种实用的相对比较的标准。

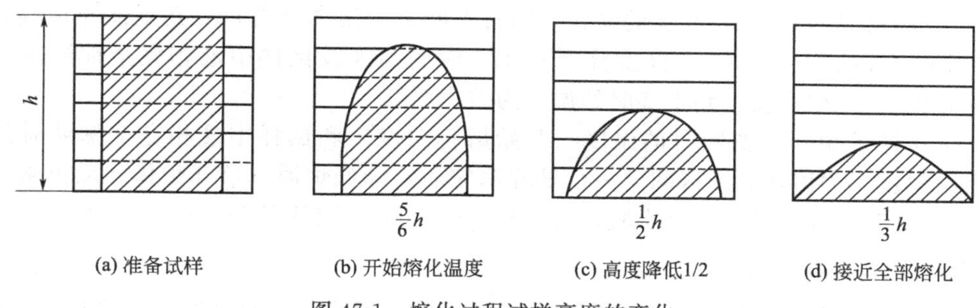

图 47-1　熔化过程试样高度的变化

2. 装置与操作

实验装置如图 47-2 所示，它可分为高温加热系统、测温系统和试样高度光路放大观测系统。试样加热用 SiC 管状炉、铂丝炉或钼丝炉。炉温用程序温度控制仪控制。样品温度用电位差计或数字高温表测定。试样放在垫片上，垫片材料是刚玉质，高纯氧化镁或贵金属，要求不与试样起反应。热电偶工作端须紧贴于试样垫片之下。有光学系统把试样投影到屏幕上以便观察其形状（现在的多功能物性仪可将试样同时投影到照相机的底片和摄像机的硅片上，然后输入计算机中，同时储存和显示试样的形状、温度及实验的时间，这样不但可以测定样品的熔化温度而且可以精确地测定其熔化速度）。

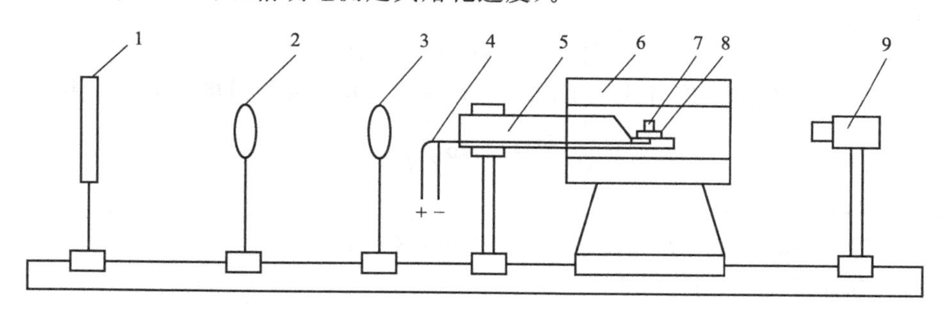

图 47-2　熔化温度测定装置示意图

1—屏幕；2—目镜；3—物镜；4—热电偶；5—支撑管；6—电炉；
7—试样；8—垫片；9—投光灯

（1）渣样制备

1）将渣料配好（最好经过预熔或至少经预烧结），在不锈钢研钵中研碎（粒度小于 0.075mm）混匀成为渣粉待用。

2）将渣粉置于蒸发皿内，加入少许糊精液，均匀研混，以便成形。

3）将上述湿粉放在制样器中制成 ϕ3mm×3mm 的圆柱形试样。在制样过程中，用具有一定压力的弹簧压棒捣实，然后推出渣样。

4）制好的渣样自然阴干，或放在烘箱内烘干。

（2）熔化温度测定

1）将垫片放在支撑管的一端，并且保持水平。再将试样放在垫片上，其位置正好处于热电偶工作端的上方。然后移动炉体（有些仪器有移动支撑管架），置试样于炉体高温区中部。

2）调整物镜、目镜位置，使试样在屏幕上呈清晰放大像，然后调整屏幕左右上下位置，使试样像位于屏幕的六条水平刻度线之间，便于判断熔化温度。

3）用程序温控仪给电炉供电升温。接近熔化温度时，升温速度应控制在 5～10℃/min 间的某一固定值。升温速度将影响所测的温度值及数据的重现性。

4）不断观察屏幕上试样高度的变化，同时不断记录温度数值，尤其是试样顶端开始变圆时的温度（开始熔化温度）、高度降低到1/2时的温度及试样中液相完全铺展时的温度（完全熔化温度）。取高度降到1/2时的温度为熔化温度。

5）取试样顶端开始变圆时的温度（开始熔化温度）和试样中液相完全铺展时的温度（完全熔化温度）为熔化温度区间。一个试样测完后，降低炉温，移开炉体，取出垫片，再置一新垫片和新试样，进行重复实验，可重复3～5次，取其平均值。

（二）熔体黏度测定

测定熔渣黏度的方法很多，最常用的有旋转法和扭摆法。前者适于测量黏度较大的熔体（如熔渣），后者适于测量黏度较小的熔体（如熔盐、液态金属）。

1. 实验原理

（1）黏度定义与单位　根据牛顿内摩擦定律，流体内部各液层间的内摩擦力（黏滞阻力）F 与液层面积 S 和垂直于流动方向二液层间的速度梯度 $\mathrm{d}v/\mathrm{d}y$ 成正比，即

$$F=\eta\frac{\mathrm{d}v}{\mathrm{d}y}S \tag{47-1}$$

其中比例常数 η 为黏度系数，简称黏度，单位为 $\mathrm{N\cdot m^{-2}\cdot s}$ 或 $\mathrm{Pa\cdot s}$。过去使用CGS制时，黏度的单位为 $\mathrm{g\cdot cm^{-1}\cdot s^{-1}}$，称为泊，符号为P（0.01P称为厘泊，符号为cP）。两种黏度的换算关系为

$$1\mathrm{Pa\cdot s}=10\mathrm{P}=10^{3}\mathrm{cP} \tag{47-2}$$

熔体黏度与其组成和温度有关。组成一定的熔体，其黏度与温度的关系一般可表示为

$$\eta=C\exp\frac{E_{\eta}}{RT} \tag{47-3}$$

式中　T——热力学温度，K；

R——摩尔气体常数，$R=8.314\mathrm{J\cdot mol^{-1}\cdot K^{-1}}$；

E_{η}——黏滞活化能，$\mathrm{J\cdot mol^{-1}}$；

C——常数。

（2）黏度计工作原理　根据上述黏度定义，黏度计的设计应解决下列三个基本问题：

① 在液体内部液层之间产生一个稳定的相对运动和速度梯度；

② 建立速度梯度与内摩擦力之间定量的、稳定的和单值的关系式；

③ 内摩擦力的定量显示。

2. 黏度计种类

黏度计类型很多，教学常用的黏度计主要是旋转型和扭摆型两类（图47-3）。

（1）旋转型黏度计　旋转型黏度计的基本结构是由2个同轴圆柱体构成的，如图47-3(a)所示。

用一坩埚，内盛待测液体，构成外柱体。在待测液体轴心处插入一个内柱体。内柱体用悬丝悬挂。实际工作时，既可以外柱体旋转（即坩埚旋转法黏度计，这时悬丝顶端固定），也可以内柱体旋转（即柱体旋转法黏度计，这时悬丝顶端连接电机轴）。现以外柱体旋转黏度计为例来分析其工作原理。当电机以恒定角速度 ω_0 带动坩埚旋转时，坩埚边缘处液层速度 $\omega_{R=R}=\omega_0$，坩埚中心处液层速度 $\omega_{R=0}=0$。于是，液层之间的速度梯度为 $\mathrm{d}\omega/\mathrm{d}R$，线速度梯度为 $R\mathrm{d}\omega/\mathrm{d}R$。代入牛顿内摩擦定律，得液层之间的内摩擦力为

$$F=2\eta\pi RhR\frac{\mathrm{d}\omega}{\mathrm{d}R} \tag{47-4}$$

此力最终对内柱体产生力矩为

$$M = FR = 2\eta\pi R^3 h \frac{d\omega}{dR} \tag{47-5}$$

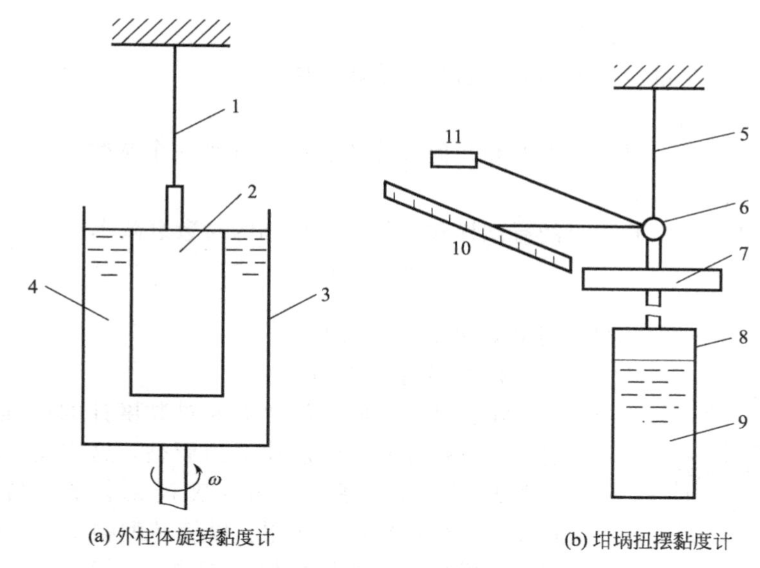

图 47-3 两类常见的黏度计

1,5—悬丝；2—内柱体；3—外柱体；4,9—液体；
6—反光镜；7—惯性体；8—坩埚；10—标尺；11—光源

当旋转运动达到稳定状态时，可将上式分离变量积分，得

$$\eta = \frac{M}{4\pi h\omega_0}\left(\frac{1}{R_1^2} - \frac{1}{R_2^2}\right) \tag{47-6}$$

内摩擦力作用在内柱体上的力矩 M，用一弹性丝的扭转力矩来平衡

$$M = G\theta \tag{47-7}$$

式中 G——弹性丝切变模量；

θ——弹性丝扭转角。

将式(47-7) 代入式(47-6) 得

$$\eta = \frac{G}{4\pi h} \times \left(\frac{1}{R_1^2} - \frac{1}{R_2^2}\right) \times \frac{\theta}{\omega_0} \tag{47-8}$$

对于一定的实验装置，G、R_1、R_2 均为常数。如果内柱体插入待测液深度 h 恒定，则

$$\eta = K\frac{\theta}{\omega_0} \tag{47-9}$$

式中 K——装置常数，用已知黏度的标准液体标定。

(2) 扭摆型黏度计 其基本结构与旋转型黏度计相似，也可分为内柱体扭摆和外柱体(即坩埚) 扭摆黏度计两种。扭摆型黏度计量程较窄，灵敏度较高，常用来测低黏度液体的黏度，如液态金属、熔盐等。现以坩埚扭摆黏度计为例说明其工作原理。如图 47-3(b) 所示，如果先用外力使坩埚由 0 位（平衡位置）往左扭转一个角度 θ，则去掉外力后，在弹性悬丝的恢复力和系统惯性力作用下，坩埚就在平衡位置左右往复扭转摆动。与此同时，坩埚边缘处液层随坩埚一起以相同角速度扭摆，而中心处液层是不动的。于是，各液层之间存在速度梯度，因而产生内摩擦力。此内摩擦力最终传递给坩埚，成为坩埚扭摆的阻尼力，使扭摆振幅逐渐衰减。从理论上可以导出扭摆振幅衰减率与液体黏度等性质之间的关系式。但由于太复杂不便使用，故实际上仍用半经验公式，较常用的公式如

$$\frac{\rho_t}{\rho_m}(\Delta-\Delta_0)=K\sqrt{\eta\rho_t\tau} \tag{47-10}$$

式中 η——待测液体黏度；

ρ_t，ρ_m——分别是测量温度下和熔点温度下熔体的密度；

τ——扭摆周期；

K——装置常数，对一定类型和几何尺寸的实验装置是一个常数，用已知黏度和密度的标准液体标定；

Δ，Δ_0——分别是由实验测得的有试样和空坩埚时振幅的对数衰减率。

$$\Delta=\frac{\ln\lambda_0-\ln\lambda_N}{N} \tag{47-11}$$

式中 λ_0，λ_N——分别是起始和第 N 次扭摆时的振幅。

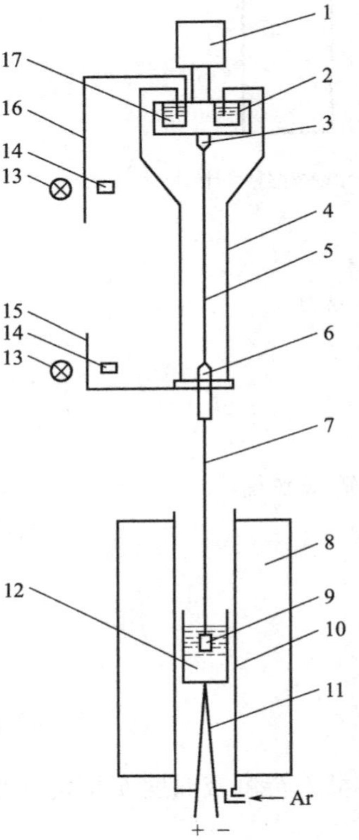

3. 黏度计性能的调整

随着试样不同，经常需要对黏度计的量程、灵敏度、稳定性（或精度）等性能作适当调整，这主要靠通过改变装置常数 K 的值来实现。因为常数 K 对仪器设备而言实际上起放大（或缩小）系数作用。以旋转型黏度计为例，若增大 K 值（如提高悬丝的切变模量 G 等），就可用较小扭转角测量较大的黏度值，因而扩大了仪器量程，提高了系统稳定性，但却降低了灵敏度。对扭摆型黏度计，由计算式可知，增大 K 可以提高仪器灵敏度，但却降低了量程和稳定性。因此，对具体试样，应综合考虑各项性能选取适当的装置常数。

提高黏度计的准确度，首先要提高系统稳定性。在此基础上再用高准确度的标准液体进行标定。

图 47-4 内柱体旋转黏度计的结构示意图

1—电机；2—阻尼盒；3—上卡头；4—阻尼架；5—悬丝；6—下卡头；7—转杆；8—电炉；9—内柱体；10—坩埚；11—热电偶；12—熔体；13—小灯泡；14—光电二极管；15—下挡片；16—上挡片；17—阻尼介质

三、实验设备与操作

（一）旋转型黏度计

1. 结构和测量原理

图 47-4 是内柱体旋转黏度计的结构示意图。图中的弹性悬丝 5 用来测量内柱体所受黏滞力矩，其两端用上、下卡头 3、6 卡住，下端通过转杆 7 和内柱体 9 相连。在上下卡头上，分别固定上挡片 16 和下挡片 15。挡片不透光，用来遮挡上下光电门的光路。当电机以 12r/min 的转速旋转时，便带动阻尼盒与上卡头转动。悬丝将转动力矩传递到悬丝下端并带动内柱体转动。由于空气黏度与悬丝中的内耗均可忽略不计，此时尽管系统在旋转，但悬丝并未扭转。当内柱体 9 浸入待测液体一定深度后，由于液体的内摩擦力（黏滞阻力）对内柱体产生的黏滞力矩，使悬丝发生扭转。当扭矩与黏滞力矩平衡时，悬丝便保持一定的扭转角度 φ。再由电机转速 ω 就可求出待测液体黏度

$$\eta=K\frac{\varphi}{\omega} \tag{47-12}$$

悬丝扭转角的准确测定是旋转法的技术关键。本实验采用光电计时法，当电机作匀速转

动时，上下挡片分别经过由小灯泡13与光电二极管14组成的“光电门”。此二光电门处于常开状态。它们与计时装置毫秒计相连。上挡片路过上光电门时，开始计时；下挡片路过下光电门时，停止计时。上下挡片分别路过上下光电门的时间差 t 与悬丝扭转角 φ 成比例。将此比例系数以及电机转速 ω 都并入装置常数 K 中，于是得

$$\eta = K(t - t_0) \tag{47-13}$$

式中　t_0——旋转系统在空气中转动时，上下光电门的时间差。

2. 黏度计装置常数的标定

将标准蓖麻油注入有机玻璃杯中，杯的内径与盛待测熔渣的坩埚内径一致。杯中蓖麻油的液面高度也与坩埚中熔渣液面大体相同。将此有机玻璃杯放在恒温槽里，使杯内蓖麻油温度恒定后，先测定系统空转时上下光电门的时间差 t_0，然后再将内柱体插入蓖麻油内，插入深度应与插入待测炉渣的深度相同。开动电机，测时间差 t。将测得的 t_0 和 t 代入式(47-13) 计算黏度计装置常数 K。

$$K = \frac{\eta}{t - t_0} \tag{47-14}$$

式中的 η 是蓖麻油在杯内温度恒定时的黏度。

3. 熔渣黏度测定

将待测渣试样装入坩埚在炉中熔化。当温度达到预期的实验温度时，恒温 20～30min。然后将内柱体插入熔渣液面以下一定深度，开动电机，测出上下光电门的时间差 t，由式(47-13) 及 K 值，便可算出熔渣黏度。然后改变温度，测各个温度下熔渣的黏度值。黏度测完后，停止电机转动，将炉温重新升高，使熔渣黏度下降，以便于将内柱体提出液面。若熔渣组成在测定过程中有某些变化，则在黏度测定后，需对坩埚中的渣样进行化学分析以确定其组成。

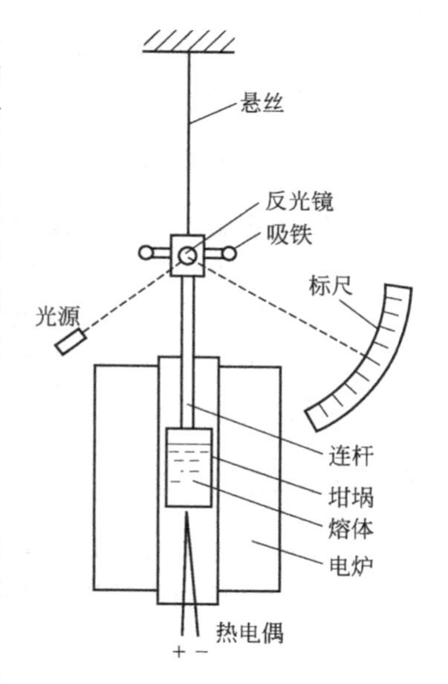

图 47-5　坩埚扭摆黏度计结构示意图

（二）扭摆型黏度计

1. 设备

图 47-5 是坩埚扭摆黏度计结构示意图。图中灯光-反光镜-圆弧形标尺系统用来测量扭摆振幅 λ，然后计算振幅对数衰减率 Δ。如果有条件的话，此系统可改为磁-电转换系统。这样，振幅 λ 的大小就转换为电信号，输入计算机数据采集板储存和处理，这样不仅可减轻工作量，而且可提高测量精度。

2. 实验步骤

首先测定空坩埚时悬挂系统的振幅对数衰减率 Δ_0。将空坩埚放入悬挂系统，稳定后调整好灯光-反光镜-标尺系统，然后用电磁铁将悬挂系统扭转一角度，再松开电磁铁。于是，系统自动作扭转摆动。待光点进入标尺后，开始读取振幅值，同时记录扭摆次数，直到摆动到第100次为止，按下式计算 Δ_0

$$\Delta_0 = \frac{\lg\lambda_0 - \lg\lambda_{100}}{100} \tag{47-15}$$

为了提高读数精度，可读取10个数，取平均值，即

$$\Delta_0 = \frac{(\lg\lambda_0 + \lg\lambda_1 + \cdots + \lg\lambda_9) - (\lg\lambda_{100} + \lg\lambda_{101} + \cdots + \lg\lambda_{109})}{100 + 10} \tag{47-16}$$

然后，测量装置常数 K。由于水的黏度在 $10^{-3}\mathrm{Pa\cdot s}$ 数量级，与液态金属、熔盐在同一数量级，故常用水作为标准液体。测定方法与测 Δ_0 相同。但是同时读取振幅值和计时计数。在读取最后一个振幅值（如第 30 次扭摆幅值 λ_{30} 或第 50 次 λ_{50}……）时停止记时。

记下摆动 N 次的总时间 t，由下式算出 $\Delta_{水}$ 和摆动周期 $\tau_{水}$。

$$\Delta_{水}=\frac{(\lg\lambda_0+\lg\lambda_1+\cdots+\lg\lambda_9)-(\lg\lambda_{50}+\lg\lambda_{51}+\cdots+\lg\lambda_{59})}{50+10}$$

$$\tau_{水}=\frac{t}{N} \tag{47-17}$$

代入下面的黏度计算式算出装置常数 K

$$\Delta_{水}-\Delta_0=K\sqrt{\eta_{水}\rho\tau} \tag{47-18}$$

此后就可以测熔体黏度。对于合金或非金属试样，应先经预熔使成分均匀和排除氧化膜及气体，再将试样根据实验温度下的密度准确称量，确保熔化后于实验温度下在坩埚内有相同液柱高度，然后将试样装入坩埚内，放入高温炉内升温熔化。如果实验温度接近熔点温度，则应先过热 30～50℃，使液态结构转变完全，然后再降到实验温度恒温 20～30min，开始测量。测量方法与测定装置常数时相同。测完一个温度，改变温度，再恒温 20～30min，继续测量。

四、实验报告要求

1. 简述实验目的、原理和所用方法。
2. 列表给出实验测得的各项原始数据，求出平均值及误差。
3. 用计算机绘制温度-黏度曲线，求出熔化性温度。
4. 分析测定熔点和黏度对冶金生产过程的影响，给出适宜冶炼的实验结论。
5. 讨论造成实验误差的原因及提高实验准确度的改进措施。

五、思考题

1. 用试样变形法测定炉渣熔化温度为什么要选择一定的升温速度？
2. 为什么不能用试样变形法测得的结果绘制相图？
3. 熔化温度和熔化性温度有什么区别？
4. 如何选择标准液体来标定常数？

实验四十八　粉末冶金坯料制备

一、实验目的

1. 了解粉末压制成形机理。
2. 掌握液压式压片机的使用方法。

二、实验设备和材料

QM-1SP 行星式球磨机、干燥箱、40T 四柱液压机、冷压模具、天平、316L 不锈钢粉末、PVA 黏结剂。

三、实验原理

1. 粉末压制成形

粉末成形可分为：刚性模压制成形，非模压成形，冷、热等静压成形，注射成形，粉末挤压成形等。压制的过程包括颗粒的位移与变形和粉末变形。

颗粒位移：包括滑动与转动，粉末颗粒间内摩擦、表面粗糙度、润滑条件、颗粒的显微硬度、颗粒形状以及加压速度等都影响颗粒的位移速度。

粉末变形：当颗粒间的接触力小于材料弹性极限时，粉末发生弹性变形；当颗粒接触应力大于金属的屈服强度时，粉末发生塑形变形。

2. 粉末致密化现象

在压力的作用下，粉末颗粒由松散状态，出现拱桥效应的破坏，粉末颗粒重排，并且颗粒发生塑性变形，接着孔隙体积收缩，整体变得致密（拱桥效应：颗粒间由于摩擦力的作用而相互搭架形成拱桥孔洞的现象）。

粉末致密化的影响因素：粉末松装密度、流动性、颗粒形状、粒度及其组成、颗粒密度、颗粒表面粗糙度等。

3. 反致密化现象（粉末压坯脱出模腔后尺寸胀大的现象）

在压制成形后，粉末内残余应力的释放，使得坯块出现反致密化现象。通常，反致密化与压制压力、粉末颗粒的弹性模量、粉末粒度组成、颗粒形状、颗粒表面氧化膜等因素有关。

4. 压坯强度

压坯强度表征压坯抵抗破坏的能力，即颗粒间的黏结强度。压坯强度受粉末本身的性能、颗粒间的结合强度、颗粒间的结合强度、颗粒表面的粗糙度、压制压力以及残余应力等因素的影响。

5. 压制的缺陷及其控制方法

压制最主要的缺陷是，在坯料中会出现分层现象，沿坯料棱边向内部发展的裂纹，与压制面形成大约45°的界面，出现弹性后效。通常为了减少控制缺陷，需要适当降低压制压力。

四、实验步骤及方法

（一）压制前粉末料准备

1. 还原退火：降低氧碳含量，提高纯度；消除加工硬化，改善粉末压制性能。

2. 混合：利用行星式球磨机将粉末混合均匀，获得性能均匀的粉末料。混合方式包括干混法、湿混法。

3. 加入成形剂：硬质粉末变形抗力很高，难以通过压制所产生的变形而赋予粉末坯体足够的强度，添加成形剂有利于成形。对于流动性差的粉末可以增加粉末粒度，减小颗粒间的摩擦力，改善粉末流动性，提高压制性能。常用的成形剂有：橡胶、石蜡、PEG、PVA等。

4. 加润滑剂：降低粉末颗粒与模壁间的摩擦，提高模具的使用寿命。常用润滑剂包括：硬脂酸、工业润滑蜡。

5. 造粒。

（二）压制成形

1. 在实验前首先将模具用乙醇棉擦拭干净并晾干。

2. 将模具下模平放在桌面，模槽套在下模上，将一定量的金属粉末放入模孔内，轻轻摇晃使粉末均匀铺在模孔内。压上上模。

3. 将装好的模具放在压片机载物台正中心。手摇垂直螺旋杆使其下移压在模具上，并用力压实。

4. 顺时针旋转压力阀手柄，排气孔关闭。

5. 手动加压，当压强达到 30MPa 后保压 30s。打开排气孔。

6. 摇动垂直螺旋手柄上移。取下模具，拿去下模放置在试验台上。将模具倒置，套上压铁放在载物台上。

7. 手摇垂直螺旋手柄下移，直至下模将模槽中的压片顶出模槽。

8. 将垂直螺旋杆摇上取出模具，拿下压铁，用干净的镊子取下压片，检查压片是否有裂纹，然后将完整的压片和有裂纹的压片区分放置在培养皿中。

9. 将上模从模槽中推出。清理压片机。用乙醇棉球将模具擦拭干净，并且给模具涂上机油保护好。

(三) 坯料烘干

五、实验注意事项

1. 模具要放置在载物台中心。
2. 运行前一定要关闭压力阀。
3. 模具使用几次后要用乙醇棉球重新擦拭干净，晾干后再使用。

六、思考题

1. 粉末冶金技术有何优缺点？举例说明。
2. 分析粉末粒度、粉末形貌与松装密度之间的关系。

实验四十九

粉末冶金制品的烧结成形

一、实验目的

1. 了解粉末冶金的基本过程。
2. 了解高真空烧结技术的操作方法。
3. 掌握工艺参数对粉末冶金材料致密化过程的影响。

二、实验内容

1. 原材料粉末的制取和准备。粉末可以是纯金属或它的合金、非金属、金属与非金属的化合物以及其他各种化合物等。

2. 将金属粉末及各种添加剂均匀混合后制成所需形状的坯块。

3. 将坯块在物料主要组元熔点以下的温度进行烧结，使制品具有最终的物理、化学和力学性能。

三、实验设备和材料

ZTY-50-20 真空热压炉、石墨模具、1mm 石墨纸、托盘、镊子、垫片、冷压坯。

四、实验原理

将粉末压坯加热到一定温度（烧结温度）并保持一定的时间（保温时间），然后冷却下来，从而得到所需性能的材料，这种热处理工艺叫做烧结。烧结使多孔的粉末压坯变为具有一定组织和性能的制品，尽管制品性能与烧结前的许多工艺因素有关，但是在许多情况下，烧结工艺对最终制品组织和性能有着重大的甚至是决定性的影响。

（一）烧结过程的基本变化

冷压坯经过烧结后，最容易观察到的变化是压块体积收缩变小，强度急剧增大，压块孔隙度一般为50%，而烧结后制品已接近理论密度，其孔隙一般应小于0.2%，压块强度的变化就更大了，烧结前压坯强度低到无法用一般方法来测定，压坯只承受生产过程中转移时所必备的强度，而烧结后制品却能达到满足各种苛刻工作条件所需要的强度值，显然制品强度提高的幅度较之密度的提高要大得多。

制品强度及其他物理、机械性能的突变说明在烧结过程中压块发生了质的变化。在压制过程中，虽然外力的作用能增加粉末体的接触面，而颗粒中表面原子和分子还是杂乱无章的，甚至还存在内应力，颗粒间的联结力是很弱的，但烧结后颗粒表面接触状态发生了质的变化，这是由于粉末接触表面原子、分子进行化学反应，以及扩散、流动、晶粒长大等物理化学变化，使颗粒间接触紧密，内应力消除，制品形成了一个强的整体，从而使其性能大大提高。

（二）烧结过程的基本阶段

冷压坯烧结过程可以分为如下几个基本阶段。

（1）黏结面的形成　在粉末颗粒的原始接触面，通过颗粒表面附近的原子扩散，由原来的机械咬合转变为原子间的冶金结合，形成晶界。在此阶段，坯体的强度增加，表面积减少；金属粉末烧结体的导电性提高，标志着粉末烧结发生。

（2）烧结颈的形成与长大　烧结颈形成的前期，会形成连续的孔隙网络，孔隙表面光滑化；后期孔隙进一步缩小，网络坍塌并且晶界发生迁移。

由于原子的扩散，颗粒间距离缩短，烧结颈间形成了微孔隙，微孔隙长大，并且聚合导致烧结颈间的孔隙机构坍塌，因而烧结过程中，颗粒间的距离缩短。

（3）闭孔隙的形成与球化　孔隙管道被分隔成一系列的小孔隙，最后发展成为孤立孔隙并球化。在此阶段处于晶界上的闭孔则有可能消失，有的则因发生晶界与孔隙间的分离现象而成为境内孔隙，并充分球化。

近代烧结理论认为：粉末物料的表面能大于多晶体烧结体的晶界能，是烧结最主要的推动力。

（4）脱除成形剂及预烧阶段　在这个阶段烧结体发生如下变化。

1）成形剂的脱除：烧结初期随着温度的升高，成形剂逐渐分解或气化，脱离烧结体，与此同时，成形剂或多或少给烧结体增碳，增碳量随成形剂的种类、数量以及烧结工艺的不同而改变。

2）粉末表面氧化物被还原，在烧结温度下，氢可以还原钴和钨的氧化物，若在真空脱除成形剂和烧结时，碳氧反应还不强烈。

3）粉末颗粒间的接触应力逐渐消除，黏结金属粉末开始产生回复和再结晶，表面扩散开始发生，压块强度有所提高。

（5）固相烧结阶段（800℃～共晶温度）　在出现液相以前的温度下，除了继续进行上一阶段所发生的过程外，固相反应和扩散加剧，塑性流动增强，烧结体出现明显的收缩。

(6) 液相烧结阶段（共晶温度～烧结温度） 当烧结体出现液相以后，收缩很快完成，接着产生结晶转变，形成合金的基本组织和结构。

(7) 冷却阶段（烧结温度～室温） 在这一阶段，合金的组织和相成分随冷却条件的不同而产生某些变化，可以利用这一特点，对硬质合金进行热处理以提高其物理机械性能。

(三) 烧结工艺选择

1. 烧结温度

合金的烧结温度与其化学成分有关，通常应高于基体碳化物与黏结金属的共晶温度40～100℃。实践证明，烧结温度在一个相当宽的范围内变化，都能使合金有足够的密度，因此，在生产实践中最经常考虑的问题是如何使合金有适当的晶粒度和性能。而往往以合金的使用性能为主要依据来确定烧结温度，例如，对拉伸模具、耐磨零件和精加工用的切削工具，要求合金有较高的耐磨性，应选取矫顽磁力出现极大值的烧结温度；对于地质钻探和采掘工具，冲击负荷较大的切削加工工具，要求合金具有较高的强度，则可适当采用较高的烧结温度，高 Co 合金的使用条件通常是要求尽可能高的抗弯强度，所以对这类合金来说，合金抗弯强度出现极大值的温度应当是最适宜的烧结温度。

2. 烧结时间

必须保证足够的时间，才能完成烧结过程的组织转变。尽管在一定范围内，烧结温度和时间可以相互补充，如高温快速或低温慢速，但是这个范围是有限的，如果温度不够，再延长时间也是没有作用的。

通常为了能够在最高烧结温度下达到平衡状态，并有充分的组织转变时间，保温 1～2h 是适当的。但是烧结时间的确定还受其他因素的影响，如制品大小就是因素之一，一般情况下，大制品的烧结时间要比小制品长。

3. 升温速度

升温速度以单位时间内上升的温度数来表示。升温速度根据设备状况及工艺特点而定，一般在出现液相之前的升温速度较快，之后较慢。

(四) 真空烧结

真空烧结在高纯和优质金属材料的制取方面应用很广，但真空烧结在粉末冶金中使用的历史不长，主要用于活性和难熔金属 Be、Ti、Zr、Ta、Nb 等，含 Ti 硬质合金，磁性合金和不锈钢等的烧结，近三十年来获得了较大的发展。

真空烧结的优点是：

1) 减少气氛中的有害气体（H_2O、O_2、N_2）对产品的污染，例如电解制氢的含水量要求降至－40℃露点极为困难，而获得这样的真空度则并不困难。

2) 真空是最理想的惰性气体，当不宜用其他还原性和惰性气体时（如活性金属烧结），或者对容易出现脱碳、渗碳的材料均可采用真空烧结。

3) 真空可改善液相烧结的润湿性，有利于收缩和改善合金组织。

4) 真空有助于 Si、Al、Mg 等杂质或其氧化物的排除，起到提纯材料的作用。

5) 真空有利于排除吸附气体（孔隙中残留气体以及反应气体产物），对促进烧结后期的收缩作用明显。

五、实验步骤及方法

烧结是粉末冶金工艺中的关键性工序。成形后的压坯通过烧结获得所要求的最终物理、机械性能。烧结又分为单元系烧结和多元系烧结。对于单元系和多元系的固相烧结，烧结温度比所用的金属及合金的熔点低；对于多元系的液相烧结，烧结温度一般比其中难熔成分的熔点低，而高于易熔成分的熔点。除普通烧结外，还有熔浸法、热压法等特殊的烧结工艺。

粉末冶金工艺的基本工序：

(1) 先开总电源。

(2) 开送水开关。注意压力表读数是否为0.1MPa左右，如果未到达，要到外边的水池开水阀门送水。

(3) 开真空表下面的开关，使真空表读数到达零，然后关紧。

(4) 把试样放到真空烧结炉中，保证试样放在正中间位置。

(5) 开机械泵，再开真空通道上边的小阀，要慢慢地开，然后全部打开。

(6) 真空计15MPa以下不动时开扩散泵，待大约45min，打开另两个真空阀（先大后小），抽真空度，到0.5MPa以下时，先开加热键，再开中温控制表盘上的RUN键，要一直摁着直到出现RUN字样。中温表上边红色的显示是准确温度，下边显示的是设置温度。测量时注意观察烧结炉的温度是否过高，一般不能超过1200℃。

(7) 升温、保温阶段结束后，关闭加热。需要注意的是，需要等温度下降到200～300℃左右时才可将扩散泵关闭。方法是：先把扩散泵上阀关闭，再打开机械泵上的小阀，再关扩散泵开关让扩散泵继续冷却。

(8) 等冷却到大约100℃左右时关机，关机顺序是先把三个阀门全部关闭，然后关机械泵，再关控制电源，然后关送水开关，最后关闭总电源。

六、实验注意事项

1. 保持烧结炉的气密性以保证炉内的真空气氛。
2. 注意在提高温度的时候要有一定的时间间隔。

七、思考题

1. 粉末颗粒有哪几种聚集形式？
2. 冷压坯烧结前需要进行哪些预处理？其作用如何？

实验五十 粉末冶金件密度的测定

一、实验目的

1. 了解烧结件密度测试的物理意义和计算方法。
2. 掌握密度测定的原理和方法。
3. 分析影响密度测试结果的主要因素。

二、实验原理

在粉末冶金的科研生产中几乎都要了解和测定材料的密度，因为密度的测定是控制烧结制品质量的主要手段之一。烧结金属材料由于空隙的存在，其密度小于材料致密状态下的密度，常称为“表观密度”。当除去材料的空隙而求得材料的密度时，即为“有效密度”。对于产品形状比较规则的，可用直接测量法，即称量该物体的质量，用一定精度的卡尺量出产品尺寸，再计算出体积，所得之商即为该烧结制品的表观密度。当产品孔隙度较大，尤其在产品形状较复杂，体积不易计算的情况下，可采用在液体介质中测量的方法，借助液体介质的浮力求得样品的准确体积。所用的液体介质为蒸馏水或无水乙醇。

利用阿基米德原理，试样经清洗除油干燥后，在空气中称重。然后进行防水处理，再次于空气和水中称量。可由试样在水中称重时质量的减少求出其体积，因试样浸没在水中，$F_{浮}=m_{空}g-m_{水}g$，而 $F_{浮}=V_{排}\rho_{水}g$，所以有 $V_{物}=V_{排}=\frac{F_{浮}}{\rho_{水}g}=\frac{m_{空}g-m_{水}g}{\rho_{水}g}=\frac{m_{空}-m_{水}}{\rho_{水}}$，密度 $\rho_{物}=\frac{m_{空}}{V_{物}}$ 即可计算出来。

水中置换法进行烧结密度测量时，使用水为置换媒介的缺点如下：

1）水的表面张力问题，使得零件表面易附着气泡。

2）零件本身已完成含浸，表面或多或少存在油渍，易附着气泡。

3）烧结后零件表面粗糙，易附着气泡。

4）零件有细孔的零件易附着气泡。

针对以上的缺点改进了测试方法，既然粉末冶金是以润滑油为含浸媒介，那么也可利用润滑油为体积置换媒介来测试烧结密度。

1）测定未含浸处理样品在空气中的重量。

2）测定含浸处理后的样品在空气中的重量。

3）测定含浸处理后的样品在水或油中的重量。

4）求得烧结密度。

5）样品含浸在水或油中的时间为 0、5min、10min、15min、20min、25min、30min、35min，然后记录在不同时间样品含浸在水或油中的质量。

根据 GB/T 5163—2006，试样的密度 $\rho_{物}=\frac{m_1}{m_3-m_2}\rho_{水}$，其中干燥试样空气中的质量为 m_1；浸油后的试样在空气中的质量为 m_2；浸油后的试样在水中的质量为 m_3；水的密度为 $\rho_{水}$。

三、实验设备和材料

不同形状试样、去离子水、凡士林、无水乙醇、铜丝、分析天平（精确到 0.001g）、烧杯、铜丝等。

四、实验步骤及方法

1. 用分析天平称出试样在空气中的质量 m_1。
2. 含浸处理：用凡士林均匀覆盖试样表面。
3. 用分析天平称出浸油后的试样在空气中的质量 m_2。
4. 用分析天平称出浸油后的试样在水中的质量 m_3。
5. 根据试样密度计算公式算出 $\rho_{物}$。

五、实验注意事项

1. 浸渍时用凡士林涂抹要均匀且薄。
2. 试样在水中不能碰到烧杯内壁。

3. $\rho_{水}$取1.0g/cm³。

4. 结果应精确到0.01g/cm³。

六、思考题

1. 影响粉末冶金件密度的主要因素有哪些？
2. 怎样利用本实验的方法评价材料的烧结质量？

实验五十一
铝的阳极氧化及染色

一、实验目的

1. 了解阳极氧化及染色技术的实际意义。
2. 了解铝的阳极氧化和着色的原理。
3. 掌握铝阳极氧化膜与着色技术工艺方法。

二、实验原理

以铝或铝合金制品为阳极，置于电解质溶液中进行通电处理，使其表面形成氧化膜，这样形成的氧化膜比在空气中自然形成的氧化膜耐蚀能力更好。氧化膜具有较强的吸附性，利于进行染色处理。经过阳极氧化后，铝制品的耐蚀性、耐磨性和装饰性都有明显的改善和提高。

（1）阳极氧化原理

以铝或铝合金制品为阳极，硫酸为电解质溶液进行通电处理，铝被氧化形成无水的氧化膜。

阴极 $$2H^{+}+2e = H_2\uparrow$$

阳极 $$2Al+3H_2O-6e = Al_2O_3+6H^{+}$$

氧化膜在生成的同时，又伴随着氧化膜被溶解的过程。

$$Al_2O_3+6H^{+} = 2Al^{3+}+3H_2O$$

溶解出现的孔隙使铝与电解液接触，又重新氧化生成氧化膜，循环往复。控制一定的工艺条件（硫酸浓度和温度等）可使氧化膜形成的速率大于氧化膜溶解的速率，利于氧化膜的生成。

（2）着色原理

铝的阳极氧化膜多孔隙，对染料有良好的物理吸附和化学吸附性能，在铝阳极氧化膜上进行浸渍着色或电解着色，可达到耐蚀和装饰目的。

无机盐着色：将制品依次浸入两种无机盐溶液中，两种无机盐在氧化膜孔隙内反应生成有颜色的无机盐并沉积在孔隙中。

有机染料着色：阳极氧化膜对染料有物理吸附作用，有机染料官能团与氧化膜也会发生络合反应。有机染色色种多且色泽艳丽，但耐磨、耐晒、耐光性能差。

（3）封闭原理

铝阳极氧化膜必须进行封闭处理。沸水法是常用的封闭方法。在沸水中，氧化膜表面及孔壁的无水氧化膜水化，形成非常稳定的水合结晶膜，从而达到封闭孔隙的目的。

$$Al_2O_3+H_2O = Al_2O_3\cdot H_2O$$

此外还有蒸汽封闭法、盐溶液封闭法和填充有机物封闭法等。

本实验将铝以硫酸为电解质溶液进行阳极氧化，用硫代硫酸钠溶液和高锰酸钾溶液进行浸渍着色，用沸水法封闭。

三、实验设备和材料

实验仪器设备：直流稳压电源，数显恒温水浴锅，实验用小电炉，温度计，金相显微镜，天平。

实验材料：铝板，铜板极，导线，蒸馏水，烧杯（500mL，1000mL），滴管，量筒（50mL，10mL），玻璃棒，砂纸（0＃～7＃），H_2SO_4，NaOH，HNO_3，硫代硫酸钠，高锰酸钾。

四、实验步骤

(1) 将铝片擦洗干净，再用砂纸打磨，浸入热的氢氧化钠溶液半分钟左右，洗去油污，去除表面氧化膜。取出后用水洗净。拿持铝片时要戴好手套，避免污染工件。铝片碱洗工艺配方见表 51-1。

表 51-1 铝片碱洗工艺配方

溶液组成	用量/%	温度/℃	时间/min	备注
NaOH	3.5～9	50～70	3～10	腐蚀量 10～55g/m²，铝离子含量＞30～80g/L

(2) 如图 51-1 所示组装好电解装置。用鳄鱼夹夹住两电极，使铝片浸入 15%硫酸，接通电源，逐步调整电源输出的电流，使电流密度保持在 15～20mA·cm² 之间，电压为 15V 左右，电解 40min，电解完毕后取出铝片，用水冲洗，再用 10% HNO_3 对铝片进行化学抛光 10min，水洗，置于水中待用。

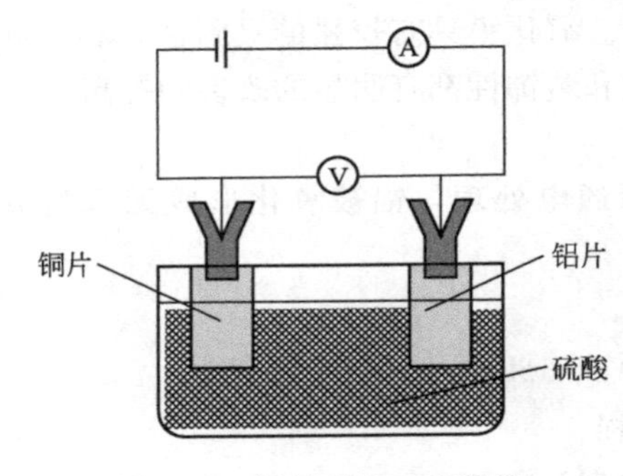

图 51-1 阳极氧化电解装置

此时溶液温度要尽可能低，因为较高温度下氧化膜的溶解速度加快，不利于氧化膜的形成。控制合适的电压可防止电解液温度迅速上升，电解 4cm×4cm 大小的铝片，12V 左右的电压较为合适。

(3) 断开电路，取出铝片，用水冲洗干净。将铝片在热的硫代硫酸钠溶液中浸泡 5～10min，取出，用水洗净，然后再放入高锰酸钾溶液中浸泡 5～10min，取出，用水洗净。

染色液要保持一定温度，如温度过低，则染色过浅，封闭时会出现褪色现象。

(4) 断开电路，取出铝片，用水冲洗干净。将铝片在热的 50g/L 硫代硫酸钠溶液中浸泡 5min，取出洗净后，再放入高锰酸钾溶液中浸泡 5min。

染色液要保持一定温度，如温度过低，则染色过浅，封闭时会出现褪色现象。

着色工艺及配方见表 51-2。

表 51-2 着色工艺及配方

无机盐名称	用量/(g/L)	温度/℃	时间/min
硫代硫酸钠	10～50	90～100	5～10
高锰酸钾	10～50	90～100	5～10

(5) 取出后的铝片在沸水中加热约 5～10min，再取出铝片，放入无水乙醇中数秒后再晾干。封闭一定要在较高温度（95～100℃）下进行，因为水温较低时生成的水合物是不稳定的。

五、实验结果

经阳极氧化后的铝片，用硫代硫酸钠溶液和高锰酸钾溶液染色后呈现出均匀的金黄色。沸水封闭处理后反复擦拭也不褪色。

六、实验报告

每人必须认真填写实验报告一份。实验报告内容除必要的实验目的及原理、实验步骤以外，还应包括原始数据、必要的数据表格与图形。另外，还应对实验结果作必要的讨论，分析引起偏差的原因。

七、思考题

1. 为什么铝阳极氧化着色前要经过预处理？
2. 影响铝的着色质量的因素有哪些？
3. 简述封闭处理的目的、方法、原理和影响因素。

实验五十二 金属表面电沉积镍

一、实验目的

1. 通过实验掌握金属合金电沉积的基本原理，了解电沉积的一般工艺过程。
2. 初步了解电沉积条件对镍铁合金沉积层结构与性能的影响。
3. 试验并了解稳定剂、添加剂（糖精、十二烷基硫酸钠等）对电沉积光亮镍铁合金的影响。

二、实验原理

电镀是利用电化学方法在金属制品表面上沉积出一层其他金属或合金的过程。电镀时，镀层金属做阳极，被氧化成阳离子进入电镀液；待镀的金属制品做阴极，镀层金属的阳离子在金属表面被还原形成镀层。为排除其他阳离子的干扰，使镀层均匀、牢固，需用含镀层金属阳离子的溶液做电镀液，以保持镀层金属阳离子的浓度不变。电镀层比热浸层均匀，一般都较薄，从几个微米到几十微米不等。电镀能增强金属制品的耐腐蚀性，增加硬度和耐磨性，提高导电性、润滑性、耐热性和表面美观等性能。

电沉积过程中，由外部电源提供的电流通过镀液中两个电极（阴极和阳极）形成闭合的回路。当电解液中有电流通过时，在阴极上发生金属离子的还原反应，同时在阳极上发生金属的氧化（可溶性阳极）或溶液中某些化学物种（如水）的氧化（不溶性阳极）。其反应可一般地表示如下。

阴极反应　$M^{n+}+ne=M$

副反应　$2H^{+}+2e=H_2$（酸性镀液）

$2H_2O+2e=H_2+2OH^{-}$（碱性镀液）

当镀液中有添加剂时，添加剂也可能在阴极上反应。

阳极反应　$M-ne=M^{n+}$（可溶性阳极）

或　$2H_2O-4e=O_2+4H^{+}$（不溶性阳极，酸性）

镀液组成（金属离子、导电盐、配合剂及添加剂的种类和浓度）和电沉积的电流密度、镀液 pH 值和温度甚至镀液的搅拌形式等因素对沉积层的结构和性能都有很大的影响。确定镀液组成和沉积条件，使我们能够电镀出具有所要求的物理-化学性质的沉积层，是电沉积研究的主要目的之一。

电镀过程的主要反应如下。

阴极 $Ni^{n+} + 2e \longrightarrow Ni$ $2H^{+} + 2e \longrightarrow H_2$

阳极 $2H_2O - 4e \longrightarrow O_2 + 4H^{+}$

实验过程中，电沉积实验前必须仔细检查电路是否接触良好或短路，以免影响实验结果或烧坏电源；阴极片的前处理将影响镀层质量，因此要认真，除油和酸洗要彻底；加入添加剂时要按计算量加入，不能多加；新配镀液要预电解；电镀时要带电入槽、电镀过程中镀液挥发应及时用去离子水补充并调整 pH 值。

镀层状况记录符号见图 52-1。

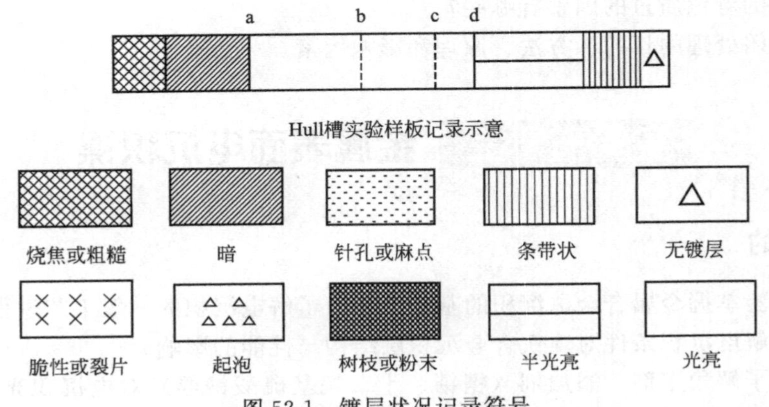

图 52-1 镀层状况记录符号

三、实验设备和材料

仪器：直流稳压电源，电流表，恒温槽，电吹风，导线，铝片，碳棒。

试剂：硫酸镍，硫酸亚铁，氯化镍，硼酸，柠檬酸三钠，抗坏血酸，糖精，十二烷基硫酸钠，除油液和酸洗液。

四、实验步骤

(1) 基础镀液的配制。

按表 52-1 配方配制 150mL 基础镀液。

表 52-1 电沉积镍铁合金的电解液成分及工艺条件

电解液组成/(g/L)		工艺条件	
$NiSO_4 \cdot 6H_2O$	200～260	电流密度	5～10A/dm²
$NiCl_2 \cdot 6H_2O$	45	温度	60～70℃
$FeSO_4 \cdot 7H_2O$	20～50	pH 值	2.0～3.5
H_3BO_3	40	沉积时间	40～60min
柠檬酸三钠	20～40		
抗坏血酸	10		
糖精	3		
十二烷基苯磺酸钠	0.2		
苯亚磺酸钠	0.3		

配制电解液所用试剂均为分析纯，用去离子水配制电解液，用10%的硫酸或10% NaOH溶液调节电解液的pH值。在电沉积前，采用小电流密度处理配制好的电解液，并陈化一段时间。电解液配制方法如下。

1）取三分之二体积的去离子水加热到80℃左右。

2）依次加入计量的H_3BO_3、硫酸镍、氯化镍、柠檬酸三钠等，分别搅拌溶解。

3）缓慢加入硫酸亚铁，同时不断搅拌溶解。

4）另取适量的去离子水加热，加入糖精，待溶解后，再加入添加剂（十二烷基苯磺酸钠和苯亚磺酸钠）溶解。

5）将配置好的糖精和添加剂的溶液倒入前面配置的电解液中，再用10%的硫酸或10% NaOH溶液调节电解液的pH值。

6）最后用去离子水调整电解液至规定体积。

在配制电解液时，一定要注意硫酸亚铁加入的顺序，必须是在电解液其他组分配好后，才加入硫酸亚铁，即用已配好的电解液来溶解硫酸亚铁，以防止硫酸亚铁氧化。

（2）将铝片用金相砂纸磨光，经碱除油和10% HCl弱腐蚀，用自来水和去离子水逐次认真清洗后，带电置于电解液中。以碳棒为阳极，阴极与阳极相对平行放置，阴阳极相隔一定的距离（2～5cm）。以1A的电流沉积20min，取出阴极片，用水冲洗干净，经干燥后称重，记录阴极上镍的沉积情况和实验条件。再变化电流密度继续实验。

（3）在含所有添加剂的镍镀液中，根据（2）的实验条件，比较镀液不同温度下镍的沉积层质量，并进行记录。

（4）按工艺条件进行电沉积，电镀过程中，可以搅拌电解液。

电镀镍铝工艺流程：铝片打磨→非工作面绝缘→工作面化学除油→水洗→酸洗→水洗→烘干→称重→带电入槽进行电镀→一次水洗→二次水洗→烘干→称重。

五、实验结果及分析

数据记录与处理如下。

$$\eta=\frac{W_{Ni}}{ItC_{Ni}}\times 100\% \tag{52-1}$$

式中 W_{Ni}——阴极片镀后增重，g；

I——电镀时所用电流，A；

t——电镀时间，h；

C_{Ni}——镍的电化学当量（=1.095g/A·h）。

将实验数据填入表52-2中。

表52-2 实验数据

T/℃	v/(μm/h)	L/μm	W_{Ni}/g	η
65				
70				
75				
80				
85				

根据镀层的质量，计算镀层的厚度L和沉积速度v。

$$L=\frac{W_{Ni}}{S_C\,\rho_{Ni}} \tag{52-2}$$

$$v=\frac{L}{t} \tag{52-3}$$

式中 S_C——阴极面积；

ρ_{Ni}——金属 Ni 的密度（$=8.9g/cm^3$）；

t——电镀时间。

六、思考题

（1）电沉积过程主要包括哪些步骤？

（2）镍铝合金镀液中稳定剂、添加剂主要起什么作用？

实验五十三 金属表面化学镀镍

一、实验目的

1. 学习并掌握化学镀镍的原理。
2. 学习并掌握化学镀镍的实验室操作方法。

二、实验原理

化学镀就是在不通电的情况下，利用氧化还原反应在具有催化表面的镀层上，获得金属合金的方法，用于提高抗蚀性和耐磨性，增加光泽和美观。管状或外形复杂的小零件的光亮镀镍，不必再经抛光，一般将被镀制件浸入以硫酸镍、次亚磷酸钠、乙酸钠和硼酸所配成的混合溶液内，在一定酸度和温度下发生变化，溶液中的镍离子被次亚磷酸钠还原为原子而沉积于制件表面上，形成细致光亮的镍磷合金镀层。钢铁制件可直接镀镍。锡、铜和铜合金制件要先用铝片接触于其表面上 1～3min，以加速化学镀镍。化学镀镍的反应可简单地表示为

$$NiSO_4+3NaH_2PO_2+3H_2O = Ni+3NaH_2PO_3+H_2SO_4+2H_2$$

反应还生成磷，形成镍磷合金。

镀液由含有镀覆金属的化合物、导电盐、缓冲剂、pH 调节剂和添加剂等的水溶液组成。通电后，电镀液中的金属离子，在电场作用下移动到阴极上还原成镀层。阳极的金属形成金属离子进入电镀液，以保持被镀覆的金属离子的浓度。

电镀的工艺过程：镀前处理（机械整平，抛光，除油，酸洗除锈，水洗）→电镀（挂镀或滚镀）→镀后处理（除氢，钝化，封闭，老化）→质量检验。

三、实验设备和材料

仪器：直流稳压电源，0.5 级 500mA 电流表，水浴锅，电子分析天平，秒表，滤纸等。

药品：硫酸镍，次亚磷酸钠，乙酸钠，硼酸，铁氰化钾，氯化钠。

四、实验步骤

1. 用去离子水配制化学镀镍溶液 50mL；放进 90℃水浴中加热恒温 10min。

2. 剪 3.5cm×3.5cm 铁片，计算面积。用砂纸除锈，流水冲洗，擦干，称量，用去污粉除油。放入化学镀镍溶液（表 53-1）中镀 20min。

3. 取出，洗净，擦干，称量。

表 53-1 化学镀镍溶液

硫酸镍	30g/L	硼酸	5g/L
次亚磷酸钠	10g/L	温度	90℃
乙酸钠	10g/L		

4. 剪一块比铁片稍小的滤纸，浸入测定空隙率的溶液（表 53-2）后，贴在铁片中间 10min（注意不要有气泡），取下滤纸，数出蓝色斑点的数目。

孔隙率＝孔隙斑点数/被测表面积

表 53-2 镀镍层孔隙率的测定溶液

铁氰化钾	20g/L
氯化钠	20g/L
贴滤纸	10min

五、数据记录与处理

数据记录见表 53-3。

表 53-3 数据记录

工艺名称	镀前质量 m_1/g	镀后质量 m_2/g	镀层质量 m/g
化学镀镍			

质量法测得镀层厚度；扭曲检测结合力；测量化学镀镍的沉积速度；测量孔隙率；评价镀层的外观。

六、思考题

1. 化学镀镍溶液为什么要加缓冲剂？
2. 化学镀镍的溶液镀后发生了什么变化，分析可能的原因。
3. 化学镀镍有什么优点？

实验五十四 碳钢的热处理

一、实验目的

1. 掌握碳钢的基本热处理工艺（退火、正火、淬火、回火）的操作方法。
2. 分析碳含量、加热温度、冷却速度、回火温度对碳钢热处理后性能（硬度）的影响。
3. 了解不同冷却方式对碳钢性能的影响，熟悉 C 曲线及其应用。

二、实验原理

热处理是一种重要的金属加工工艺，也是充分发挥金属材料性能的重要途径。热处理的主要目的是提高钢的各种性能，包括使用性能及工艺性能。钢的热处理是将钢加热到一定的温度，经过一定时间保温后以某种速度冷却。正确选择工艺参数是保证热处理操作成功的先决条件。不同参数的热处理工艺，形成了各种不同的热处理方法，常用的热处理工艺有退火、正火、淬火和回火。

1. 热处理工艺中加热温度的选择

钢的退火、正火、淬火加热温度应根据 $Fe-Fe_3C$ 相图确定。

(1) 退火加热处理　亚共析钢一般采用完全加热到 A_{c1} 以上 30～50℃；共析钢和过共析钢采用球化退火加热到 A_{c1} 以上 20～30℃，以得到粒状渗碳体，降低硬度，改善高碳钢的切削性能。

(2) 正火加热温度　亚共析钢一般为 A_{c2} 以上 30～50℃；过共析钢为 A_{cm} 以上 20～30℃，即加热到奥氏体单相区。退火和正火的加热温度如图 54-1 所示。

(3) 淬火加热温度　亚共析钢一般为 A_{c3} 以上 30～50℃；过共析钢为 A_{c1} 以上 20～30℃，淬火加热温度如图 54-2 所示。

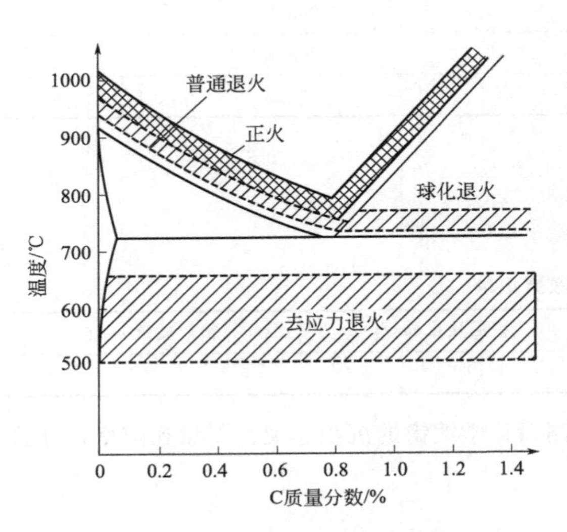

图 54-1　退火、正火加热温度范围

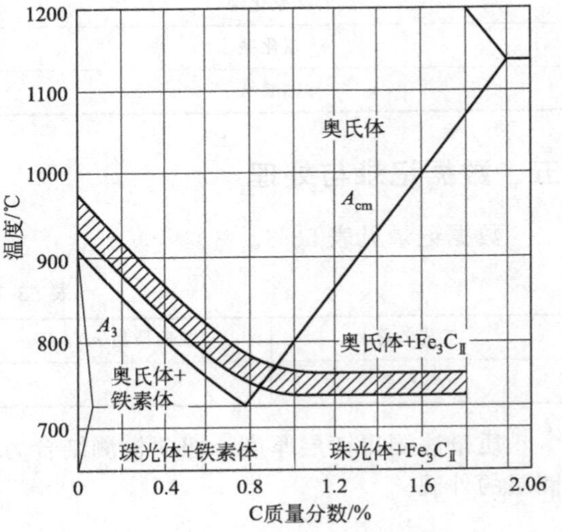

图 54-2　淬火加热温度范围

(4) 回火加热温度　回火是针对淬火而言的，回火温度决定钢的最终组织与性能。回火加热温度低于 A_{c1}，一般分为 3 类——低温回火，中温回火和高温回火。

低温回火温度为 150～250℃，回火后组织为马氏体，硬度为 57～60HRC，其目的是降低淬火应力，减少钢的脆性并保持钢的高硬度。低温回火一般用于高碳钢的切削工具、量具、滚动轴承、渗碳件。

中温回火温度为 350～500℃，回火组织为托氏体，硬度为 40～48HRC，其目的是获得高弹性极限和高韧性。中温回火主要用于含碳量 0.5%～0.8%的弹簧钢。

高温回火温度为 500～650℃，回火组织为索氏体，硬度为 25～35HRC，其目的是获得一定程度的强度、硬度以及良好冲击韧性综合力学性能。常把淬火后经高温回火的处理称为调质处理，主要用于中碳的结构钢，如柴油机连杆螺栓、汽车半轴以及机床主轴等重要零件。

2. 热处理工艺中保温时间的选择

为了是工件加热时各部分受热一致，使显微组织转变完全，并使碳化物完全溶解（或部分溶解）以及奥氏体成分均匀，必须在加热温度下保温一定时间，通常将铜件升温和保温所需要的时间，统称为加热时间。

热处理工艺中加热保温时间的选择需要考虑很多因素，如工件尺寸和形状，加热设备及装炉量，炉子的起始温度和升温速度，钢的成分和原始组织，热处理目的和组织性能要求等。不同钢的具体保温时间参考热处理手册的有关数据进行推算或估算。

实际热处理操作中材料的热处理保温时间大多估算。一般在空气介质中升温到规定的加热温度后，根据碳钢工作的有效厚度，加热时间为1～3min/mm；根据合金钢工件的有效厚度，加热时间为2～2.5min/mm。若在盐浴炉中加热，保温时间则比上述估算时间缩短不少。

3. 热处理工艺中冷却方法的选择

在实际热处理工艺中，奥氏体的冷却方法有两类：一类是等温冷却，即将处于奥氏体态的钢迅速冷却至临界点以下并保温一定时间，让过奥氏体在该温度下发生组织转变然后冷却至室温；另一类是连续冷却，即将处于奥氏体状态的钢以一定的速度冷至室温，使奥氏体在一个温度范围内发生连续转变。

退火属于第一类的等温冷却，一般为炉冷。

正火、淬火属于第二类的连续冷却。

正火通常用空冷，大件可采用吹风冷却。

淬火冷却方法非常重要，一方面冷却速度要大于临界冷却速度，以保证全部得到马氏体组织，另一方面冷却应尽量缓慢，以减少内应力，避免变形和开裂。

C曲线是研究钢在不同温度下热处理后组织状态的重要证据，可以根据钢的C曲线来分析热处理工艺，估计淬透性并选择恰当的淬火介质和淬火方法。

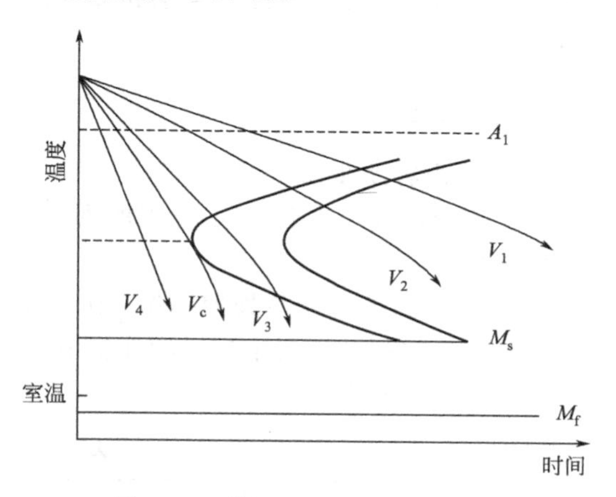

图 54-3　共析钢的等温转变曲线

以共析钢的等温转变曲线（图54-3）中冷却速度与显微组织为例。炉冷是V_1速度冷却，得到100%的珠光体。正火是V_2速度冷却，得到细片珠光体或索氏体。油冷是V_3速度冷却，得到托氏体和马氏体。V_c是临界冷却速度，使淬火工件在超过V_c的速度冷却，也就是奥氏体最不稳定的温度范围内（650～550℃）。快冷水冷是V_4速度冷却，得到马氏体。一般在M_s点（200～300℃）以下温度尽可能缓冷，以减少内应力。

常用的淬火冷却方法有单液淬火法、双液淬火法、分级淬火法和等温淬火法等，见图54-4。其中单液淬火法操作简单，有利于实现机械化和自动化，缺点是冷却受介质冷却

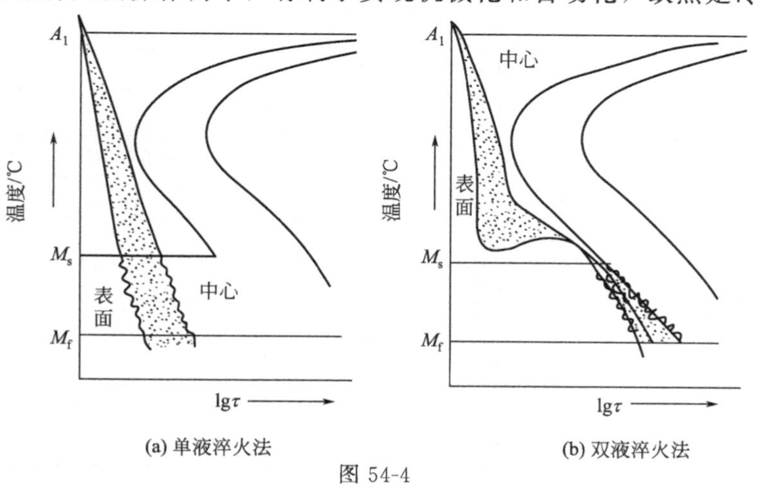

图 54-4

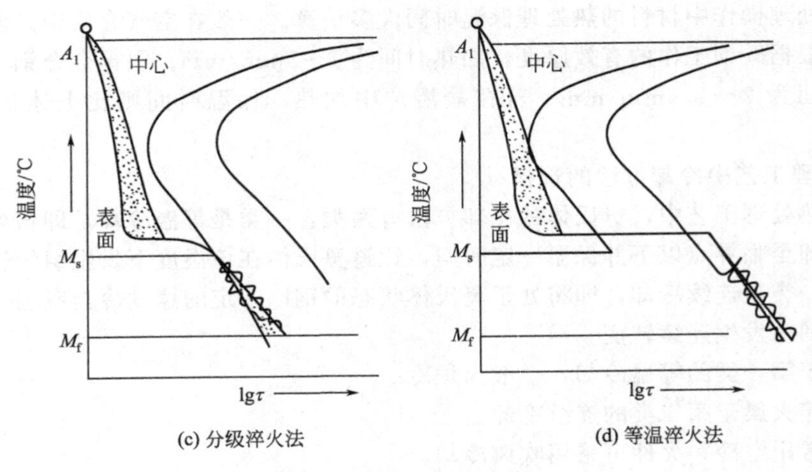

(c) 分级淬火法　　(d) 等温淬火法

图 54-4　淬火方法示意

特性的限制而影响淬火质量。碳钢和低合金钢一般采用单液淬火法，碳钢用水冷却，合金钢则多用油进行冷却。

三、实验方法

1. 实验内容及步骤

(1) 热处理操作实验按表 54-1 所列工艺进行，每组一套试样，加热保温时间按试样尺寸估算并填入表中。

(2) 按表 54-1 进行热处理操作（炉温由实验室预先升好）。

(3) 测量热护理后每个试样的硬度值。

(4) 分析实验数据。

表 54-1　热处理工艺

钢号	热处理工艺				硬度值(HRC 或 HRB)				预计组织
	加热温度/℃	保温时间/min	冷却方式	回火温度/℃	1	2	3	平均	
45 钢	860	30	空冷						
			油冷						
			水冷						
			水冷	400					
			水冷	600					
	760		水冷						

钢号	热处理工艺				硬度值(HRC 或 HRB)				预计组织
	加热温度/℃	保温时间/min	冷却方式	回火温度/℃	1	2	3	平均	
T10 钢	760	30	空冷						
			油冷						
			水冷						
			水冷	400					
			水冷	600					
	860		水冷						

2. 注意事项

(1) 各试样对应的加热炉及温度必须选用正确，试样放入加热炉时应尽量靠近热电偶端。

(2) 当炉加温到预定温度后开始计算加热保温时间，淬火槽应靠近炉门，试样要夹紧，入水要迅速，并不断在淬火介质中搅动，以防硬度不均。

(3) 试样处理后须用砂轮机磨去氧化皮，擦净磨面后再用洛氏硬度计测量硬度值。

(4) 回火温度时间为30min，回火后空冷。

四、实验设备和材料

45钢和T10钢试样若干块，箱式电炉，洛氏硬度计，淬火水槽，油槽，铁丝，钳子。

五、实验报告

(1) 明确实验目的。

(2) 分别测量经热处理后试样的3点硬度值，取其平均值填于表54-1中。

(3) 预计各热处理操作后的组织并填于表54-1中。

(4) 绘制退火态和淬火态下硬度随含碳量变化的关系曲线图。

(5) 绘制淬火钢经不同温度回火与硬度的变化曲线图。

六、思考题

1. 用45钢制造机床主轴，若使其整体硬度达到45～50HRC，应如何制定热处理工艺？

2. 碳素工具钢为何选择亚温淬火？常用的热处理工艺有哪些？其组织和硬度如何？

实验五十五

热处理温度对形状记忆合金效应的影响

一、实验目的

1. 了解形状记忆合金的形状记忆效应和超弹性。

2. 了解时效温度对形状恢复率的影响。

3. 了解热机械训练对形状恢复率的影响。

二、实验原理

冷却时马氏体形成并长大，加热时马氏体收缩至消失，即马氏体随温度升降而消长，此为热弹性马氏体。这种马氏体相变是在很小的过冷度（热滞）下发生的，即相变所需的驱动力很小。如果相变驱动力不足以克服一片马氏体充分长大所需的弹性变形能及其他能量消耗时，马氏体片在未长到极限尺寸之前便会停止长大，但这时共格界面并未破坏。也就是说，马氏体片形成以后，界面上的弹性变形是随着马氏体片长大而增大的。因此，在一定温度下，当这种弹性变形能以及共格界面能等能量消耗增加到和相变的化学驱动力相等时，新相和母相即达到了一种热弹性平衡状态，以致相变会自然停止。储存在马氏体内的弹性应变能在温度升高时将贡献于马氏体向母相的逆相变，马氏体片收缩。此效应为形状记忆效应(SME)。SME在医学、制造业等都有非常广泛的应用。另外由可逆应力诱发马氏体相变引起的超弹性等，都有较多的应用。

获得双程形状记忆效应的方法主要有：引入位错，稳定应力诱发马氏体（过量变形），形成析出相。这些方法的共同特点是，在母相中引入不可恢复的缺陷，在冷却过程中发生马氏体相变时，这些不可恢复的缺陷产生的内应力控制着马氏体的生长。

具有形状记忆效应的材料主要有 Ti-Ni 基系、Cu 基系、Fe 基系等，其中 Ti-Ni 系的二元相图如图 55-1 所示，一般所用的 Ti-Ni 形状记忆合金的原子数比约为 1∶1。形状记忆效应有单程记忆、双程记忆、全程记忆三种，其中全程记忆效应的示意图如图 55-2 所示。

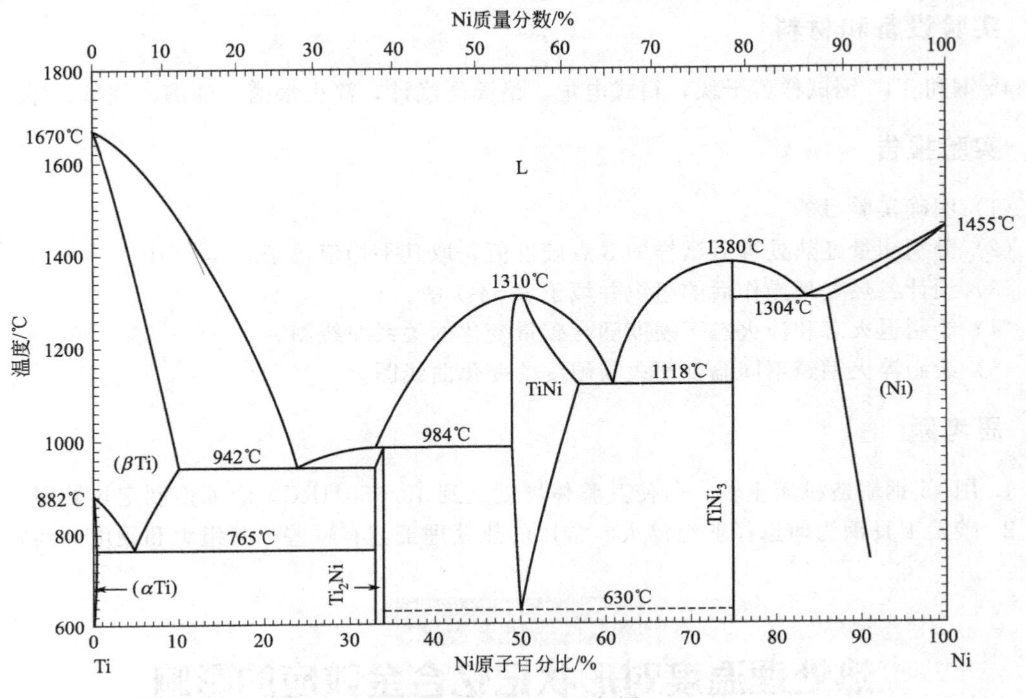

图 55-1 Ti-Ni 二元相图

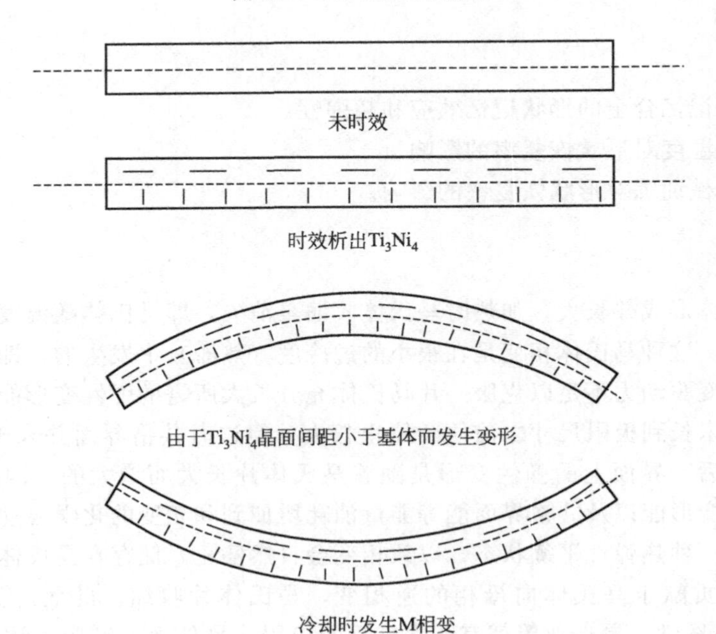

图 55-2 全程记忆效应示意图

三、实验设备和材料

真空加热炉、Ti-Ni 记忆合金丝（Ni 原子百分比 50.85%）和记忆弹簧（压簧）、沸水、冰块、直尺、量角器。

四、实验内容及步骤

1. 全班分成两大组，每组领取一小段 Ti-Ni 记忆合金丝（Ni 原子百分比 50.85%）和一个记忆弹簧（压簧）。

2. 将试样放入真空加热炉中进行不同温度的时效热处理（之前已进行 750℃或 850℃固溶处理 40min，水冷），温度选择为 300℃、350℃、400℃、450℃、500℃、550℃，保温 40min 后空冷。

3. 对于记忆丝进行图 55-3 的训练，在马氏体状态下弯曲至 180°，力去除后回弹至 B；放入沸水中逆相变，回复至 C；放入冰水中 M_f 以下温度时，完成马氏体相变，至 D 位置。

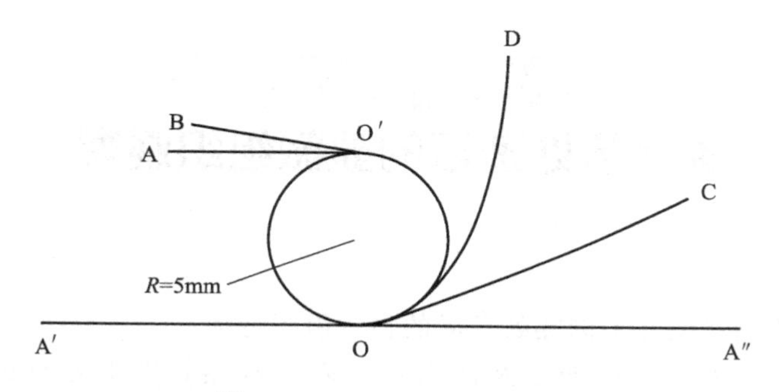

图 55-3　TWSME 训练示意图

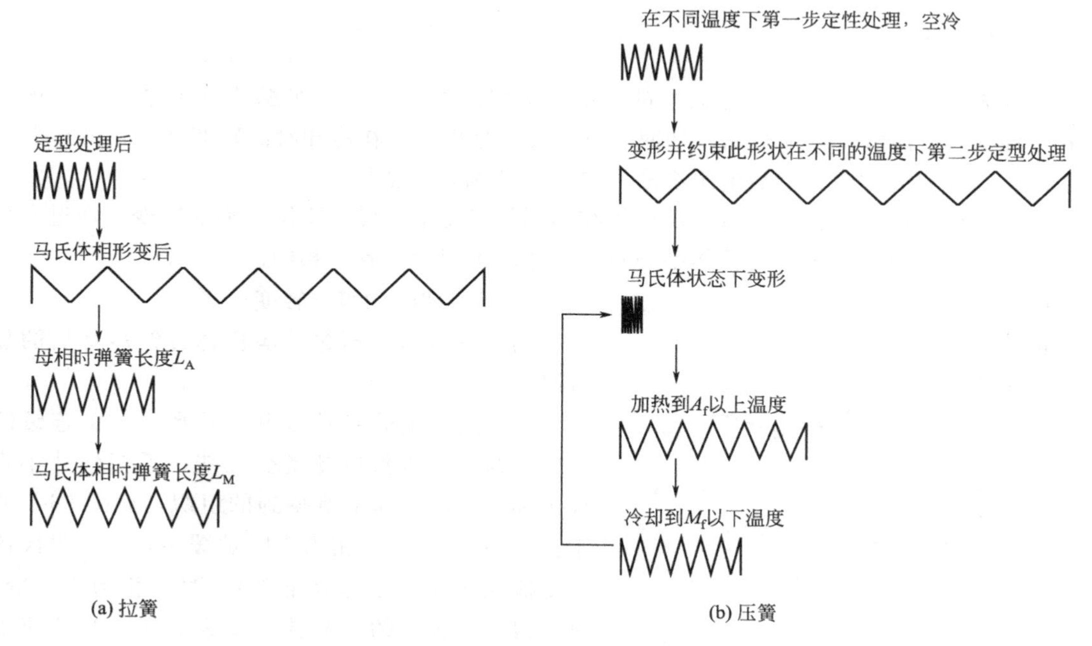

图 55-4　双向记忆弹簧训练示意图

4. 记录记忆丝每次训练时的单程回复率 $\eta_s = \angle A'OC/(180° - \angle AO'B)$ 和双程回复率 $\eta_t = \angle COD/\angle A'OC$，并记录双程记忆压簧的双程回复率 $\eta_t = (L_A - L_M)/L_A$。其中 L_A 和

L_M 分别为奥氏体状态和马氏体状态时测得的弹簧长度。

五、实验注意事项

试样自炉内取出空冷时温度较高，注意不要直接用手触碰。

六、实验报告要求

1. 叙述实验目的。
2. 比较不同温度热处理后的形状回复率。
3. 比较不同训练次数时的形状回复率。

七、思考题

1. 双程记忆效应是如何获得的？
2. 对于双程记忆压簧，你认为可以用于什么用途（具体详述一例）？

实验五十六 碳钢热处理后的显微组织观察

一、实验目的

(1) 观察、分析碳素钢经不同热处理后的显微组织特征。

(2) 运用 $Fe-Fe_3C$ 相图、C 曲线及回火转变来分析热处理工艺对钢的组织和性能的影响。

二、实验原理

研究碳钢经退火、正火和淬火后的组织，需要运用 $Fe-Fe_3C$ 平衡相图及过冷奥氏体等温转变曲线（C 曲线）从加热和冷却两个方面进行分析。钢在冷却时的转变规律是由 C 曲线确定的。因此研究钢热处理后的组织通常以 C 曲线为理论依据。

按照不同的冷却条件，过冷奥氏体将在不同的温度范围发生不同类型的转变。通过金相显微镜观察，可以发现过冷奥氏体各种转变产物的组织形态各不相同。

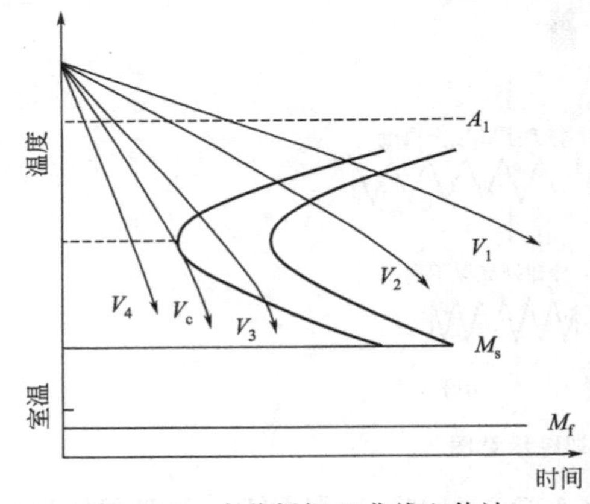

图 56-1 在共析钢 C 曲线上估计连续冷却速度的影响

1. 钢冷却时的组织转变

用 C 曲线来分析过冷奥氏体连续冷却后的显微组织。

(1) 共析钢的 C 曲线和过冷奥氏体的连续冷却转变组织以等温冷却转变曲线，近似估计小直径试样在不同冷速下所得到的组织，如图 56-1 所示。当冷速为 V_1（相当于随炉缓冷）时，奥氏体转变成珠光体；冷速增加到 V_2 时（相当于空冷）时，得到片较细的珠光体，即索氏体；当冷速增加到 V_3 时（相当于油冷）时，得到片更细的珠光体，即托氏体和部分马氏体；当冷速增加到 V_4 时（相当于水冷）时，得到马氏体和残余奥氏体组织。这是因为奥氏体被过冷到马氏体转变开始点（M_s）以下时，就转变成马氏体。共析钢的马氏体转变终点为－50℃，所以在生成马氏体的同时保留部分残余奥氏体。与C曲线“鼻尖”相切的冷却速度V_c称为淬火临界冷却速度。

（2）亚共析钢的C曲线与共析钢的相比，上部多一条铁素体析出线。当奥氏体缓慢冷却时的冷速为V_1（如炉冷）时，转变产物接近平衡状态显微组织，为珠光体和铁素体；冷速增大到V_2时（如空冷或风冷）时，奥氏体的过冷度越大，析出的铁素体越少，而共析组织（珠光体）含量增加，碳的含量减少，共析组织变得更细，这时的共析组织为伪共析组织。析出的少量铁素体多分布在晶粒的边界上，因此冷却速度逐渐增大，显微组织的变化是：铁素体＋珠光体→铁素体＋索氏体→铁素体＋托氏体。

当冷速增大到V_3时（如油冷）时，析出的铁素体极少，最后主要得到托氏体、马氏体及少量贝氏体。当冷却速度超过临界冷却速度V_c后，奥氏体全部转化为马氏体。碳含量大于0.5%的钢中马氏体间还有少量残余奥氏体。

（3）过共析钢的C曲线与亚共析钢的相似，先析出的是渗碳体。钢的显微组织变化是：渗碳体＋珠光体→渗碳体＋索氏体→渗碳体＋托氏体→托氏体＋马氏体＋残余奥氏体→马氏体＋残余奥氏体。

2. 钢冷却后所得的显微组织

（1）索氏体（S）　索氏体是铁素体与渗碳体的机械混合物，其片层比珠光体更细密，在高倍放大显微镜下才能分辨。图56-2是电子显微镜下拍摄的索氏体照片。

（2）托氏体（T）　托氏体是铁素体与渗碳体的机械混合物，其片层比索氏体更细，在一般光学显微镜下无法分辨，只能看到如墨菊状的黑色组织。当其少量析出时，托氏体沿晶界分布，呈黑色网状包围马氏体；当析出量较多时，呈大块黑色晶团状。只有在电子显微镜下才能分辨其中的片层，见图56-3。

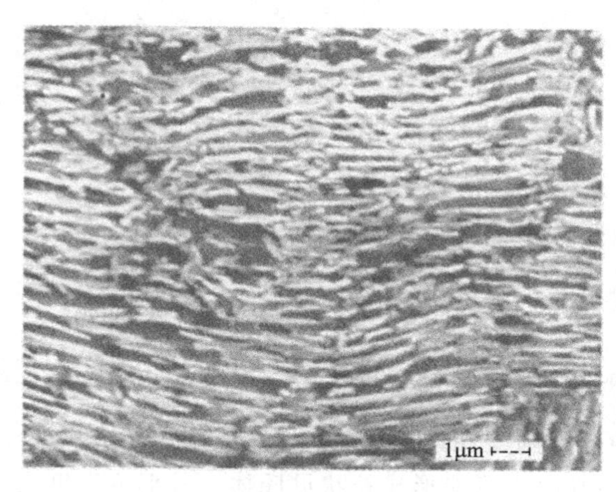

图56-2　45钢正火-索氏体

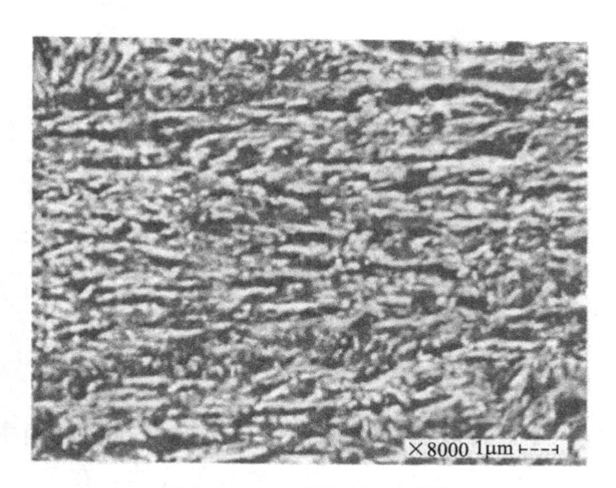

图56-3　45钢油淬-托氏体

（3）贝氏体（B）　贝氏体是含碳过饱和的铁素体和碳化物组成的机械混合物，其显微组织形态类似于珠光体类组织。根据形成温度不同，钢中典型的贝氏体主要分为上贝氏体和下贝氏体和粒状贝氏体3类。

1）上贝氏体是由成束分布、平行排列的铁素体和夹于其间的断续分布的细条状渗碳体所组成的混合物。在光学显微镜下可以观察到成束排列的铁素体条自奥氏体晶界平行伸向晶内，具有羽毛状特征，条间的渗碳体分辨不清；在电子显微镜下可清楚地看到平行的条状铁素体之间常存在断续的、粗条状的渗碳体，上贝氏体中铁素体的亚结构是位错，见图56-4。

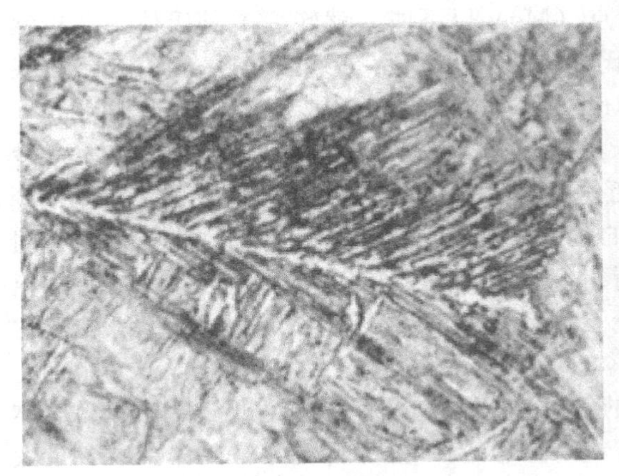

(a) 光学照片500×

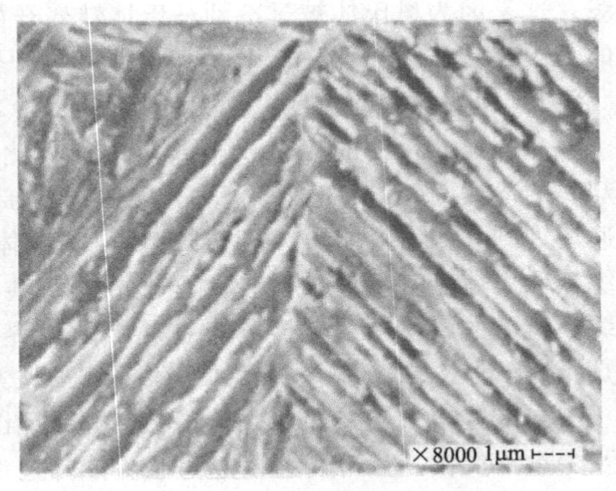

(b) 电镜照片

图 56-4　上贝氏体

2）下贝氏体是含碳过饱和的片状铁素体和其内部沉淀的碳化物组成的机械混合物。下贝氏体的空间形态呈双凸透镜状，与试样磨面相交呈片状或针状。在光学显微镜下，当转变量不多时下贝氏体呈黑色针状或竹叶状，针与针之间呈一定角度，在电子显微镜下可以看到下贝氏体以针状铁素体为基，其中分布着很细的 ε 碳化物片，这些碳化物片大致与铁素体片的长轴夹 55°～65°角。下贝氏体中的铁素体亚结构是位错，见图 56-5。

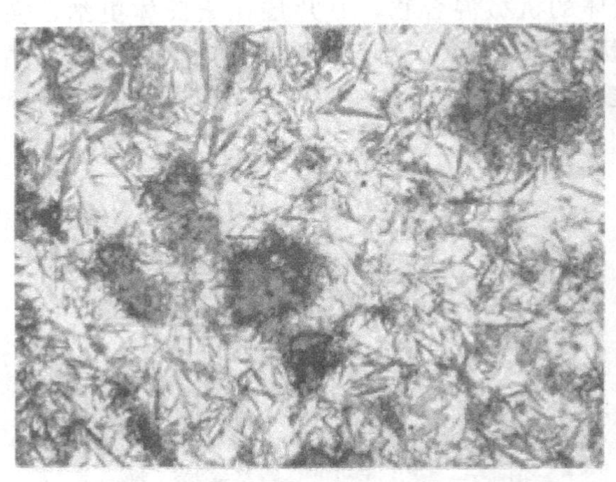

(a) 光学照片500×

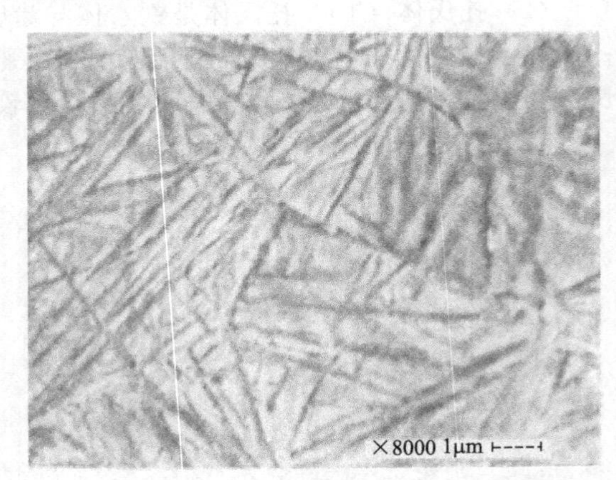

(b) 电镜照片

图 56-5　下贝氏体

3）粒状贝氏体往往出现在低中碳合金钢中，特别是在连续冷却时（如正火、热轧空冷或焊接热影响区）会产生粒状贝氏体，在等温冷却时也可能形成粒状贝氏体。其形成温度大致位于上贝氏体相变温度区的上部。粒状贝氏体的显微组织特征为在粗大的块状、针状铁素体内或晶界上分布着一些孤立的小岛，小岛形态呈很不规则的粒状或长条状。低倍观察时，其形态类似魏氏组织，但其取向不如魏氏组织明显。原先是富碳的奥氏体区，其随后的转变可能存在 3 种情况：①分解为铁素体和碳化物，在电子显微镜下可见到比较密集的多向分布的粒状、杆状或小块状碳化物；②发生马氏体转变；③仍然保持为富碳的奥氏体，见图 56-6。

（4）马氏体（M）　马氏体是碳在“α-Fe”中的过饱和固溶体。马氏体的组织形态是多种多样的，主要分为 2 大类，即板条状马氏体和片状马氏体。

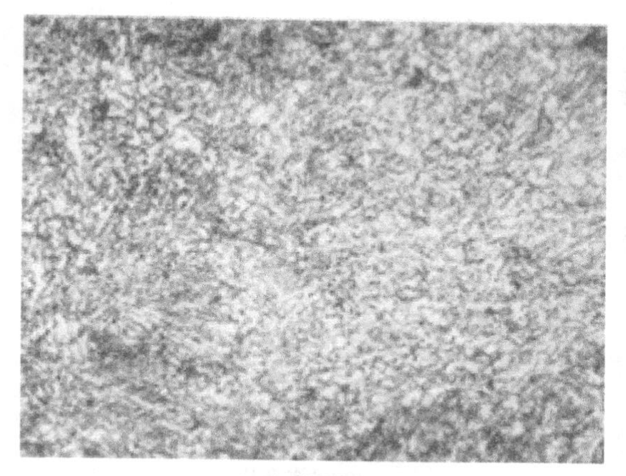
(a) 光学照片500×

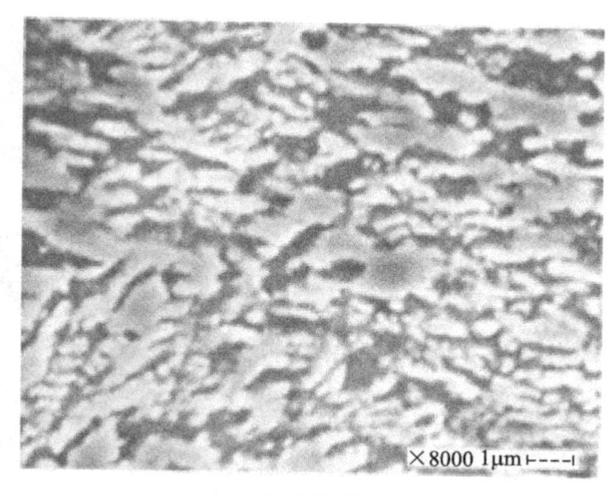

(b) 电镜照片

图 56-6　粒状贝氏体

1）板条状马氏体是低中碳钢及马氏体时效钢、不锈钢等铁基合金中形成的一种典型马氏体组织。它由许多成群的、相互平行排列的板条所组成，故称为板条马氏体。一个奥氏体晶粒内通常有 3～5 个板条束。板条马氏体的空间形态是扁条状的，在光学显微镜下，板条马氏体的形态呈现一束束相互平行的细长条状马氏体群，见图 56-7。

(a) 光学照片500×

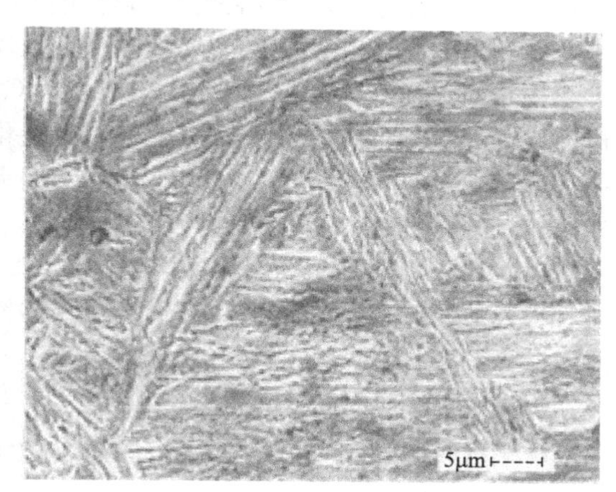

(b) 电镜照片

图 56-7　板条状马氏体

2）片状马氏体（图 56-8）是在中高碳钢及高镍合金钢中形成的一种典型马氏体组织，因其在光学显微镜下呈针状或竹叶状，故又称为双凸透镜状。原奥氏体晶粒中首先形成的马氏体片贯穿整个晶粒，但一般不穿过晶界，将奥氏体晶粒分割。此后陆续形成的马氏体片由于受到的限制越来越小，马氏体片周围往往存在着残余奥氏体。片状马氏体的最大尺寸取决于原始奥氏体晶粒的大小，奥氏体晶粒越粗大，马氏体片则越大。当最大尺寸的马氏体片小到光学显微镜无法分辨时，便称为隐晶马氏体。在生产中正常淬火得到的马氏体，一般都是隐晶马氏体。

（5）残余奥氏体（Ar）　当奥氏体中碳含量大于 0.5%时，淬火过程中总有一定量的奥氏体不能转变成为马氏体，而保留到室温的这部分奥氏体就是残余奥氏体。它不易受硝酸腐蚀剂的侵蚀，在显微镜下呈白亮色，分布在马氏体之间，无固定形态。淬火后未经回火残余奥氏体与马氏体很难区分（都呈白亮色），只有马氏体回火后才能分辨出马氏体间的残余奥氏体。

(a) 光学照片500×　　(b) 电镜照片

图 56-8　片状马氏体

3. 钢回火后所得的显微组织

（1）回火马氏体　淬火钢在 150～250℃进行低温回火时，马氏体内的饱和碳原子脱落，沉淀析出与母相保持共格关系的 ε 碳化物，这种组织称为回火马氏体。同时，残余马氏体也开始转变为回火马氏体，在显微镜下回火马氏体仍保持针状（片）状形态。析出的极细小的 ε 碳化物使回火马氏体易受侵蚀，颜色比淬火马氏体深，呈黑色针（片）状组织。回火马氏体具有较高的强度和硬度，而韧性和塑性较淬火马氏体也有明显提高。

（2）回火托氏体　淬火钢在 350～500℃进行中温回火时，淬火马氏体完全分解，但 α 相仍保持针状外形，碳化物全部转变为 θ 碳化物。这种由针状 α 相以及其无共格关系的细小粒状、片状渗碳体组成的机械混合物称为回火托氏体。回火托氏体具有较高的强度、最佳的弹性和较好的韧性。

（3）回火索氏体　淬火钢在 500～650℃进行高温回火时，渗碳体聚集成较大的颗粒，同时马氏体的针状形态消失，形成多边形的铁素体。这种铁素体和粒状渗碳体的机械混合物称为回火索氏体

4. 典型碳钢热处理后的显微组织

碳钢经退火（完全退火）后得到接近平衡状态的组织，经球化退火得到球状珠光体组织，见图 56-9。

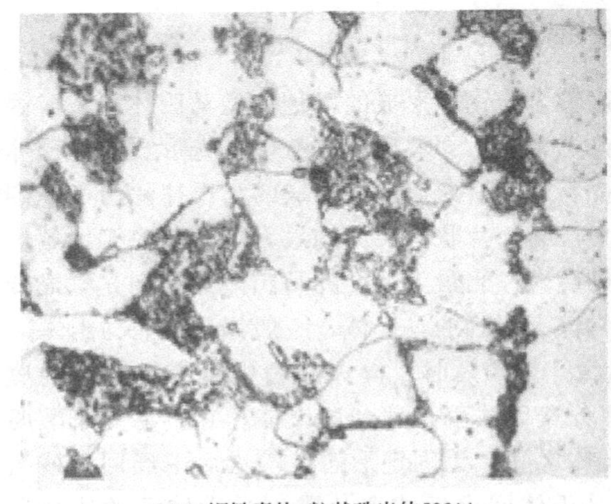

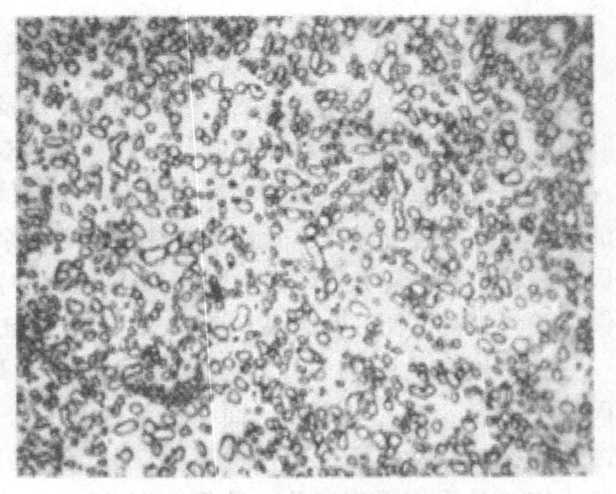

(a) 20钢铁素体+粒状珠光体500×　　(b) T10钢 粒状珠光体500×

图 56-9　球化退化组织

碳钢正火可得到索氏体组织。索氏体是铁素体和渗碳体的机械混合物，其片层间距比珠光体小，45 钢在正火条件下获得的组织为铁素体+索氏体，见图 56-10。

（1）碳钢淬火后的马氏体（M）组织　低碳钢淬火后得到的是板条状马氏体。图 56-11 为 16Mn 钢在 920℃水淬后得到的板条状马氏体。板条状马氏体不仅具有较高的强度，同时还具有良好的塑性、韧性等综合力学性能。

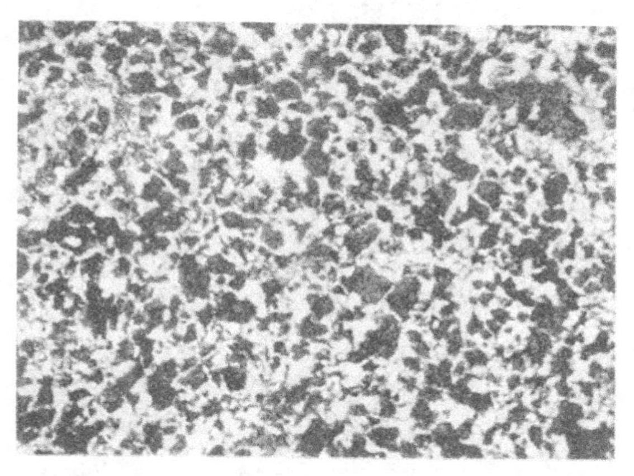

图 56-10　45 钢正火组织 100×（铁素体+索氏体）

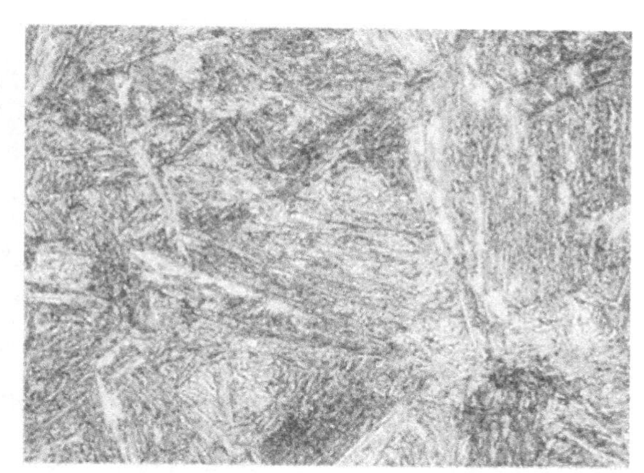

图 56-11　16Mn 钢淬火组织 500×（板条状马氏体）

中碳钢淬火后得到的是混合马氏体。图 56-12 为 45 钢 860℃水淬组织中混合马氏体（板条状马氏体+针状马氏体），其中板条状马氏体为主。图 56-13 为 45 钢 860℃油淬得到的托氏体+混合马氏体组织。当冷速较快时托氏体常沿原始奥氏体晶界析出，呈黑色网状包围着马氏体。图 56-14 为 45 钢 760℃水淬得到的未溶铁素体和马氏体组织，这种淬火称为不完全淬火。根据 $Fe\text{-}Fe_3C$ 相图可知，在这一温度下加热，部分铁素体未溶入奥氏体中，经淬火后未溶铁素体位于混合马氏体中。

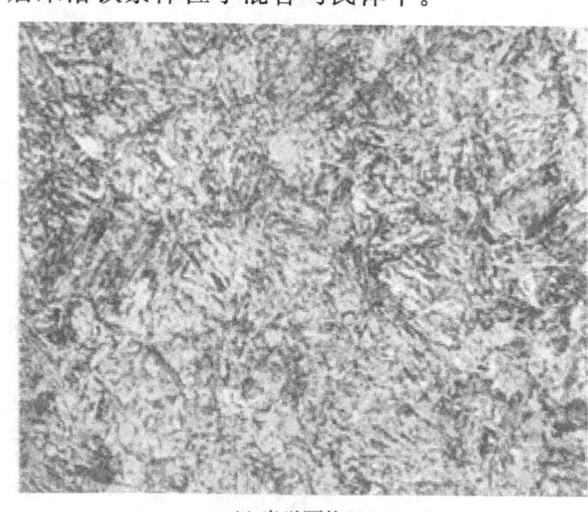

(a) 光学照片500×

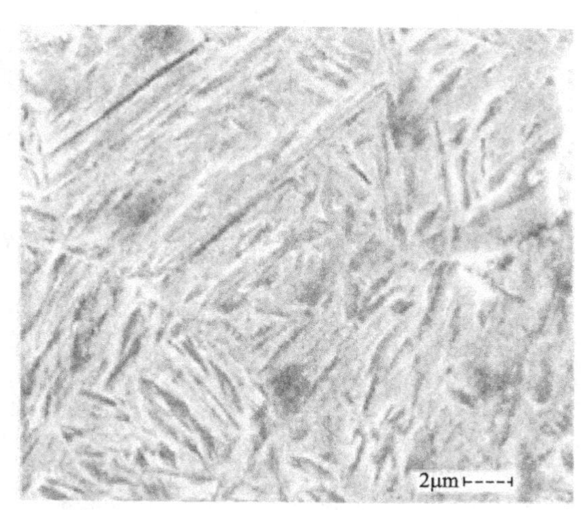

(b) 电镜照片

图 56-12　45 钢水淬组织（混合马氏体）

碳素工具钢淬火前通常是球化退火组织，经正常加热淬火后得到细小马氏体，通常称为隐晶马氏体。T10 钢 760℃淬火组织是隐晶马氏体、粒状碳化物及少量残余奥氏体，如图 56-15 所示。

含碳量大于 1%的高碳钢过热淬火后，得到针片状马氏体和残余奥氏体组织。例如试验中含碳 1.2%钢 1100℃水淬得到的组织是针片状马氏体+残余奥氏体淬火，如图 56-16 所示。

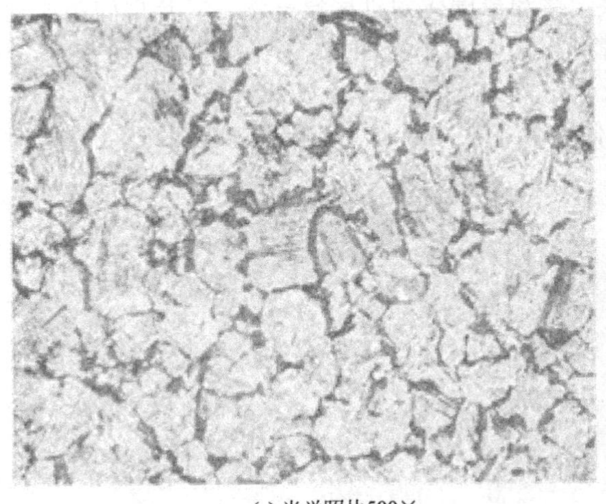

(a) 光学照片500×

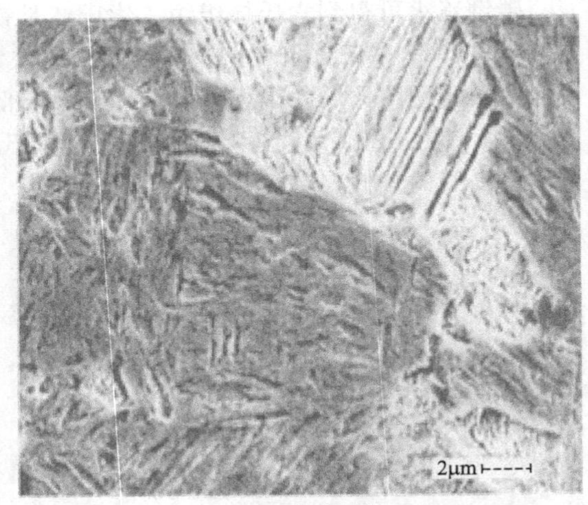

(b) 电镜照片

图 56-13　45 钢油淬组织（托氏体＋混合马氏体）

(a) 光学照片500×

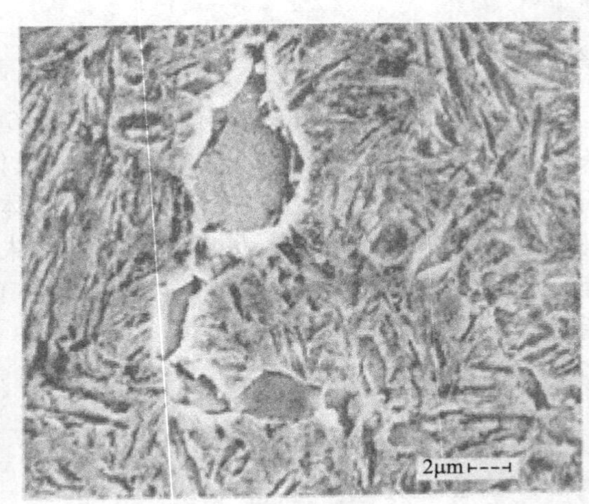

(b) 电镜照片

图 56-14　450 钢 760℃水淬组织（马氏体＋未溶铁素体）

图 56-15　T10 钢 760℃水淬组织 500×
（隐晶马氏体＋粒状碳化物＋少量残余奥氏体）

图 56-16　含碳 1.2％钢 1100℃水淬组织 500×
（针片状马氏体＋残余奥氏体）

（2）碳钢淬火后的回火组织　低温回火获得的回火马氏体仍然保持着原淬火状态马氏体的一些特征。在光学显微镜下，可观察到回火马氏体的显微组织基本与淬火马氏体相同，仅颜色较暗，呈暗黑色。

中温回火获得的回火托氏体组织由铁素体与弥散分布的极细粒状渗碳体组成。这些极细的粒状渗碳体在显微镜下无法分辨，呈暗黑色。回火托氏体具有中等硬度、高屈服强度、高弹性极限以及较好的韧性。图 56-17 为 45 钢 860℃水淬 400℃回火后得到的回火托氏体。

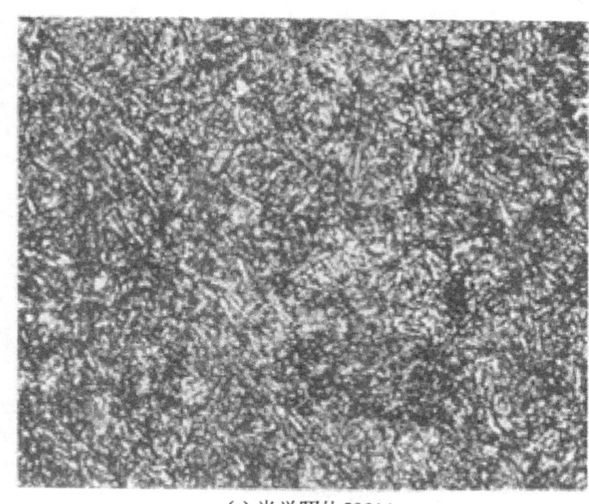
(a) 光学照片500×

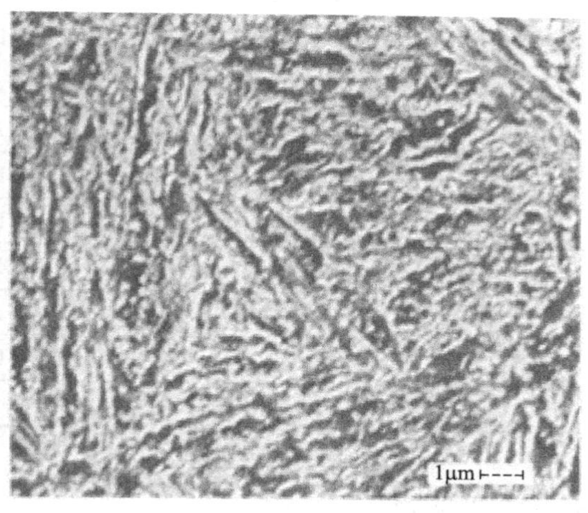

(b) 电镜照片

图 56-17　45 钢 860℃水淬 400℃回火（回火托氏体）

高温回火得到的回火索氏体由铁素体与细粒状渗碳体组成。在光学显微镜下放大 500 倍时，可以看到已经聚集了长大的渗碳体颗粒均匀分布在铁素体基体上。回火索氏体具有较低的硬度和良好的综合力学性能。图 56-18 为 45 钢 860℃水淬 600℃回火后得到的回火索氏体。

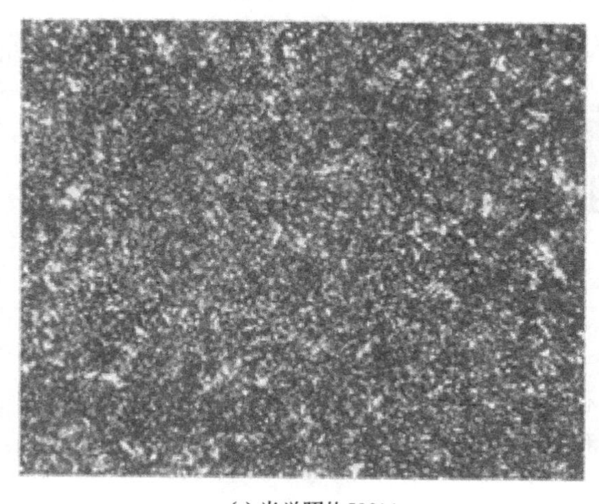
(a) 光学照片500×

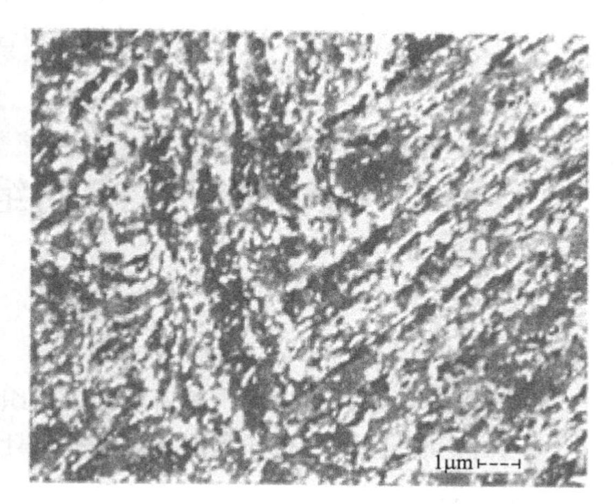

(b) 电镜照片

图 56-18　45 钢 860℃水淬 600℃回火（回火索氏体）

三、实验方法

1. 实验内容和步骤

（1）利用多媒体计算机演示碳钢处理后的各种组织，并分析其组织形态特征。

(2) 在显微镜下观察分析表56-1所示碳钢热处理后的组织，并画出组织示意图。

2. 实验设备和材料

多媒体计算机、金相显微镜、碳钢热处理后的金相试样及照片。

表56-1 碳钢热处理后的组织

序号	钢号	热处理工艺	显微组织	浸蚀剂
1	45钢	860℃正火	索氏体+铁素体	3%硝酸乙醇溶液
2	45钢	860℃水淬	混合马氏体	
3	45钢	860℃油淬	托氏体+混合马氏体	
4	45钢	760℃水淬	未溶铁素体+马氏体	
5	45钢	860℃水淬，400℃回火	回火托氏体	
6	45钢	860℃水淬，600℃回火	回火索氏体	
7	T12	球化退火	球化珠光体	
8	T12	760℃水淬	隐晶马氏体+粒状碳化物+少量残余奥氏体	
9	16Mn	920℃水淬	板条马氏体	
10	1.3%C	1100℃水淬	针片状马氏体+残余奥氏体	

四、实验报告

1. 明确实验目的。

2. 画出所观察的显微组织示意图，标明材料名称、状态、组织、放大倍数、浸蚀剂，并将组织成物名称以箭头标明。

五、思考题

1. 引起45钢淬火硬度达不到要求的原因有哪些？通过金相组织观察能否做出判断？

2. T10 760℃水淬与860℃水淬的组织与性能有什么区别？

实验五十七

球化退火工艺对组织和硬度的影响

一、实验目的

1. 掌握碳钢的预先热处理工艺。

2. 比较不同的球化退火工艺所得到的组织和性能的差别。

3. 熟悉热处理炉的操作、热处理路线设计和分析。

二、实验原理

常见的预先热处理工艺有退火和正火。退火的种类较多，分为扩散退火、完全退火、不完全退火、球化退火、再结晶退火、去应力退火等。

过共析钢的预先热处理一般采用球化退火，加热温度为A_{c1}以上20～30℃，一定时间保温后缓慢冷却，获得球状珠光体。对于淬透性高的钢，为缩短球化时间，可降温至A_{r1}以下进行等温退火。过共析钢球化退火前为消除渗碳体网或为细化珠光体片，要预先进行正火处理。球化退火的目的是降低硬度，改善切削加工性能；获得均匀的组织，防止后续淬火时发生变形和开裂，为淬火做好组织准备；经最终热处理后可获得良好的综合力学性能。

球化退火有三种工艺方案：低温球化退火，往复球化退火，一次球化退火。常用的是一次球化退火（普通球化退火），即过共析钢的不完全退火。

三、主要设备和材料

主要仪器：箱式电阻炉、金相预磨机、抛光机、金相显微镜、布氏硬度计。

耗材：T12、金相砂纸、抛光布、抛光粉、硝酸、乙醇。

四、实验内容及步骤

1. 共分成 4 个小组，每组分别选择一种球化退火工艺（普通球化退火或等温球化退火），并领取 2 个 T12 试样。

2. 先对 2 个试样进行正火，再进行相应的球化退火，参数自定。球化退火保温时间一般为 0.5～1h/10mm，等温退火的等温时间约为其 1.5 倍。

钢材加热、冷却临界温度见表 57-1。

表 57-1　钢材加热、冷却临界温度　　单位：℃

钢号	A_{c1}	A_{c3}	A_{r1}
T12	730	820	700

加热时间经验公式

$$\tau = aKD \tag{57-1}$$

式中，a 为加热系数，表示工件单位厚度所需的保温时间，一般 $a=1\sim1.5$min/mm（合金钢系数较高）；K 为装炉量修正系数；D 为工件的有效厚度，mm。

3. 热处理完成后，一个试样用于磨制金相试样，观察金相组织，另一个试样用于测试硬度值（测试三个不同部位的硬度），结果填入表 57-2。

表 57-2　数据统计表

钢号	热处理工艺	加热温度/℃	保温时间/min	冷却方式	金相组织	硬度值 1	硬度值 2	硬度值 3	平均硬度	热处理前硬度
T12	普通球化退火									
T12	等温球化退火									

五、数据处理与分析

1. 共享数据，记录不同的球化退火工艺参数。
2. 观察金相组织，比较不同球化退火工艺获得的碳化物颗粒大小和分布情况。
3. 将不同球化退火工艺的硬度值进行比较。

六、实验注意事项

1. 安全操作，禁止在无防护的情况下进行热处理操作。
2. 同小组的同学要分工合作，各负其责。
3. 测定硬度前，用砂纸将试样表面磨光，再进行硬度测试。

七、思考题

1. 比较这两种球化退火工艺的适用情况和异同点。

2. 高碳钢的预先热处理工艺应如何选择？为什么？

实验五十八 齿轮零件材料热处理

一、实验目的

1. 了解汽车变速箱齿轮的材料和热处理工艺。

2. 根据不同的工作条件选择不同的热处理工艺。

二、实验内容

1. 对不同的材料进行不同的热处理。

2. 利用硬度计测试热处理前、后材料的硬度，观察热处理后的金相组织。

三、实验设备和材料

实验设备和仪器：箱式电阻炉、高频感应加热炉、布氏硬度计、洛氏硬度计、金相预磨机、抛光机、金相显微镜。

实验材料：45 钢、40Cr、20CrMnTi、渗碳剂、金相砂纸、抛光布、抛光粉、硝酸、乙醇。

四、实验原理

汽车变速箱齿轮由于传递扭矩，齿根部分承受较大的弯曲应力，齿面承受较大的接触应力，并承受强烈的摩擦。在进行换挡时，轮齿还要受到冲击。其破坏形式为齿根断裂、齿面塑性变形和磨损、冲击断裂。常用的齿轮材料有优质碳素钢、合金结构钢、铸钢、球墨铸铁、非金属。常用的热处理方法主要有正火、调质、表面淬火、渗碳、渗氮等。

1. 正火

正火可细化晶粒，消除应力，改善力学性能和切削性能。正火一般用于优质碳素钢，如 35 钢、45 钢和 50 钢。正火处理后齿面硬度一般为 150～220HBS。强度要求不高的齿轮可采用中碳钢进行正火，直径较大时可采用铸钢进行正火。

2. 调质

调质即淬火后进行高温回火，一般用于中碳钢和中碳合金钢，如 45 钢、40Cr、35SiMn、40MnB 等。调质处理后齿面硬度一般为 220～280HBS，综合力学性能较好。

3. 表面淬火

表面淬火通常采用电磁感应等高功率密度的加热方式达到表面高硬度、高耐磨而心部塑性和韧性较好的目的。表面淬火常用于中碳钢和中碳合金钢，如 45 钢、40Cr、35SiMn、40MnB 等。表面淬火后齿面硬度可达 40～55HRC，具有较高的抗疲劳点蚀、抗胶合能力和耐磨性，同时也能承受不大的冲击载荷。

4. 渗碳

渗碳是常用的一种化学热处理方法，零件表面高碳、心部保持原始低碳成分，使其表面高硬度、高耐磨性、高强度与心部较好塑性和韧性相配合的良好性能。渗碳常用于低碳钢和低碳合金钢，如 20 钢、20Cr、20CrMnTi 等。渗碳淬火后齿面硬度可达 56～62HRC，同时具有较高的耐磨性、接触疲劳强度和弯曲疲劳强度，常用于受冲击载荷的齿轮。

5. 渗氮

渗氮硬度高于渗碳，且无需后续的热处理。由于渗氮工艺温度低而零件的变形小，故适用于内齿轮和难以磨削的齿轮。渗氮常用于含 Al、Cr、Mo 等合金元素的钢，如 38CrMoAl、35CrMo、42CrMo、40CrNiMo 等。渗氮后硬度高达 65～72HRC，但由于渗氮层很薄，不能承受太大的接触应力。

五、实验步骤及方法

1. 各班分成 3 个小组，每组选择一种材料和一种工艺（正火、感应加热淬火、渗碳）。
2. 根据表 58-1 的临界温度点和材料的有效厚度，确定加热温度和保温时间。

表 58-1　临界温度

单位：℃

钢号	A_{c1}	A_{c3}	A_{r1}
45 钢	725	775	690
40Cr	735	780	700
20CrMnTi	730	820	690

3. 对于正火工艺可采用随炉升温，感应加热温度主要是通过时间来进行控制，对于渗碳工艺，渗碳箱采用耐火泥封好，并采用预热加热方式，在 820℃均温一段时间，再缓慢升温至所需的渗碳温度。

4. 正火或淬火后，磨制金相试样，观察金相组织，并测试硬度值（测试三个不同部位的硬度），结果填入表 58-2。

表 58-2　热处理工艺参数及组织性能

钢号	热处理工艺	加热温度/℃	保温时间/min	冷却方式	金相组织	硬度值 1	硬度值 2	硬度值 3	平均硬度	热处理前硬度
45 钢										
40Cr										
20CrMnTi										

六、实验注意事项

1. 安全操作，禁止在无防护的情况下进行热处理操作。
2. 同小组的同学要分工合作，各负其责。
3. 测定硬度前，用砂纸将试样表面磨光，再进行硬度测试。

七、实验报告要求

1. 将测得的硬度值记入实验报告中，将所观察到的金相组织进行拍照，打印放于实验报告中。
2. 比较热处理前、后的组织和硬度，并作分析。

八、思考题

1. 如何根据不同的使用条件选择不同的材料和热处理工艺？
2. 同一种材料进行正火、调质、表面淬火、渗碳等工艺，其性能有什么区别？

实验五十九 轴承类零件材料热处理

一、实验目的

1. 了解轴承用钢及其热处理工艺选择。
2. 根据不同的工作条件选择不同的热处理工艺。

二、实验内容

1. 对不同的轴承用钢进行不同的热处理。
2. 观察热处理后的金相组织，并测试热处理前、后的硬度。

三、实验设备和材料

实验设备和仪器：箱式电阻炉、洛氏硬度计、金相预磨机、抛光机、金相显微镜。

实验材料：GCr15、G20Cr2Ni4A、渗碳剂、金相砂纸、抛光布、抛光粉、硝酸、乙醇。

四、实验原理

轴承的种类很多，其中应用最广的是滚动轴承，一般包括内圈、外圈、滚动体和保持架四个部分。滚动轴承多数在高负载下运行，套圈滚道与滚动体的接触面上承受交变的接触应力和冲击力，接触应力可达几千兆帕，产生疲劳剥落；同时滚动体与套圈之间还会产生摩擦磨损，并承受一定的冲击。故要求滚动轴承钢具有高的硬度、耐磨性、接触疲劳强度和较好的冲击韧性，同时也要求有一定的尺寸稳定性。

常用的滚动轴承钢有 GCr4、GCr15、GCr15SiMn、GCr15SiMo、G20Cr2Ni4A、20Cr、20CrMnTi 等。

轴承钢常用的预先热处理工艺有退火和正火，包括：

(1) 去应力退火　目的是消除切削加工或冲压产生的残余应力，其工艺是加热至 550～650℃，保温 3～5h 后炉冷。

(2) 再结晶退火　目的是消除冷轧、冲压时产生的加工硬化。加热温度 650～700℃，时间 2～8h，视装炉量情况而定。

(3) 球化退火　目的是获得最佳的加工性能，为后续热处理提供合适的原始组织。加热温度约为 800℃，保温时间 2～6h，可在冷至 710℃时进行等温退火 1～2h，出炉空冷。

轴承钢常用的最终热处理工艺有淬火、冷处理、回火、渗碳（仅对渗碳钢）。

(1) 淬火　根据钢的成分、临界点、原始组织和淬火冷却方式确定淬火加热温度，一般在 840℃附近。

(2) 冷处理　为减少淬火组织中的残余奥氏体量，提高零件的尺寸稳定性，在淬火后立即进行冷处理（形状复杂件可在冷处理前进行低温短时的预回火），一般的轴承件进行

−20℃冷处理，而精度较高的可在−78℃进行冷处理，时间为1～1.5h。

(3) 回火　为稳定轴承的尺寸和性能，在比工作温度高50～100℃的温度下进行回火。

(4) 渗碳　采用渗碳钢进行渗碳可以获得表面高硬度、高耐磨性、高疲劳强度与心部好的冲击韧性相结合的性能，可以承受较大的载荷和冲击。渗碳的温度一般在930℃附近。渗碳后可选择三种热处理工艺方法：直接淬火、一次加热淬火、两次淬火。淬火加热温度根据性能要求选择在A_{c3}以上或者以下。对于高合金的渗碳钢来说，渗碳后、淬火加热前应先进行一次高温回火，不仅可以获得较好的切削加工性能以利于淬火前的机加工，而且可以减小基体中的含碳量，使最终淬火之后获得较低的残余奥氏体量。

五、实验步骤及方法

1. 各班分成4个小组，每组选择一种材料和一种工艺（淬火、渗碳缓冷＋高温回火＋淬火），其中G20Cr2Ni4A的渗碳可在上次的齿轮材料实验中一并渗碳，并已进行高温回火。

2. 根据表59-1中的临界温度和材料的有效厚度，确定淬火的加热温度和保温时间。

表59-1　热处理工艺参数及组织性能

钢号	热处理工艺	加热温度/℃	保温时间/min	冷却方式	金相组织	硬度值1	硬度值2	硬度值3	平均硬度	热处理前硬度
GCr15										
G20Cr2Ni4A										

3. 淬火后，磨制金相试样，观察金相组织，并测试硬度值（测试三个不同部位的硬度），结果填入表59-2。

表59-2　临界温度　　单位：℃

钢号	A_{c1}	A_{c3}	A_{r1}
GCr15	745	900	700
G20Cr2Ni4A	710	800	640

六、实验注意事项

1. 安全操作，禁止在无防护的情况下进行热处理操作。
2. 同小组的同学要分工合作，各负其责。
3. 测定硬度前，用砂纸将试样表面磨光，再进行硬度测试。

七、实验报告要求

1. 将测得的硬度值记入实验报告中，将所观察到的金相组织进行拍照，打印放于实验报告中。

2. 比较不同的材料进行不同热处理后的组织和硬度，并作分析。

八、思考题

1. 如何根据不同的使用条件选择不同的轴承用钢和热处理工艺？
2. 渗碳后的淬火工艺如何选择？不同工艺的加热温度及获得的性能有什么区别？

实验六十 弹簧材料热处理

一、实验目的

1. 了解弹簧用钢及其热处理工艺选择。
2. 根据不同的工作条件选择不同的热处理工艺。

二、实验内容

1. 对不同的弹簧钢采用不同温度进行淬火和回火。
2. 对淬火后的金相组织进行观察，并对热处理前、后的硬度进行测定。

三、实验设备和材料

实验设备和仪器：箱式电阻炉、洛氏硬度计、金相预磨机、抛光机、金相显微镜。

实验材料：65 钢、60Si2Mn、金相砂纸、抛光布、抛光粉、硝酸、乙醇。

四、实验原理

弹簧钢用于制造弹簧和其他弹性零件。弹簧主要在动载荷下工作，承受振动、冲击和交变应力，利用弹性形变来吸收冲击能量，从而起到缓冲作用。故弹簧钢要求有高的弹性极限和疲劳强度，并且有足够的韧性和塑性。在热处理工艺性能方面，弹簧钢要求有较好的淬透性和低的过热、脱碳敏感性。因此弹簧钢通常具有较高的碳含量，如碳素弹簧钢碳含量在0.6%～0.9%，而合金弹簧钢碳含量在0.5%～0.75%。碳素弹簧钢由于淬透性较差，一般只用于制造截面尺寸小于15mm的弹簧，而较大的弹簧必须采用合金弹簧钢。合金弹簧钢主加元素有Si、Mn、Cr等，用于提高淬透性和耐回火性，强化铁素体，其中Si的作用最大，但在其加入量大时有石墨化和脱碳倾向。加入碳化物形成元素W、Mo、V等作为辅加元素，可进一步增加淬透性，细化晶粒，提高耐热性，并防止过热和脱碳，其中W和Mo还能防止第二类回火脆性。

常用的弹簧钢有65钢、75钢、85钢、65Mn、60Si2Mn、60Si2CrV、65Si2MnW、50CrMn、50CrV、55SiMnVB等。

弹簧钢的预先热处理工艺有退火和正火两种，对于同种材料而言，正火的温度比退火温度稍高。其中65钢的退火温度为680～700℃，60Si2Mn为750℃，而其他的碳素或合金弹簧钢则大多都在800℃或以上进行退火。

冷成形弹簧一般是用冷轧钢板、钢带或冷拉钢丝进行冷卷成形，材料的强化来自于塑性变形，故弹簧冷成形后已能获得所需的性能，只需在低温进行去应力退火（250～350℃，30min）即可。

热成形弹簧可将热卷成形和最终热处理结合在一起进行，或在冷卷成形后再热处理。热成形弹簧的热处理主要是淬火＋中温回火，得到的组织为回火索氏体，具有高的弹性极限、疲劳极限和良好的强度、韧性。淬火加热温度通常在A_{c3}或A_{c1}以上30～50℃，加热过程最好在盐浴炉或气氛保护炉中进行，螺旋弹簧应穿棒水平放置，防止变形。对于碳素弹簧钢和合金量较少的合金弹簧钢，淬火温度在780～820℃范围，而其他合金弹簧钢淬火温度都在840～880℃。淬火介质通常为水或油。回火温度在350～450℃时弹性极限最高，在450～

500℃回火可得到最高的疲劳极限。

为了减小弹簧的畸变，避免开裂，可采用分级淬火或等温淬火，其中等温淬火的等温温度在300℃左右，时间一般是15～20min。

五、实验步骤及方法

1. 各班分成4个小组，每组选择一种材料。

2. 根据表60-1中的临界温度和试样的有效厚度，确定淬火与回火的加热温度和保温时间。

表60-1　临界温度　　单位：℃

钢号	A_{c1}	A_{c3}	A_{r1}
65钢	725	750	690
60Si2Mn	755	810	700

3. 进行淬火和回火操作。

4. 淬火后，磨制金相试样，观察金相组织，并测试硬度值（测试三个不同部位的硬度），结果填入表60-2。

表60-2　热处理工艺参数及组织性能

钢号	热处理工艺	加热温度/℃	保温时间/min	冷却方式	金相组织	硬度值1	硬度值2	硬度值3	平均硬度	热处理前硬度
65钢										
60Si2Mn										

六、实验注意事项

1. 安全操作，禁止在无防护的情况下进行热处理操作。

2. 同小组的同学要分工合作，各负其责。

3. 测定硬度前，用砂纸将试样表面磨光，再进行硬度测试。

七、实验报告要求

1. 将测得的硬度值记入实验报告中，将所观察到的金相组织进行拍照，打印放于实验报告中。

2. 比较不同的材料进行淬火热处理后的组织和硬度，并作分析。

八、思考题

1. 对于同种弹簧钢，如何根据弹簧不同的性能要求选择不同的淬火温度和回火温度？

2. 同种弹簧钢进行不同温度的回火，会造成怎样的组织和性能变化？

实验六十一　刀具材料热处理

一、实验目的

1. 了解高速钢的成分与热处理工艺特点。

2. 根据高速钢不同的工作条件选择不同的淬火温度。

二、实验内容

1. 对高速钢进行较低和较高温度的淬火处理。
2. 观察淬火态金相组织，并测试热处理前后的硬度。

三、实验设备和材料

实验设备和仪器：盐浴炉、洛氏硬度计、金相预磨机、抛光机、金相显微镜。

实验材料：W6Mo5Cr4V2、W18Cr4V、金相砂纸、抛光布、抛光粉、硝酸、乙醇。

四、实验原理

刀具进行材料切削时，承受高温下的剧烈摩擦，在断续切削时，还承受冲击和振动，因此刀具材料应有高的硬度和耐磨性、足够的强度和韧性、高的耐热性。硬度和耐磨性越高，冲击韧性越低，因此应根据所用的工艺类型来保证主要需求的性能。而耐热性一般是用高温硬度或耐热温度来衡量，耐热性越好，切削速度越高。

刀具材料应具有较好的热处理工艺性，淬火变形小、淬透性高、不易脱碳等；且要具有良好的导热性和抗热冲击性能，热膨胀系数较小，减小热应力的产生。

目前主要的刀具材料分为4类：工具钢（包括碳素工具钢、合金工具钢、高速钢），硬质合金，陶瓷，超硬刀具材料，使用最多的是高速钢刀具和硬质合金刀具。四种刀具材料的硬度分别为60～70HRC，89～93HRA，91～95HRA，8000～10000HV；耐热温度分别为200～700℃，800～1100℃，1100～1300℃，1400～1500℃（金刚石刀具只有700～800℃）。因此，工具钢由于耐热性差，但抗弯强度高、便宜以及焊接性和刃磨性好，广泛用于中低速切削；硬质合金耐热性好，切削效率高，但强度、韧性以及焊接性、刃磨性稍差，一般用于高效切削刀具。

对于钢制刀具，高速钢刀具的用量较大。高速钢刀具材料主要分为三类：低合金高速工具钢、普通高速工具钢、高性能高速工具钢。代表材料分别有：W4Mo3Cr4VSi，W6Mo5Cr4V2，W18Cr4V等。

高速工具钢的预先热处理有退火和调质。

（1）退火　退火可以消除其在热加工空冷过程中形成的马氏体等非平衡组织及产生的应力，使硬度降低到255HB，利于后续的切削加工。退火后得到细粒状的索氏体，碳化物颗粒大小适中，均匀分布在铁素体基体上，为后续热处理做组织准备。退火常用工艺为升温至840～860℃，保温2h，以20～30℃/h的速度炉冷至600℃以下进行空冷；或炉冷至740～760℃进行等温退火，保温2～4h，然后炉冷至600℃以下进行空冷。

（2）调质　调质对于结构钢而言指的是淬火加高温回火。而对于高速钢而言，是指在退火态下粗加工之后、精加工之前，为了提高零件的硬度，将退火后的硬度207～255HB提高到33～42HRC，改善精加工时的表面粗糙度，从而满足刀具的表面要求。一般是将高速钢重新加热到A_{c1}以上（880～900℃），细化碳化物颗粒，并改善组织均匀性。回火温度采用680～700℃，通过调节温度和保温时间来调整硬度。

高速工具钢的最终热处理有淬火和回火。

（1）淬火　高速钢中含有大量的合金碳化物，故其淬火加热温度在1200℃以上，如此高的温度需要对导热性差的高速钢进行预热，防止在热应力作用下零件产生变形和开裂，也避免在1200℃以上长时间保温导致脱碳或过热。高速钢一般采用两次预热。第一次预热温度在550～620℃，其中盐浴炉的温度比空气炉高约50℃，保温时间则较短（0.8～1min/mm）。第二次预热需在盐浴炉中进行，840～860℃，1～2min/mm。必要时还需进行1050～1100℃的第三次预热。对于两种最常用的高速钢W6Mo5Cr4V2和W18Cr4V，淬火加热温度分别为1200～1240℃和1200～1300℃，保温时间为12～15s/mm（温度较低时可），其中用于薄刃、复杂刀具时采用较低的加热温度，而简单刀具则采用稍高的加热温度。对切削载荷不大，冲击较小，切削量较大的刀具，应选择较高的淬火温度，以保证耐热性。而对重载荷、冲击较大的间断切削工具，应选择较低的淬火温度，以保证一定的韧性。

淬火冷却方式分为四种类型：

1）空冷：适用于直径3～5mm以下的刀具，空冷易造成氧化腐蚀，产生麻点。

2）油冷：油冷至300～400℃后空冷，适用于尺寸较大、形状简单、变形要求不太严格的刀具。

3）分级淬火：580～620℃、350～400℃、240～280℃等温度区域可作为分级淬火的分级温度点，可进行一次分级淬火、二次分级淬火、多次分级淬火（在800～820℃增加一次分级）。

4）等温淬火：在二次分级冷却后，在240～280℃硝盐炉内等温2～4h，空冷，至100℃时及时回火。

（2）回火　高速钢淬火后有大量的残余奥氏体，为了获得最高的回火硬度、充分分解残余奥氏体和消除内应力，必须在560℃进行3次回火，每次1h，空冷，使残余奥氏体量下降到2%左右，硬度达到65HRC左右。对于大直径刀具和等温淬火刀具，还应增加回火次数。

五、实验步骤及方法

1. 各班分成4个小组，每组选择一种材料。

2. 根据每组选择的材料和试样的有效厚度，确定淬火的加热温度和保温时间（每种材料均采用加热温度范围内较低和较高的两个温度点）。

3. 保温结束后进行油冷。

4. 磨制淬火态金相试样，观察金相组织，并测试硬度值（测试三个不同部位的硬度），结果填入表61-1。

表61-1　热处理工艺参数及组织性能

钢号	热处理工艺	加热温度/℃	保温时间/min	冷却方式	金相组织	硬度值1	硬度值2	硬度值3	平均硬度	热处理前硬度
W6Mo5Cr4V2										
W18Cr4V										

六、实验注意事项

1. 安全操作，禁止在无防护的情况下进行热处理操作。

2. 同小组的同学要分工合作，各负其责。

3. 测定硬度前，用砂纸将试样表面磨光，再进行硬度测试。

七、实验报告要求

1. 将测得的硬度值记入实验报告中，将所观察到的金相组织进行拍照，打印放于实验报告中。

2. 比较相同材料不同温度淬火后的硬度，并分析原因。

3. 比较不同材料进行淬火热处理后的组织和硬度，并作分析。

八、思考题

1. 对于同种高速钢，如何根据不同的使用要求选择不同的淬火温度？

2. 高速钢在淬火之后一般要进行至少 3 次的高温回火，其机理是什么？

实验六十二 铸铁热处理

一、实验目的

1. 了解铸铁的分类、组织与热处理工艺特点。

2. 根据灰铸铁和球墨铸铁的不同成分选择不同的温度进行热处理。

二、实验内容

1. 对不同的铸铁材料进行低温石墨化退火处理。

2. 观察退火处理后的金相组织，并测试退火前后的硬度值。

三、实验设备和材料

实验设备和仪器：箱式电阻炉、布氏硬度计、金相预磨机、抛光机、金相显微镜。

实验材料：HT200、QT400-17、金相砂纸、抛光布、抛光粉、硝酸、乙醇。

四、实验原理

铸铁是指含碳量大于 2.1%的铁碳合金，同时还具有 Si、Mn 等其他元素，碳当量一般控制在 4%左右，共晶度接近于 1。铸铁价廉，有优良的铸造性能、切削加工性能、消振性，缺口敏感性低，减摩、耐磨性好，但与钢相比，强度、塑性、韧性较低。铸铁件的应用仅次于钢，铸铁件的质量占了机械总质量的 45%～90%。

铸铁中的碳有三种存在形式：间隙固溶于奥氏体和铁素体中的碳；渗碳体中的碳；游离态石墨。其中大多数的碳以石墨形式存在。按碳的不同存在形式，铸铁可以分为白口铸铁、灰铸铁、球墨铸铁、蠕墨铸铁、可锻铸铁等。其中灰铸铁和球墨铸铁的应用是最广的。

铸铁的基体主要是三种：铁素体、铁素体＋珠光体、珠光体。这主要取决于共析温度以下的冷却速度。

（一）灰铸铁的热处理

1. 退火

（1）去应力退火　消除铸件的残余应力，稳定形状尺寸。一般温度为 550～650℃。

（2）石墨化退火　当铸件中不存在共晶渗碳体或数量不多时，可进行低温石墨化退火，其温度位于 A_{c1}下限～A_{c1}上限之间（650～700℃），使共析渗碳体石墨化和球化，降低硬度，提高塑性和韧性，退火组织为铁素体＋石墨或铁素体＋珠光体＋石墨，而无游离渗碳体。当铸件中存在较多的共晶渗碳体时，需要进行高温石墨化退火，其温度位于 A_{c1}上限以上 50～100℃（900～960℃），以消除自由渗碳体，降低硬度，提高塑性和韧性，改善加工性。

2. 正火

提高硬度、强度和耐磨性，或为表面淬火做组织准备。其温度为 A_{c1} 上限以上 30～50℃，一般为 850～900℃。如果原始组织有过量的自由渗碳体，则需先进行高温石墨化退火。正火温度越高，硬度越高；正火冷却速度越快，基体中的珠光体量越多，硬度越高。

3. 淬火和回火

提高铸件的硬度、强度和耐磨性。淬火前的组织中珠光体量至少在 65%以上，石墨细小而均匀分布。淬火加热温度为 A_{c1} 上限以上 30～50℃，一般为 850～900℃，保温时间 1～4h，采用油冷，淬火组织为马氏体＋石墨。回火温度 500～600℃（高温回火，回火索氏体＋石墨），350～400℃（中温回火，回火屈氏体＋石墨），400～500℃（回火索氏体＋回火屈氏体＋石墨），保温时间 1h/25mm。

也可冷却至 280～320℃进行等温淬火，获得下贝氏体组织＋少量残余奥氏体＋石墨，以减小变形、提高铸件的综合性能。或在 205～260℃分级淬火，获得马氏体＋石墨组织，以减小淬火变形程度。等温淬火后可不进行回火，分级淬火后的回火温度较低 205～260℃，保温 2h，适用于形状复杂的铸件。

（二）球墨铸铁的热处理

1. 退火

（1）去应力退火　一般加热温度为 530～620℃。

（2）石墨化退火　当自由渗碳体和磷共晶总体积分数小于 3%，则采用低温石墨化退火（720～760℃），使共析渗碳体石墨化和球化，改善韧性。当自由渗碳体和磷共晶总体积分数大于 3%，则采用高温石墨化退火，温度为 A_{c1} 上限以上 30～50℃（900～960℃）；如果总体积分数超过 5%，则温度为 950～960℃；当复合磷共晶的量较多时，温度可达 1000～1020℃。

2. 正火

高温完全奥氏体化正火：A_{c1} 上限以上 30～50℃，一般为 900～940℃，复杂铸件正火后需进行 550～650℃回火，保温 2～4h。组织为珠光体＋少量铁素体（牛眼状）＋球状石墨。

中温部分奥氏体化正火：A_{c1} 下限以上 30～50℃（800～860℃），复杂铸件正火后需进行 520～560℃回火，保温 1～3h。组织为珠光体＋碎块状（或条块状）铁素体＋球状石墨。

3. 淬火和回火

淬火加热温度一般为 860～900℃，保温时间 1～4h。在保证完全奥氏体化的前提下，尽量采用较低的温度，使淬火后获得含碳量较低的细小针状马氏体。可以利用高温石墨化退火的余温进行淬火。球墨铸铁同样可以进行等温淬火，温度为 250～380℃，等温 0.5～1.5h。

淬火可进行低温回火（140～250℃）、中温回火（350～500℃）、高温回火（500～600℃），分别获得回火索氏体、回火屈氏体、回火马氏体组织＋球状石墨。等温淬火后进行低温回火。

五、实验步骤及方法

1. 各班分成 4 个小组，每组选择一种材料。

2. 根据每组选择的材料和试样的有效厚度，确定低温石墨化退火的加热温度和保温时间（相同的材料分别取两个不同的加热温度）。

3. 以 20～40℃/h 的冷却速度，冷却到 150～200℃以下出炉空冷。

4. 磨制退火态金相试样，观察金相组织，并测试硬度值（测试三个不同部位的硬度），结果填入表 62-1。

表 62-1 热处理工艺参数及组织性能

钢号	热处理工艺	加热温度/℃	保温时间/min	冷却方式	金相组织	硬度值 1	硬度值 2	硬度值 3	平均硬度	热处理前硬度
HT200										
QT400-17										

六、实验注意事项

1. 安全操作，禁止在无防护的情况下进行热处理操作。
2. 同小组的同学要分工合作，各负其责。
3. 测定硬度前，用砂纸将试样表面磨光，再进行硬度测试。

七、实验报告要求

1. 将测得的硬度值记入实验报告中，将所观察到的金相组织进行拍照，打印放于实验报告中。
2. 比较相同材料不同温度低温石墨化退火后的硬度，并分析原因。
3. 比较不同材料进行低温石墨化退火后的组织和硬度，并作分析。

八、思考题

1. 对于同种铸铁材料，如何根据不同的原始组织和性能要求选择不同的石墨化退火温度？
2. 为什么一般情况下球墨铸铁的力学性能都要好于灰铸铁？

参 考 文 献

[1] 樊新民，黄洁雯．热处理工艺与实践［M］．北京：机械工业出版社，2011.
[2] 夏立芳．金属热处理工艺学［M］．哈尔滨：哈尔滨工业大学出版社，2008.
[3] 崔忠圻，覃耀春．金属学与热处理［M］．北京：机械工业出版社，2007.

第五部分

金属材料设计性与综合性实验

实验六十三

钢中奥氏体晶粒的显示和晶粒度测定

一、实验目的及意义

1. 熟悉钢的奥氏体晶粒度的显示与测定的基本方法。
2. 熟悉钢在加热时，加热温度和保温时间对奥氏体晶粒大小的影响。
3. 凭借金相显微镜的实际观察与标准晶粒度级别图进行评定，测定钢的实际晶粒度。

二、概述

钢的热处理包括加热、保温和冷却。其中加热和保温是为了使钢的组织转变为奥氏体。奥氏体的晶粒大小对钢冷却后的性能有很大的影响。因此，确定合适的钢的加热工艺，严格控制奥氏体晶粒大小，对钢的质量有着积极的作用。

奥氏体晶粒度有三种概念：起始晶粒度、本质晶粒度和实际晶粒度。

起始晶粒度：当钢加热到临界点 A_{c1} 时，晶粒的尺寸急剧减小，珠光体向奥氏体转变刚一结束时的细黏奥氏体晶粒，通常叫起始晶粒度。

奥氏体本质晶粒度：当钢加热至 930℃和保温足够的时间所有的奥氏体晶粒大小。它表示钢的奥氏体晶粒在规定温度下长大的倾向。

实际晶粒度：在交货状态下钢的实际晶粒大小，及经不同热处理后，钢和零件所得到的实际晶粒大小。

金属及合金的晶粒大小与金属材料的力学性能、工艺性能及物理性能有密切的关系。细晶粒金属的材料的力学性能、工艺性能均比较好，它的冲击韧性和强度都较高，在热处理和淬火时不易变形和开裂。粗晶粒金属材料的力学性能和工艺性能都比较差，然而粗晶粒金属材料在某些特殊需要的情况下也会用到，如永磁合金铸件和燃汽轮机叶片希望得到按一定方向生长的粗大柱状晶，以改善其磁性能和耐热性能。硅钢片也希望具有一定位向的粗晶，以便在某一方向获得高导磁率。金属材料的晶粒大小与浇铸工艺、冷热加工变形程度和退火温度等有关。

晶粒尺寸的测定可用直测计算法。掌握了这种方法也可对其他组织单元长度进行测定，如铸铁中石墨颗粒的直径；脱碳层深度的测定等。

某些具有晶粒度评定标准的材料，可通过与标准图片对比进行评定。这种方法称为比较法。

三、奥氏体晶粒的显示方法与奥氏体晶粒度的测定

1. 奥氏体晶粒的显示

测定奥氏体实际晶粒度的方法，就是将钢加热到一定温度，保持一定的时间后，用各种方法保持奥氏体晶粒间界，并在室温下显示出来。根据 GB/T 6394 规定显示奥氏体晶粒大小的方法有以下几种，可根据不同的钢种选用相应的方法。

常用的显示奥氏体晶粒的方法有以下几种。

（1）渗碳法　适用于渗碳钢的本质晶粒度。

测定时试样需经特定规范的热处理，其方法是：将表面无氧化脱碳的渗碳钢试样在(930±10)℃下渗碳 6～8h 以上，然后随炉以 50℃/h 速度缓慢冷至 600℃以下，再空冷或缓冷至室温。必须保证获得 1mm 以上的渗碳层和获得过共析层。试样渗碳后以缓慢的速度冷却，在渗碳层的过共析层的奥氏体晶界上析出网状渗碳体，以此来显示奥氏体晶粒形貌。处理后试样表面层含碳量达到过共析成分，经磨制、抛光和浸蚀（浸蚀剂可用 4%硝酸乙醇溶液或 4%苦味酸乙醇溶液）后，即可得到珠光体＋网状渗碳体组织。虽然渗碳法适于测量渗碳钢的本质晶粒度，但在实践中沿晶界析出的碳化物网有时不连续，也有时会出现奇异的“大晶粒”或大晶粒套小晶粒的混合等问题，给正确确定奥氏体晶粒带来了不少困难。

（2）网状铁素体法　适用于测定亚共析钢的奥氏体晶粒。

其过程是将试样加热到（930±10)℃，保温 3h 后再根据钢种不同，选择适当的冷却方法（可直接水冷、油冷、空冷、炉冷或等温冷却等)，将试样冷却。试样处理后，用硝酸或苦味酸乙醇溶液腐蚀，以便显示出围拢在腐蚀变黑的组织（珠光体、贝氏体或马氏体）周围的网状铁素体；铁素体所环绕面积的尺寸即为原奥氏体晶粒的大小。

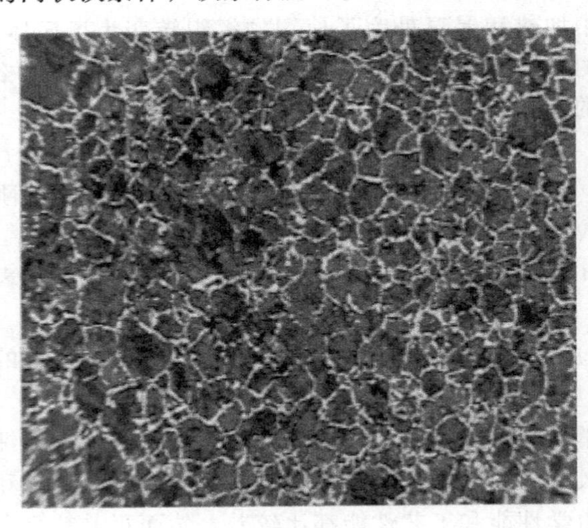

图 63-1　过共析钢的网状渗碳体（×100）

（3）网状珠光体法　适用于淬透性不大的碳钢和低合金钢。加热到指定温度，保温，一端淬入水中冷却，另一端空冷，在过渡带可看到屈氏体沿原奥氏体晶界析出，浸蚀后，屈氏体黑色网状，包围着马氏体组织，借此可显示奥氏体晶粒大小。

（4）网状渗碳体法　适用于含碳量大于 1.0%的过共析钢。

方法是：将试样在（820±10)℃（或特定的温度）下加热保温 30min 以上后以缓慢的速度冷却，在过共析钢的奥氏体晶界上析出网状渗碳体（图 63-1)，以此来显示奥氏体晶粒形貌。

（5）氧化法　适用于碳钢和合金钢。

方法是：将试样表面细磨、预抛光，然后将抛光面朝上置于热处理炉中，一般在（860±10)℃下加热 1h 后淬入冷水或盐水中。再根据表面氧化情况，将试样倾斜 10°～15°磨制，但不可把氧化皮全部磨掉，然后进行短时间抛光，浸蚀（4%苦味酸乙醇溶液)，可显示出氧化物沿晶界分布的奥氏体晶粒形貌。采用氧化法显示晶粒时，经常因氧化过重或磨掉深度过浅使奥氏体晶内的嵌镶块边界也与晶间一同被氧化后并显示，同时试样也容易受奥氏体化前

期低温氧化的影响，因此往往在试样表层遗留下细晶的假像。若加热时保护不当产生全脱碳区，也要出现假的大晶粒。

常用的腐蚀剂有：

① 饱和苦味酸水溶液。

② 10%苦味酸水溶液中加入 1～2mm 的盐酸。

2. 奥氏体晶粒度的测定

奥氏体晶粒度的测定有四种方法，比较法、面积法、弦计算法和直接计算法。

(1) 比较法　通过奥氏体实际晶粒大小与标准的评级图（100×）对比评定奥氏体晶粒度。该法简便、快速。GB/T 6394 规定了奥氏体晶粒的标准评级图（图 63-2），奥氏体标准晶粒度分为 8 级，1 级最粗，8 级最细。若用其他倍数时可用下式换算

$$N=N'+6.6439\lg\frac{M}{M_b} \tag{63-1}$$

试样上的晶粒经常是不均匀的，大晶粒或小晶粒如属个别现象可不予考虑，若不均匀现象较为普遍，则应计算不同大小晶粒在视场中各占百分比，如大多数晶粒度所占有的面积不小于视场的 90%，则只定一个晶粒度号数，来代表被测试样的晶粒度；否则试样的晶粒度应用两个或三个级别号数表示，前一个数字代表占优势的晶粒度。

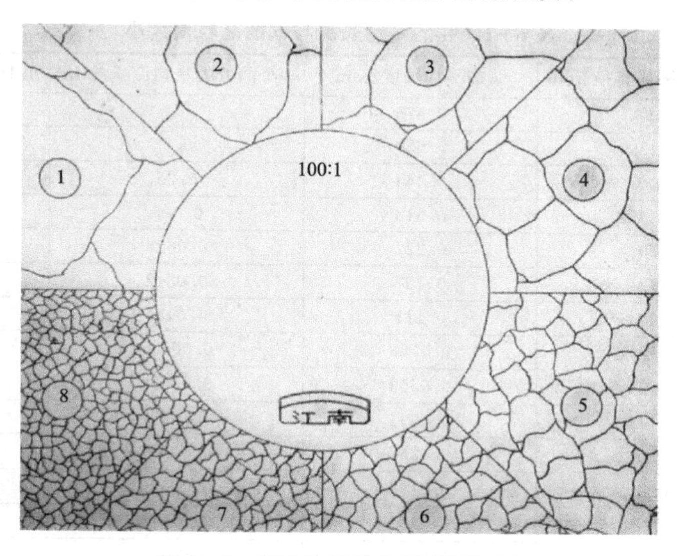

图 63-2　奥氏体晶粒的标准评级图

(2) 面积法　通过统计给定面积内晶粒数 n 评定奥氏体晶粒度 N。奥氏体晶粒度与晶粒数之间的关系如下

$$n=2N-1 \tag{63-2}$$

(3) 弦计算法　这种测量方法比较复杂，只有当测量的准确度要求较高或晶粒为椭圆形时才使用此种方法。测量等轴晶粒时，先对试样进行初步观察，以确定晶粒的均匀程度。然后选择具有代表性部位及显微镜的放大倍数。倍数的选择，以在 80mm 视野直径内不少于 50 个晶粒为限。之后将所选部位的组织投影到毛玻璃上，计算与毛玻璃上每一条直线交截的晶粒数目（与每条直线相交截的晶粒应不少于 50 个），也可在带有刻度的目镜上直接进行。测量时，直线端部未被完全相交截的晶粒应以一个晶粒计算。相同步骤的测量最少应在三个不同部位各进行一次。用相截的晶粒总数除以直线的总长度（实际长度，以 mm 计算），得出弦的平均长度（mm）。再根据弦的平均长度查表即可确定钢的晶粒度大小。

30CrMoTi 原始奥氏体晶粒见图 63-3，弦的平均长度与钢的晶粒度大小见表 63-1。

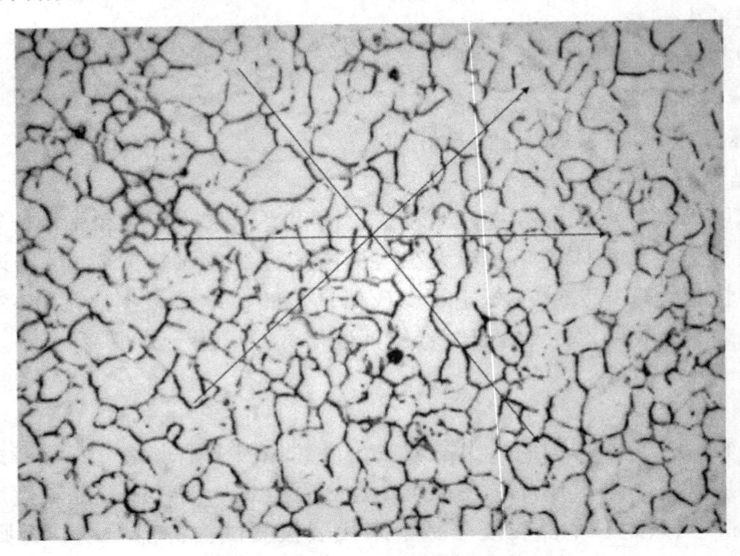

图 63-3　30CrMoTi 原始奥氏体晶粒

表 63-1　弦的平均长度与钢的晶粒度大小

粒度号	计算的晶粒平均直径/mm	弦的平均长度/mm	一个晶粒的平均面积/mm^2	在 1mm^3 内晶粒的平均数量
−3	1.000	0.875	1	1
−2	0.713	0.650	0.5	2.8
−1	0.500	0.444	0.25	8
0	0.353	0.313	0.125	22.6
1	0.250	0.222	0.0625	64
2	0.177	0.157	0.0312	181
3	0.125	0.111	0.0156	512
4	0.088	0.0783	0.00781	1448
5	0.062	0.0553	0.00390	4096
6	0.044	0.0391	0.00195	11585
7	0.030	0.0267	0.00098	32381
8	0.022	0.0196	0.00049	92682
9	0.0156	0.0138	0.00024	262144
10	0.0110	0.0098	0.000122	741458
11	0.0078	0.0068	0.000061	2107263
12	0.0055	0.0048	0.000131	6010518

（4）直测计算法

1）利用物镜测微尺寸测出目镜测微尺（或毛玻璃投影屏上的刻尺）每一刻度的实际值(图 63-4)。

选定物镜，并选用带有目镜测微尺的目镜。将物镜测微尺置于样品台上，调焦、调节样品台，使物镜测微尺的刻度与目镜测微尺（或投影屏上的刻度尺）良好吻合。

已知物镜测微尺的满刻度为 1mm，共分为 100 格，则最小格为 0.01mm。在这一物镜的放大倍数下，物镜测微尺的 Y 格与目镜测微尺的 X 格（或投影屏上的刻度）相重合，则目镜测微尺（或投影屏上）上的每一刻度格值即可求得

$$格值=\frac{Y\times 0.01}{X}mm \quad (63\text{-}3)$$

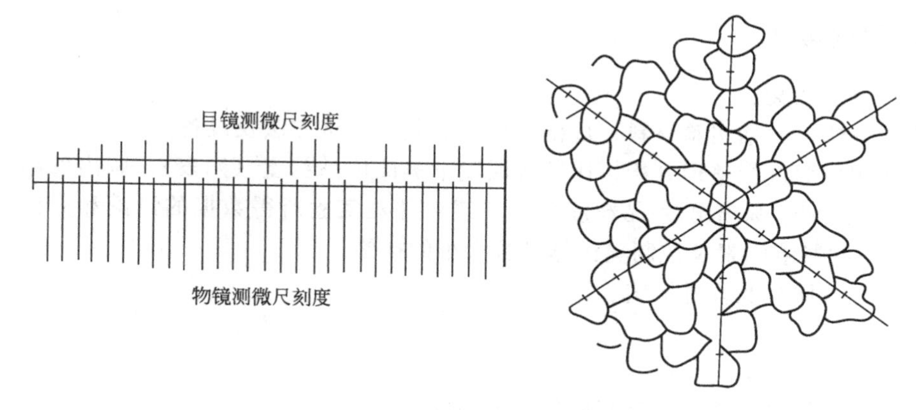

图 63-4　目镜和物镜测微尺的校正和测量显示图

2）利用已知目镜测微尺的格值（或投影屏格值）进行晶粒尺寸或其他组织单元长度的测定。

在得知格值后，可取掉物镜测微尺，放上被测样品，利用带有测微尺的目镜（或将显微图像投影到毛玻璃屏上）进行测量。为了使测量结果更具代表性，在数出测微尺刻尺线段上所交截的晶粒数后，可旋转目镜，测定几个不同方向上的交截晶粒数，最后求出晶粒的平均直径。

$$d=\frac{x\times \text{格值}}{n}\text{mm} \tag{63-4}$$

式中　d——晶粒平均直径；

x——目镜测微尺上所占格数；

n——刻尺线段交截的晶粒数。

例：已知使用某一物镜时，目镜测微尺格值为 0.01mm，在目镜测微尺上 60 格内占有的晶粒数为 10 个。则

$$d=\frac{60\times 0.01}{10}=0.06(\text{mm}) \tag{63-5}$$

四、实验设备和材料

实验仪器设备：箱式炉，砂轮机，预磨机，抛光机，金相显微镜。

材料清单：T12，1#-5#砂纸，玻璃板，抛光液，呢子布，电吹风，乙醇，硝酸乙醇浸蚀液。

五、实验步骤

1. 本实验采用网状渗碳体法显示奥氏体晶粒，采用比较法评定奥氏体晶粒度。

2. 试样采用特定的温度：850℃、900℃、950℃、1000℃、1050℃，保温 40min 后随炉冷却至 550℃以下出炉空冷。

3. 制备试样。

4. 金相试样在放大 100 倍的金相显微镜下观察各温度下奥氏体晶粒度显示清晰部位，与标准的评级图（100×）对比评定出奥氏体晶粒度。

5. 每位同学各领一块试样，观察并测量。然后和其他同学试样及评定的结果比较，作好记录。

六、实验报告要求

1. 实验目的意义。

2. 实验方法，包括实验材料、规格、处理工艺、测试方法及设备。

3. 对金相数据进行整理分析，比较各温度下奥氏体晶粒度（列表），画出各温度下奥氏体晶粒大小示意图，画出温度-晶粒度关系曲线，并对实验所得数据的讨论和分析，说明奥氏体晶粒大小的影响因素及控制奥氏体晶粒大小的措施。

4. 实验心得体会及改进措施。

七、思考题

1. 说明奥氏体晶粒随温度升高而长大的原因。

2. 如何控制奥氏体晶粒大小？

3. 碳和合金元素对奥氏体晶粒大小有何影响？

八、实验注意事项

热处理操作和金相制备时注意安全，不要伤及他人。

实验六十四

典型二元合金显微组织观察与分析

一、实验目的

1. 熟悉几种不同类型的二元合金显微组织。

2. 利用相图分析各类合金凝固过程及其组织特征。

3. 了解几种典型二元合金的非平衡显微组织特征。

二、实验原理

相图是分析合金显微组织的最基本的依据。合金的显微组织与合金的成分、组成相的性质、冷却速度及其他处理条件、组成相相对量等因素有关。现介绍几种典型二元合金的凝固过程及显微组织特征。

1. Ni-Cu 合金

图 64-1 为 Ni-Cu 匀晶相图，两组元在液态无限溶解，在固态无限固溶，任一成分合金平衡凝固后，均由液相结晶出单相固溶体，其显微组织为多边形晶粒。

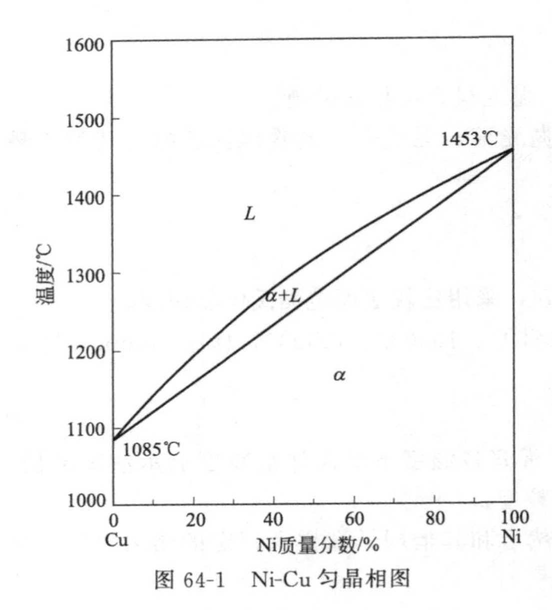

图 64-1　Ni-Cu 匀晶相图

在实际生产中，合金冷却速度快，原子扩散不充分。扩散过程总是落后于结晶过程，合金结晶是在非平衡的条件下进行的。这使得先结晶的部分含高熔点的组分多，后结晶的部分含低熔点的组分多。这种在晶粒内部出现的成分不均匀现象称为晶内偏析。如果固溶体是以树枝状结晶长大的，则枝干与枝间会出现成分差别，称为枝晶偏析。出现枝晶偏析后，使合金材料的力学性能、耐蚀性能和加工工艺性能变坏，可通过扩散退火予以消除。图 64-2 为 Cu-20% Ni 合金的铸造及扩散退火后的组织。

(a) 平衡组织(退火)100×　　(b) 非平衡组织(枝晶偏析)100×

图 64-2　Cu-20%Ni 合金的铸造及扩散退火后的组织

2. Pb-Sn 合金

Pb-Sn 合金在液态无限溶解，在固态有限固溶，具有共晶反应。图 64-3 为 Pb-Sn 合金的相图。根据合金在相图中的位置，可分为端部固溶体、共晶、亚共晶和过共晶合金，当缓慢冷却时，合金按照相图平衡凝固，下面分别来研究其显微组织特征。

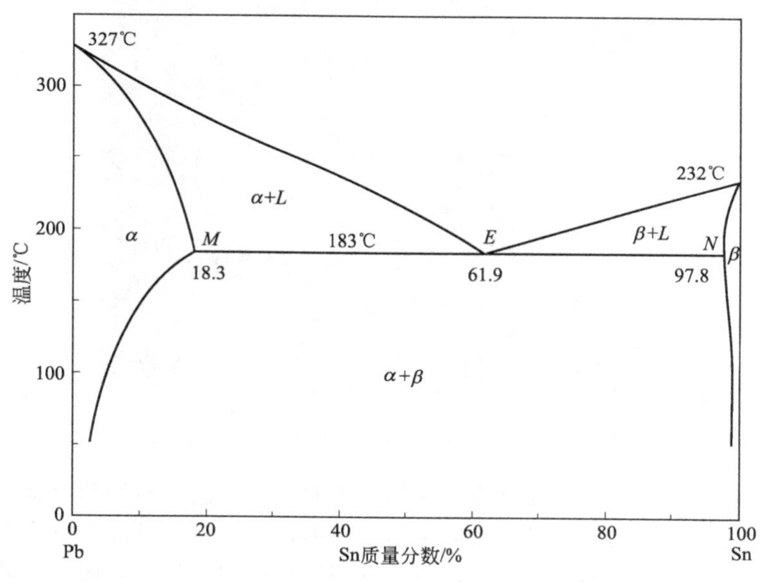

图 64-3　Pb-Sn 合金的相图

(1) 端部固溶体合金　位于相图的两端，这类合金在平衡结晶终了将得到单相固溶体，α 固溶体和 β 固溶体，继续冷到固溶度曲线以下，将析出二次相 β_{II} 或 α_{II}，通常呈粒状或小条状分布于晶界与晶内。图 64-4 为 Pb-10% Sn 合金的显微组织，其中暗色的基体为铅基固溶体 α，亮色颗粒为二次相 β_{II}，β 是以锡为基体的固溶体。

(2) 共晶合金　位于二元相图中共晶点成分的合金液体 L_{E} 冷至共晶温度 t_{E} 时，发生共晶反应，$L \xrightarrow{\text{共晶转变}} \alpha+\beta$。室温下组织全部为层片交替的 $\alpha+\beta$ 共晶体，它的相组成物为

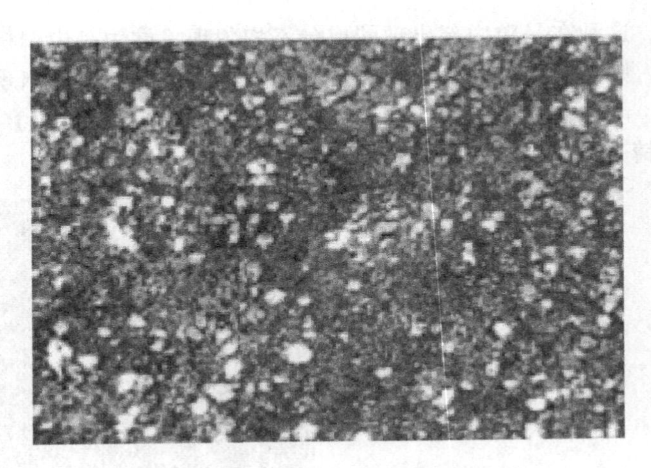

图 64-4　Pb-10% Sn 合金的显微组织

α 和 β 两相，黑色为 α 相，白色为 β 相，如图 64-5 所示。室温下，两相的相对量可由杠杆定律计算得出如下。

α 相的含量　　$W_\alpha=\dfrac{100-61.9}{100-0}\times100\%=38.1\%$

β 相的含量　　$W_\beta=\dfrac{61.9-0}{100-0}\times100\%=61.9\%$

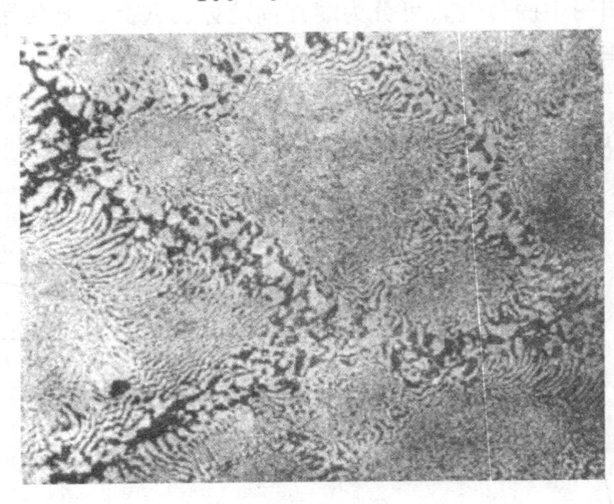

图 64-5　Pb-61.9% Sn 合金的共晶组织 200×

(3) 亚共晶和过共晶合金　成分位于共晶线上共晶点左侧和右侧的合金分别称为亚共晶和过共晶合金。这些合金在冷却时先结晶出初生晶体，当冷到共晶温度时，剩余液相的成分变到共晶点，发生共晶反应形成共晶体，故其凝固后的组织为初生晶体+共晶体。凝固后继续冷却到室温的过程中，若有固溶度变化还将析出二次相。图 64-6 (a) 为 Pb-50% Sn 亚共晶合金显微组织，黑色树枝状是初晶 α 固溶体，黑白相间分布的是 $\alpha+\beta$ 共晶体，α 晶粒内的白色颗粒为 β_{II}。图 64-6(b) 为 Pb-70% Sn 过共晶合金显微组织，图中亮白色卵形为 β 固溶体，黑白相间分布的是 $\alpha+\beta$ 共晶体。

3. 共晶合金的非平衡凝固组织

实际冷却速度较快，使共晶合金的凝固过程和显微组织与正常状态发生偏离，出现了伪共晶、非平衡共晶和离异共晶等非平衡组织，如图 64-7 和图 64-8 所示。

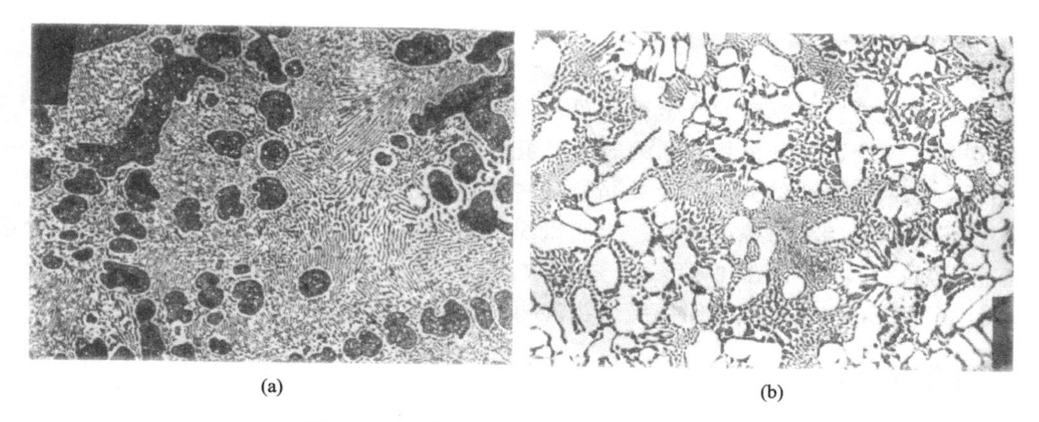

(a) (b)

图 64-6 亚共晶和过共晶合金组织 200×

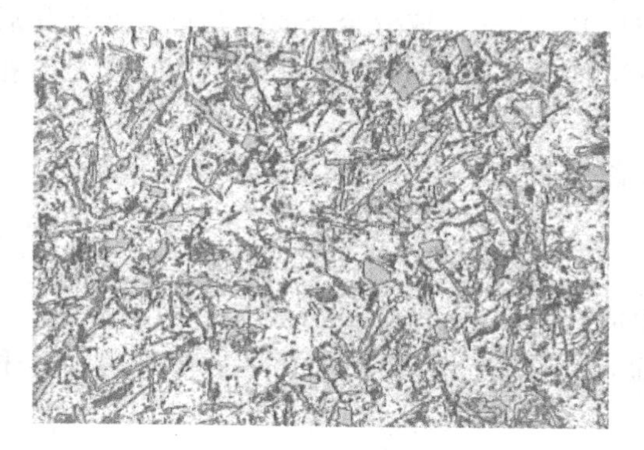

图 64-7 Al-12%Si 合金的伪共晶组织 100×

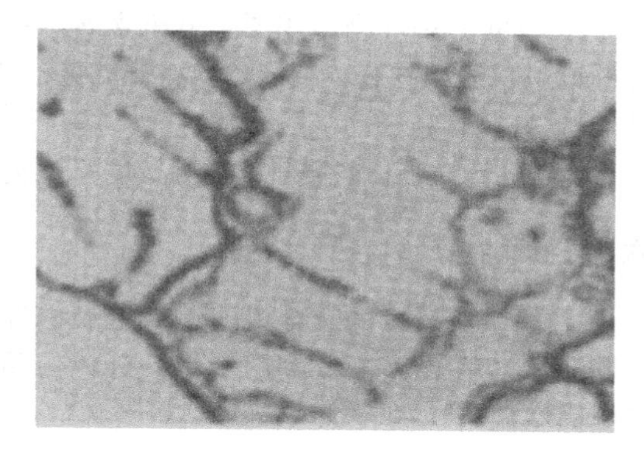

图 64-8 Al-4%Cu 合金的离异共晶组织（晶界）300×

伪共晶——靠近共晶点附近的亚共晶或过共晶合金得到了全部共晶组织；

离异共晶——共晶组织没有显示出共晶的形态特征，只见一相孤独地分布在另一相上或晶间，看上去好像两相被分离开来；

非平衡共晶——在不应该出现共晶的合金里出现了共晶组织。

三、实验设备和材料

仪器：金相显微镜。

材料：选定合金的金相试样 1 套，如表 64-1 所示。

表 64-1 典型二元合金试样

编号	合金成分	状态	腐蚀剂	组织
1	Cu-20%Ni	铸造	$CuCl_2$ 氨水溶液	树枝状固溶体
2		退火		多边形固溶体
3	Pb-10%Sn	铸造	高氯酸乙醇溶液	$\alpha+\beta_{\mathrm{II}}$
4	Pb-50%Sn	铸造		$\alpha+(\alpha+\beta)$
5	Pb-61.9%Sn	铸造		共晶体$(\alpha+\beta)$
6	Pb-70%Sn	铸造		$\beta+(\alpha+\beta)$
7	Al-12%Si	铸造	未浸蚀	块状初晶+针状共晶
8	Al-4%Cu	铸造	混合酸	固溶体+离异共晶

四、实验内容及步骤

1. 熟悉本实验所要观察的合金系相图。

2. 观察二元合金标准金相试样的显微组织，根据相图分析该组织形成过程。

3. 观察 Pb-Sn 合金的共晶、亚共晶及过共晶合金的显微组织及其凝固过程。

4. 绘出示意图，注明各组成物。绘制组织示意图时，应先全面观察整个视场，分清并掌握各组成物特征；概括示出其形态、相对数量、大小及分布特点。

5. 计算 Pb-Sn 合金室温时组织组成物的相对含量。

五、实验报告要求

1. 画出各合金的显微组织示意图。

2. 根据 Pb-Sn 合金相图，分析含 Sn50％、61.9％及 80％成分合金的结晶过程及结晶后所得组织；应用杠杆定律计算含 Sn50％合金在稍低于共晶温度初晶 α 与共晶 $\alpha+\beta$ 的相对量。

3. 分析 Cu-Ni 合金非平衡结晶过程及室温下组织特征，说明如何消除其枝晶偏析。

六、思考题

1. 联系所观察的合金说明组织组成物与相组成物（即组成相）的不同及两者的关系。

2. 根据相图及观察到的组织，分析匀晶合金、共晶合金、亚共晶合金平衡凝固和非平衡凝固室温组织的特征。

实验六十五

工具钢热处理工艺-组织-性能的系统分析

一、实验目的

1. 掌握工具钢热处理中成分-工艺-组织-性能的内在关系。

2. 通过实验掌握材料的系统分析方法。

3. 了解工具钢不同工艺条件下的常见组织。

二、实验原理

工具钢主要用于制造各种切削刀具、模具和量具，因此工具钢应具有高的硬度和耐磨性、高的强度和冲击韧性等。常用的工具钢有 T10 钢、9CrSi、GCr15、Cr12MoV、W18Cr4V 等。T10 钢是普通碳素工具钢，其淬火-回火态组织为回火马氏体＋颗粒碳化物渗碳体＋少量残余奥氏体；9CrSi 是低合金工具钢，其淬火-回火态组织为回火马氏体＋颗粒碳化物渗碳体；GCr15 是量具钢，其淬火-回火态组织为回火马氏体＋颗粒碳化物渗碳体；Cr12MoV 是模具钢，其淬火-回火态组织为回火马氏体＋块状碳化物渗碳体。本实验以高速钢为例，介绍其热处理工艺特点、显微组织与性能的关系。

铸态高速钢显微组织中的黑色组织为 δ 共析相，白色组织为马氏体和残余奥氏体，鱼骨状组织是共晶莱氏体。铸态高速钢显微组织中的合金相较多，碳化物颗粒粗大且很不均匀，因此不能直接使用，必须进行反复锻造和退火处理。退火的目的有以下 2 方面：①消除锻造应力，降低硬度以便于切削加工；②为淬火做好组织上的准备。原为马氏体、屈氏体或索氏体的高速钢若未经退火处理，淬火时可能引起萘状断口。退火温度以860～880℃为宜，温度再高会使奥氏体中合金成分增多，导致奥氏体稳定性增大，不易分界软化；加热时间为3～4h，时间过长将使Fe、W、C转变成稳定的WC，淬火加热进不易溶入奥氏体。为了缩短退火时间，一般采用等温退火，即860～880℃加热3～4h，炉冷至700～750℃等温4～6h以锻造退火组织，此时在索氏体基体上分布着粗大的初生碳化物和较细的次生碳化物。

高速钢淬火工艺的特点是加热淬火温度高，其目的是尽可能使碳和铬溶入奥氏体。钢中大量难溶的过剩碳化物可有效地阻止晶粒长大，因此允许很高的淬火加热温度。此外钢中合金元素含量较高、导热性差，因此需进行预热或分级加热，这样不仅可以降低开裂倾向，也能减少新产品在高温加热时的氧化程度。高速钢的淬火方法包括油淬、分级、等温、空冷等。以W18Cr4V为例，淬火温度在1270～1290℃时淬火组织由60%～70%马氏体、25%～30%残余奥氏体及接近10%加热未溶的碳化物组成，晶粒度为9～10级，硬度为63～64HRC。当淬火温度不足，在1240～1260℃时表现为奥氏体晶界不明显，碳化物大部分未溶入奥氏体，晶粒度为11～12级，硬度为62～63HRC；当淬火温度过高，在1300～1310℃时碳化物数量减少，晶粒度为7～8级，硬度为64～65HRC，出现共晶莱氏体和δ共析相，此时C淬火加热温度达1320℃时，晶界开始出现过烧现象。2次淬火之间未经充分退火时，易产生萘状断口，断口呈鱼鳞状白色闪光，晶粒粗大，或大小不均。为了进一步减少变形并提高韧性，对于形状复杂、碳化物偏析严重的刀具可用等温淬火进行处理。贝氏体等温淬火温度为240～280℃，其组织为40%～50%下贝氏体、20%马氏体和35%～45%残余奥氏体及未溶残余奥氏体及未溶碳化物。

高速钢回火工艺的主要特点是温度高，回火次数多。回火温度在560～570℃硬度和强度达到最大值，这是因为马氏体析出弥散的W和V碳化物，以及残余奥氏体在回火冷却过程中转变为马氏体时产生了“二次硬化”。淬火高速钢中残余奥氏体数量较多，经一次回火后仍有10%未转变，硬度为64～65HRC，因此需再经2次回火才能基本转变完。第一次回火对淬火马氏体起回火作用，而在回火冷却中残余奥氏体转变成马氏体时又产生了新的应力，所以需要第二次回火，而第二次回火后由于产生新的应力，还需要第三次回火进一步消除应力，这样有利于提高钢的强度和韧性。因此高速钢的典型回火温度是560℃，回火3次，每次1h，回火后钢的硬度比淬火后略高，约在63～66HRC，得到的组织是回火马氏体、未溶碳化物以及1%～2%残余奥氏体。

三、实验设备和材料

设备：4X型金相显微镜、洛氏硬度计。

试样：T10、9CrSi、GCr15、Cr12MoV的金相试样一套；不同温度淬火-回火态金相试样各一套；W18Cr4V经不同温度淬火-回火的硬度试样一套；W18Cr4V经不同温度回火的硬度试样一套。

四、实验内容

（1）观察工具钢在不同温度淬火下的显微组织，见表65-1；观察工具钢同温度淬火-回火下的显微组织，见表65-2。

（2）对不同淬火温度的W18Cr4V试样，以及相同淬火温度不同回火温度的W18Cr4V试样进行硬度测试，并将试验结果填入表65-3和表65-4。

表 65-1 W18Cr4V 高速钢金相试样的显微组织

编号	淬火温度/℃	显微组织
1	1220	隐晶马氏体＋残余奥氏体＋未溶碳化物(奥氏体晶粒不明显，碳化物极少部分溶入奥氏体)
2	1240	隐晶马氏体＋残余奥氏体＋未溶碳化物(奥氏体晶粒细小，碳化物大部分未溶入奥氏体)
3	1260	隐晶马氏体＋残余奥氏体＋未溶碳化物(奥氏体晶粒小，碳化物部分溶入奥氏体)
4	1280	隐晶马氏体(60%～70%)＋残余奥氏体(25%～30%)＋10%未溶碳化物
5	1290	隐晶马氏体(65%～72%)＋残余奥氏体(20%～30%)＋8%未溶碳化物
6	1300	隐晶马氏体＋残余奥氏体＋未溶碳化物(奥氏体晶粒粗大，碳化物数量小于5%)
7	1310	隐晶马氏体＋残余奥氏体＋未溶碳化物(奥氏体晶粒异常长大，碳化物聚集到晶界，呈角状)
8	1320	晶界开始熔化，出现共晶莱氏和 δ 共析相

表 65-2 高速钢金相试样显微组织

编号	材料	热处理工艺		显微组织
		淬火温度/℃	回火温度/℃	
1	W18Cr4V	1240	200、300、400、500、560、600、650	隐晶马氏体＋残余奥氏体＋未溶碳化物(奥氏体晶粒不明显，碳化物大部分未溶入奥氏体)
2	W18Cr4V	1280	200、300、400、500、560、600、650	隐晶马氏体(60%～70%)＋残余奥氏体(25%～30%)＋10%未溶碳化物
3	W18Cr4V	1310	200、300、400、500、560、600、650	隐晶马氏体＋残余奥氏体＋未溶碳化物(奥氏体晶粒粗大，碳化物聚集到晶界，呈角状)

表 65-3 硬度与淬火温度关系

淬火温度/℃	1220	1240	1260	1280
硬度				
淬火温度/℃	1290	1300	1310	1320
硬度				

表 65-4 硬度与回火温度关系

淬火温度/℃	淬火温度/℃						
	200	300	400	500	570	600	650
	硬度(HRC)						
1240							
1280							
1310							

五、实验报告

1. 明确实验目的。
2. 画出所观察的显微组织示意图，并标明材料、状态、显微组织、腐蚀剂放大倍数。
3. 绘制硬度与不同加热温度，以及与不同回火温度的关系曲线。
4. 成分特点，对热处理工艺-组织-性能进行系统分析。

(1) 观察 W18Cr4V 各种状态的显微组织，掌握区别铸态和过烧组织、退火和回火组织、不同温度的淬火组织、充分回火与不充分回火组织的方法，并分析原因。

(2) 高速钢 W18Cr4V 的 A_{c1} 为 800℃左右，但淬火加热温度一般在 1250～1280℃，明确淬火加热温度高的原因。

(3) 高速钢在淬火加热时可能产生欠热、过热、过烧现象，根据金相组织的特征分析基产生的原因。

(4) W18Cr4V 在 560℃长时间一次回火，明确是否可以代替 3 次回火，并说明原因。

实验六十六

典型零件材料的选择和应用

一、实验目的

1. 了解典型零件材料的选用原则。
2. 掌握典型零件的热处理工艺和加工工艺。
3. 学会分析每道热处理工艺后的显微组织。

二、实验原理

(一) 选材的一般原则

机械零件产品的设计不仅要完成零件的结构设计，还要完成零件的材料设计。零件的材料设计包含 2 方面的内容：一是选择适当的材料满足零件的设计及使用性能要求；二是根据工艺和性能要求设计最佳的热处理工艺和零件加工工艺。

选材的一般原则是材料具有可靠的使用性和良好的工艺性，制造产品的方案具有最高的劳动生产率、最少的工序周转和最佳的经济效益。

1. 材料的使用性能

材料的使用性能包括物理性能、化学性能、力学性能。工程设计中人们所关心的是材料的力学性能。力学性能指标包括屈服强度（屈服点 δ 或 $\delta_{0.2}$）、抗拉强度 δ_b、疲劳强度 δ_{-1}、弹性模量 E、硬度 HB 或 HRC、伸长率 δ、断面收缩率 Φ、冲击韧性 a_k、断裂韧性 K_{IC} 等。

零件在工作时会受到多种复杂载荷。材料时应根据零件的工作条件、结构因素、几何尺寸和失效形式来提出制造零件的材料性能要求，并确定主要性能指标。

分析零件的失效形式并找出失效原因，可为选择合适材料提供重要依据。在选材料时还应该考虑零件在工作时短时间过载、润滑不良、材料内部缺陷、材料性能与零件工作性能之间的差异。

2. 材料的工艺性能

材料的工艺性能包括铸造性能、锻造性能、切削加工性能、冲压性能、热处理工艺性能和焊接性能。

一般的机械零件都要经过多种工序加工，技术人员须根据零件的材质、结构、技术要求来确定最佳的加工方案和工艺，并按工序编制零件的加工工艺流程。对于单件或小批量生产的零件，零件的工艺性能并不显得十分重要，但在大批量生产时，材料的工艺性能则非常重要，因为它直接影响产品的质量、数量及成本。因此，在设计和选材时应在满足力学性能的前提下使材料具有较好的工艺性能。材料的工艺性能可以通过改变工艺规范、调整工艺参数、改变结构、调整加工工序、变换加工方法或更换材料等方法进行改善。

3. 材料的经济效益

选择材料时，应在满足各种性能要求的前提下，使用价格便宜、资源丰富的材料。此外它还要求具有最高的劳动生产率和最少的工序周转，从而达到最佳的经济效益。

（二）典型零件材料的选择

1. 轴类零件材料选择

工作条件：主要承受交变扭转载荷、交变弯曲载荷或拉压载荷，局部部位（如轴颈）承受摩擦磨损，有些轴类零件还受到冲击载荷。

失效形式：断裂（多数是疲劳断裂）、磨损、变形失效等。

性能要求：具有良好的综合力学性能，有足够的刚度以防止过量变形和断裂，有高的断裂疲劳强度以防止疲劳断裂，受到摩擦的部位应具有较高的硬度和耐磨性。此外还应有一定的淬透性，以保证淬硬层深度。

2. 齿轮类零件的选材

工作条件：齿轮在工作时因传递动力而使齿轮根部受到弯曲应力，齿面存在相互滚动和滑动摩擦的摩擦力，齿面相互接触处承受很大的交变接触压应力，并受到一定的冲击载荷。

失效形式：主要有疲劳断裂、点蚀、齿面磨损和齿面塑性变形。

性能要求：具有高疲劳断裂强度、高表面硬度和耐磨性、高抗弯曲强度，同时心部应有适当的强度和韧性。

3. 弹簧类零件的选材

工作条件：弹簧主要在动载荷下工作，即在冲击、振动或周期均匀改变应力的条件下工作，它起到缓和冲击力的作用，使与其配合的零件不致受到冲击力而出现早期破坏现象。

失效形式：常见的是疲劳断裂、变形和弹簧失效变形等。

性能要求：必须具有高疲劳极限 δ_s 与弹性极限 δ_p，尤其是高屈强比 δ_s/δ_p。此外，它还应有一定的冲击塑性和塑性。

4. 轴承类零件的选材

工作条件：滚动轴承在工作时承受着集中和反复的载荷。轴承类零件的接触应力大，通常为 150～500kgf/mm^2，其应力交变次数每分钟高达数万次。

失效形式：过度磨损破坏、接触疲劳破坏等。

性能要求：具有高抗压强度和接触疲劳强度，高而均匀的硬度和耐磨性。此外，它还应具有一定的冲击韧性、弹性和尺寸稳定性。因此要求轴承钢具有高耐磨性及抗接触疲劳性能。

5. 工模具类零件的选材

工作条件：车刀的刃部与工件切削摩擦产生热量，使得温度升高，有时可达到 500～600℃，在切削的过程中还要承受冲击、振动。冷冲模具一般制作落料冲孔模、修边模、冲头、剪刀等，在工作时刃口部位承受较大的冲击力、剪刀力和弯曲力，同时还与配料发生剧烈反应。

失效形式：主要有磨损、变形、崩刀、断裂等。

性能要求：具有高硬度和红硬性，高强度和耐磨性，足够的韧性和尺寸稳定性以及良好的工艺性能。

三、实验内容及步骤

1. 典型零件的选材

在以下金属材料中选择适合制造机床主轴、机床齿轮、汽车板簧、轴承滚珠、高速车刀、钻头、冷冲模7种零件（或工具）的材料，制定每种材料所对应的热处理工艺并填入表66-1中。

金属材料是A3钢、45钢、65钢、T10A、HT200、GCr15、W18Cr4V、60SiMn、5CrNiMo、20CrMnTi、H70、1Cr18Ni9、ZCHSnSb11-6、Cr12MoV。

表66-1 热处理工艺

零件(或工具)名称	选用材料	热处理工艺
机床主轴		
机床齿轮		
汽车板簧		
轴承滚珠(ϕ<10mm)		
高速车刀		
钻头		
冷冲模		

2. 热处理工艺的制定

根据Fe-Fe_3C相图、C曲线及回火转变的原理，参考有关教材热处理工艺部分的内容，给出材料（45钢和T10钢）应获得组织的热处理工艺参数，并选择热处理设备、冷却方法及介质，填入表66-2中。

3. 综合训练

(1) 机床主轴在工作时承受交变扭转和弯曲载荷，但载荷和转速不高，冲击载荷也不大，轴颈部位受到摩擦磨损。机床主轴整体硬度要求为25～30HRC，轴颈、锥孔部位硬度要求为45～50HRC（本次实验不作要求）。

实验步骤如下：查阅有关资料→试从45钢、T10钢、20CrMnTi、Cr12MoV材料中选定一种最合适的材料制造机床主轴→写出加工工艺流程→制定预先热处理和最终热处理工艺→写出各热处理工艺的目的和获得的组织结构→经指导教师认可后进实验室操作→利用实验室现有装备，将选好的材料按制定的热处理工艺进行操作→测量热处理后的硬度，观察每道热处理工艺后的组织并用数码相机拍摄，判断是否达到预期的目的。如有偏差，分析原因。

(2) 手用丝锥在工作时受到扭转和弯曲的复合作用，不受振动与冲击载荷。手用丝锥（≤M12）的硬度为HRC不低于60～62，手用丝锥（≤M12）的金相组织要求淬火马氏体针不大于2级。

实验步骤如下：查阅有关资料→试从65钢、T10钢、9CrSi、W18Cr4V、20Cr、H70材料中选定一种最合适的材料制造手用丝锥（≤M12）→写出加工工艺流程→制定预先热处理和最终热处理工艺→写出各热处理工艺的目的和获得的组织结构→经指导教师认可后进实验室操作→利用实验室现有装备，将选好的材料按制定的热处理工艺进行操作→测量热处理后的硬度，观察每道热处理工艺后的组织并用数码相机拍摄，判断是否达到预期的目的。如有偏差，分析原因。

四、实验设备和材料

箱式电阻炉，硬度计，金相显微镜和数码相机，抛光机，金相砂纸等；供选择的金属材料。

五、实验报告

1. 明确实验目的。

2. 选择典型零件制造的材料，填入表 66-2 中。

3. 根据机床主轴和手用丝锥的实验步骤，写出实验的详细过程（包括材料选用、加工工艺线路、热处理工艺、测试的硬度值，附每道热处理工艺后的显微组织照片）。

4. 分析存在问题，提出改进方案。

表 66-2　45 钢和 T10 钢的组织和热处理

材料	组织	热处理工艺参数	热处理设备	冷却方法
45 钢				
T10 钢				

实验六十七　有色金属电解综合实验

一、实验目的

1. 熟悉熔盐电解、溶液电解的实验研究方法。

2. 掌握标准电极电位、平衡电极电位，过电位、Nernst 方程等电化学基本概念。

3. 掌握电解工业过程中槽电压、电流效率、电压效率、电能效率、电能单耗等主要指标的概念及计算方法；分析影响这些指标的主要工艺因素。

二、实验内容

现代冶金工业通常把金属分为黑色金属和有色金属两大类。除铁、铬、锰外，其他金属均称为有色金属。有色金属的提取方法包括火法冶金、湿法冶金、电化学冶金、真空冶金、生物冶金等。通过有色冶金实验，对有色冶金的原料、工艺、设备及过程的物理化学变化规律有一定的认识，从而掌握有色冶金实验的基本方法和操作技能，为将来从事有色冶金事业奠定基础。

本实验主要介绍电化学冶金方法，电化学冶金又称电解，是使直流电能通过电解池转化为化学能将金属离子还原成金属的过程，是利用电极反应而进行的一种冶炼方法。电化学冶金分为溶液电解和熔盐电解，本实验中电解锌、铝要用到这两种方法。本实验涉及物理、化学、有色冶金工艺等综合知识。

（一）铝电解实验

铝电解属于熔盐电解。

1. 电解原理

工业铝电解生产，一直以来采用的都是冰晶石-氧化铝熔盐电解法（即 Hall-Heroult 法）。其阳极采用碳素材料。在电解过程中，阳极不断消耗，并且产生 CO_2 和 CO；阴极上则析出铝。电解过程的总反应可表达为

$$Al_2O_3+\frac{3}{1+N}C=2Al+\frac{3N}{1+N}CO_2+\frac{3(1-N)}{1+N}CO \tag{67-1}$$

式中　N——CO_2 占 CO_2 与 CO 总和的体积分数。

从理论上说，电解过程的一次气体为 CO_2，CO 由副反应产生。所以电流效率可由阳极气体分析法得到。但受实验中多种因素的制约，实际当中通常是用阴极铝的实际产量在理论产量中所占的质量分数来计算电解过程的电流效率。

根据法拉第定律，通过 1 法拉第电量，理论上应析出 1mol 铝，即相当于 1A 电流通过 1h 产生 0.3356g 金属铝。当电流强度为 I（单位 A），电解时间为 t（单位 h），实际铝产量为 m（单位 g）时，电流效率为

$$\eta_{电流}=\frac{m}{0.3356It}\times 100\% \tag{67-2}$$

电能效率为生产一定量铝时，理论耗电量与实际耗电量之比。

理论耗电量取 $W_{理}=6320\text{kW}\cdot\text{h/t}$ 铝。

每吨铝实际耗电量用式(67-3) 计算

$$W_{实}=\frac{V}{0.3356\ \eta}\times 10^3\text{kW}\cdot\text{h/t 铝} \tag{67-3}$$

式中　V——电解槽电压，V。

则电能效率为

$$\eta_{电能}=\frac{W_{理}}{W_{实}}\times 100\% \tag{67-4}$$

阳极消耗是指单位铝产量消耗的阳极炭，其计算式为

$$M_A=\frac{\omega_0-\omega_t}{m} \tag{67-5}$$

式中　M_A——阳极单耗；

ω_0，ω_t——电解前后阳极炭块质量；

m——实际铝产量。

本实验用直流电源给出电解用直流电，用直流安培小时计记录累计电量，同时用电化学综合测试仪测量和记录电解过程的 I-E 曲线。电化学综合测试仪的另一个作用是测量和记录阳极炭块的极化曲线。实验电解槽采用内衬刚玉的石墨坩埚，用刚玉管套住石墨棒作阳极。由于电解时电解质的发热量不足以维持电解过程的持续进行，所以电解槽要置于电阻炉内，并由控温仪控制电阻炉温度；电解进行过程中，还要在电解槽周围通入惰性气体，保护坩埚免遭氧化。电解时，采用工业纯铝作阴极，在电解质熔化后加入。

实验中用到的原料有：工业级 Al_2O_3、工业级冰晶石、工业级氟化铝、工业级氟化钠、工业级氟化钙、工业纯铝、氮气。电解过程控制的条件是：电解温度 940～950℃，极距 4～5cm，电流强度 10～30A，电解时间 1～2h。电解质分子数比 2.2～2.4，$w(CaF_2)=4\%$，$w(Al_2O_3)=5\%$。每次装电解质 200～500g，金属铝 30～100g（要求精确到 10^{-3}g）。

2. 实验设备

高温电阻炉；石墨坩埚、刚玉坩埚、氮气；电化学分析仪、直流电源、直流安培小时计、数字万用表；Al_2O_3、CaF_2、AlF_3、Na_3AlF_6。

3. 实验步骤

(1) 按要求备好石墨坩埚，阳极石墨棒。

(2) 连接设备，选择量程，检查各部件连接是否正确。

(3) 电阻炉通电升温，500℃恒温 30min。

(4) 配电解质，先计算好各物质加入量，调整电解质分子数比到指定值，用电子天平准

确称取各试剂，混合均匀。

（5）通氮气于炉内，把装有电解质氮坩埚入炉中，升温至电解温度，恒温 30min。

（6）把称量好的铝（准确至 0.001g）放入溶化了的电解质中。

（7）检查系统导通情况，并确定好阳极插入深度。

（8）把阳极插入电解质，装好炉子。

（9）接通电解电源，开始记录，X-Y 函数记录仪开始工作；记录电压、电流随时间的变化情况。电解过程中可适当调整阳极位置，并在电解中途加入 Al_2O_3。

（10）到指定时间停止电解。停止作业顺序为：停止电解电源→停 X-Y 函数仪→停加热电源→开炉→取出阳极→取出石墨坩埚→取出金属铝。

（11）待冷却后准确称量金属铝质量和阳极石墨棒质量。

（12）检查整个实验记录情况，并把实验设备和仪器恢复原样。

（二）锌的电极电位测定

1. 实验原理

当金属浸在含有该金属离子的可溶性盐溶液中可组成金属/阳离子可逆电极，该可逆电极的平衡电位与金属离子的种类、活度以及介质的温度有关，可由 Nernst 方程求出

$$\varphi_{M/M^{z+}}=\varphi^0_{M/M^{z+}}+\frac{RT}{zF}\ln\frac{a_{M^{z+}}}{a_M} \tag{67-6}$$

式中 $\varphi^0_{M/M^{z+}}$——反应 $M \rightleftharpoons M^{z+}+ze$ 的标准电极电位，表示标准状态下的平衡电位；

R——气体常数，8.3143J/(K·mol)；

T——热力学温度，K；

F——法拉第常数，$F=(NA)e$，≈96500C；

NA——阿伏伽德罗常数，6.02×10^{23}；

e——一个电子的电量，1.602189×10^{-19}C；

z——电极反应中得失的电子数；

$a_{M^{z+}}$，a_M——溶液中离子 M^{z+} 及电极中金属 M 的活度。

标准电极电位仅与温度和电极的种类有关，除了标准氢电极电位被人为规定为 0 外，其他电极的标准电极电位通常都用氢标电位表示。

当被测电极与参比电极组成测量原电池时，参比电极作为电池的正极（阴极）时，电池的电动势 E 为

$$E=\varphi_R-\varphi_{M/M^{z+}} \tag{67-7}$$

则被测电极的平衡电位为

$$\varphi_{M/M^{z+}}=\varphi_R-E \tag{67-8}$$

上述平衡电位表示电化学反应在净反应速度（外电流）无限小的情况下的电极电位。当有电流通过电极时，电极的电位将偏离平衡电位，这种现象叫电极的极化。实验表明，在电化学体系中发生电极极化时，阴极的电极电位总是变得比平衡电位更负，而阳极的电极电位总是变得比平衡电位更正。在一定电流密度下，电极电位与平衡电位的差值为该电流密度下的过电位 η，习惯上取正值。则阴极极化时，$\varphi_c=\varphi_{c平}-\eta_c$；阳极极化时，$\varphi_a=\varphi_{a平}+\eta_a$。

在溶液中，如果同时存在几种可能导电的离子，则决定它们放电次序的先后的不仅是它们的可逆电位，而且需要考虑各离子在电极上的超电位。其反应的顺序是：电位愈正的离子愈先在阴极上反应，电位愈负的离子则愈先在阳极上反应。

2. 实验步骤

按照图 67-1 的实验装置安装电池，按照下列操作顺序测定电极电位，求出溶液中 Zn^{2+} 的活度。

$$Zn,ZnSO_4(a) \parallel KCl(a=1) | AgCl(s),Ag \tag{67-9}$$

(1) 使用金相砂纸将纯锌板研磨后洗净，干燥。

(2) 将纯锌板浸入 0.01mol/L 的 $ZnSO_4$ 水溶液中，溶液中的溶解氧可采用预先充 N_2-5%H_2 气体将其赶走。

(3) 检查确认 Ag/AgCl 参比电极；将 $ZnSO_4$ 水溶液与 KCl 水溶液通过盐桥连接，注意防止两种溶液的混合并确认电路的连接。

(4) 使用数字万用表测量纯锌板相对于 Ag/AgCl 参比电极的电位。

(5) 对 0.10mol/L 和 1.00mol/L 的 $ZnSO_4$ 水溶液，按照步骤 (1)～(4) 进行相同的操作。

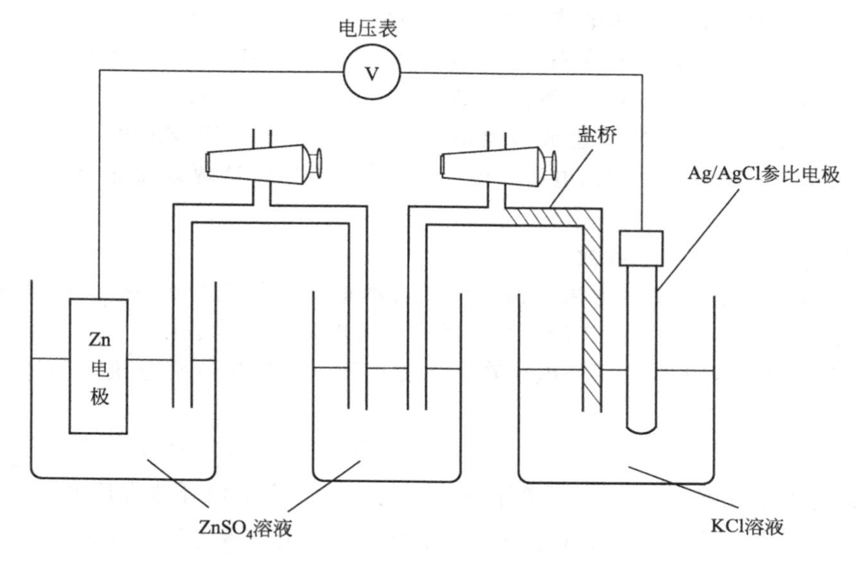

图 67-1 电极电位测定装置

3. 整理实验数据

对于下列原电池

$$(-)Zn,ZnSO_4(a) \parallel KCl(a=1) | AgCl(s),Ag(+) \tag{67-10}$$

当参比电极的电位为φ_R，测量得到该原电池的电动势为 E，则

$$E=\varphi_R-\varphi_{Zn/Zn^{2+}} \tag{67-11}$$

被测 Zn/Zn^{2+} 电极的电位为

$$\varphi_{Zn/Zn^{2+}}=\varphi_R-E \tag{67-12}$$

由 Nernst 方程

$$\varphi_{Zn/Zn^{2+}}=\varphi^0_{Zn/Zn^{2+}}+\frac{RT}{2F}\ln\frac{a_{Zn^{2+}}}{a_{Zn}} \tag{67-13}$$

可求出硫酸锌水溶液中 Zn^{2+} 的活度 $a_{Zn^{2+}}$，进而求出 Zn^{2+} 的活度系数。

(三) 硫酸锌溶液电沉积

硫酸锌溶液电沉积是从溶液中提取金属锌的过程。

1. 实验原理

(1) 电解反应　电解液为 $ZnSO_4$ 和 H_2SO_4 的水溶液，以铝板为阴极，铅银合金（Ag

质量分数 0.5%～1%）板为阳极。当通直流电时，在阴极上析出金属锌，在阳极上放出氧气。其总反应为

$$ZnSO_4+H_2O = Zn+H_2SO_4+\frac{1}{2}O_2 \tag{67-14}$$

在阳极，电解时发生的主要反应为

$$2H_2O-4e = O_2+4H^+ \tag{67-15}$$

此外，还会发生阳极板上 $PbSO_4$ 和 PbO_2 的生成反应以及电解液中 Mn^{2+}，Cl^- 的放电反应。

在阴极，电解时主要发生：

1）锌与氢的析出　正常电解时，电解液中 Zn^{2+} 浓度为 50～60g/L，H_2SO_4 浓度为 120～150g/L。虽然锌的平衡电位（约－0.77V）较氢的平衡电位（约 0.02V）更负，但由于 H^+ 在金属电极上有很高的超电位，而 Zn^{2+} 的超电位很小，这样 Zn^{2+} 和 H^+ 的实际析出电位分别为－0.80V 和－1.07V 左右。因此，在锌电解过程中，阴极主要是 Zn^{2+} 放电析出。

2）杂质在阴极上放电析出　电解液中 As、Sb、Ge、Ni、Cu、Co、Cd、Se 等杂质可以在阴极上析出，在阴极表面局部生成微电池反应，如 Cu-Zn、Sb-Zn 等，造成 Zn 的溶解；同时，这些杂质还可降低 H^+ 的超电压使得 H_2 在阴极析出，这两方面都会造成阴极电流效率的降低。

（2）电解时的重要的技术参数

1）电流密度　一般指每平方米阴极表面通过的电流，单位为 A/m^2。在设备规格不变的情况下，提高电流密度可增加产量，但同时增大槽电压与电能消耗。

2）槽电压　指阴阳极板之间的电压降，主要包括：①理论分解电压；②超电压；③欧姆电压降。

阴阳极的电极电位差值 $(\varphi_{a平}+\eta_a)-(\varphi_{c平}-\eta_c)=(\varphi_{a平}-\varphi_{c平})+(\eta_a+\eta_c)$，其中 $\varphi_{a平}-\varphi_{c平}$ 称为理论分解电压 E_r，可等于断电瞬间测量的阴阳极开路电压差值；$\eta_a+\eta_c$ 称为超电压 η，等于通电时阴阳极之间电极电位差值减去理论分解电压。欧姆电压降包括电解液、电路中阳极泥、接触点和导体电阻等导致的电压降（IR）。槽电压的大小直接影响电能消耗。

3）电流效率　指阴极实际析出锌量与按照法拉第定律理论析出锌量之比（%）。影响电流效率的主要因素有电流密度和杂质元素在阴极析出，此外漏电、阴阳极短路以及阴极产物的重新溶解等也会造成电流效率的降低。

4）电压效率　指理论分解电压与槽电压的比值（%）。

5）电能消耗　指每生产 1t 阴极锌所需要消耗的电能，其与槽电压成正比而与电流效率成反比，可用下列公式计算

$$W=\frac{96500\times1000}{\frac{65.37}{2}\times3600}\times\frac{E}{\eta}=820\times\frac{E}{\eta}\quad \text{kW}\cdot\text{h/t 阴极锌} \tag{67-16}$$

式中　E——槽电压，V；

η——阴极电流效率。

2. 实验步骤

与工业锌电解生产相同，实验采用 Pb-1% Ag 板作为阳极（正极），Al 板作为阴极（负极），在 $ZnSO_4$-H_2SO_4 水溶液中通过电沉积获得金属锌。实验中研究电解液组成对过电压、电流效率、电压效率以及电能效率的影响。电极的尺寸为 50mm×50mm，电解液组成为：

Ⅰ　$ZnSO_4$ 250g/L→H_2SO_4 10g/L；

Ⅱ　$ZnSO_4$ 250g/L→H_2SO_4 50g/L；

Ⅲ　$ZnSO_4$ 250g/L→H_2SO_4 250g/L。

（1）使用金相砂纸将铝板阴极研磨后洗净，干燥，称量铝板阴极的初始质量。

（2）按照图 67-2 将铅板阳极及铝板阴极装入盛有电解液Ⅰ的电解槽中。

（3）按照图 67-2 将 Ag/AgCl 参比电极通过盐桥与电解溶液连接，使用数字万用表分别测量阴、阳极与参比电极之间的电压以及槽电压。

（4）使用导线按照图 67-2 将阴、阳极与直流电源、电量计、电压表连接。

（5）控制直流电源输出 2A 电流开始电解。

（6）电解 10min 后，测量通电电解时阴、阳极与参比电极之间的电压，并同时记录槽电压；将直流电源切断后再次测量电流切断瞬间阴、阳极与参比电极之间的电压，并同时记录槽电压。

（7）继续通电电解，在 20min、30min 重复步骤（6）。

（8）电解结束后，将铝板阴极取出后用蒸馏水洗净，干燥后称量其质量。

（9）按照步骤（1）～（8），对电解液Ⅱ、Ⅲ进行相同的电解实验。

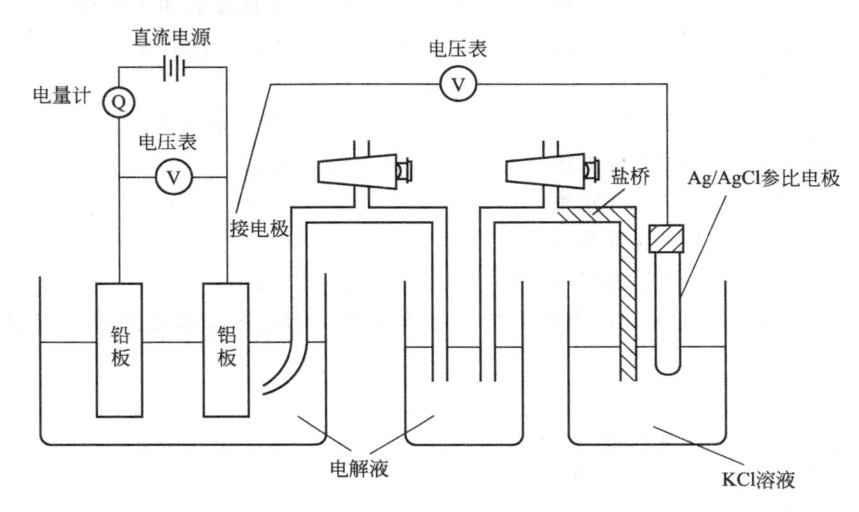

图 67-2　硫酸锌溶液电解装置示意图

3. 整理实验数据

由实验记录，可以计算电解过程电流效率（η_{eff}），槽电压（E）各部分组成，电压效率（v_{eff}），电能效率（e_{eff}）以及直流电单耗（W）。

电流效率

$$\eta_{eff}=\frac{\text{阴极上实际金属产物质量}}{\text{按照法拉第定律计算的产物质量}}\times 100\% \tag{67-17}$$

其中，阴极产物的质量可通过称量电解前后铝阴极板获得；电解过程所消耗的电量可通过电量计测得，按照法拉第定律可计算出该电量所能生成金属锌的理论质量。

槽电压　　　$E=\text{理论分解电压}+\text{过电位}+\text{欧姆电压降}=E_r+\eta+IR$

槽电压主要构成为：理论分解电压 $E_r=\varphi_a-\varphi_c$；过电压 $\eta(=\eta_a+\eta_c)$；欧姆电压降（溶液电阻 R 以及电流密度）有关。其中，槽电压可以通过电压表测得；理论分解电压 E_r 可等于电解进行一段时间后断电瞬间阴、阳极开路电位差值；阴、阳极的过电位为通电时测量的电极电位与断电瞬间测量的开路电位的差值；而欧姆电压降可通过上述的表达式最后求得。

电压效率

$$v_{\mathrm{eff}}=\frac{\text{理论分解电压}}{\text{槽电压}}\times 100\%=\frac{E_{\mathrm{r}}}{E}\times 100\% \tag{67-18}$$

电能效率

$$e_{\mathrm{eff}}=\frac{\text{生成阴极产物理论需要电能}}{\text{实际消耗的电能}}\times 100\%=\eta_{\mathrm{eff}}e_{\mathrm{eff}}\times 100\% \tag{67-19}$$

电能单耗可在获得电流效率η及槽电压E后，用式(67-20) 计算。

$$W=\frac{96500\times 1000}{\frac{65.37}{2}\times 3600}\times\frac{E}{\eta}=820\times\frac{E}{\eta}\quad \mathrm{kW\cdot h/t} \tag{67-20}$$

三、实验报告要求

（1）画出铝电解槽示意图，简述铝电解基本原理。

（2）简述铝电解过程中，电流效率和电能效率的测定原理。

（3）根据测定的实验数据，计算铝电解的电流效率、电能效率和阳极单耗。

（4）简述铝电解过程中，金属损失的原因；根据测定结果，计算金属损失量；分析如何提高铝电解过程中的电流效率。

（5）利用 Nernst 方程计算 $ZnSO_4$ 水溶液中 Zn^{2+} 的活度及活度系数。

（6）写出硫酸锌水溶液电解沉积过程中的阴、阳极反应。

（7）计算锌电解沉积的电流效率。

（8）计算槽电压各部分电压的组成。

（9）计算电压效率、电能效率及电解锌的直流电能单耗。

（10）讨论电解液组成对于锌电解过程中电流效率、槽电压以及电能单耗的影响。

四、讨论

1. 参比电极需要具有哪些性质？

2. 中间液 KCl 溶液的作用是什么？

3. 简述电解过程中每次测量电位的物理意义及电位随电解进行时的变化；理论分解电压测量的原理。

4. 简述槽电压的主要影响因素。

5. 简述电解液成分对槽电压的影响。